国家重点研发计划项目"国家重要生态保护地生态功能协同提升与综合管控技术研究与示范"（2017YFC0506400）成果

自然保护地功能协同提升研究与示范丛书

国家公园综合管理的理论、方法与实践

闵庆文 等 著

U0228059

科学出版社

北京

内 容 简 介

本书从"生态保护第一、国家代表性和全民公益性"的国家公园体制建设理念出发，采用"分区、分类、分级"的管理思路，借鉴国外国家公园管理经验，并结合我国国家公园建设需求，全面阐述了国家公园生态监测体系构建、灾害风险管理、社区管理、文化遗产保护与利用、管理评价、综合管控分区与管控技术及综合管理平台建设的理论和方法，并在有关国家公园体制试点区进行了应用。

本书适合从事国家公园、自然保护区、自然公园等自然保护地管理和科研工作的人员参考，亦可作为生态系统管理、自然保护等相关学科专业高年级学生和研究生的参考资料。

审图号：GS 京(2022)0082 号

图书在版编目(CIP)数据

国家公园综合管理的理论、方法与实践/闵庆文等著. —北京：科学出版社，2022.6

（自然保护地功能协同提升研究与示范丛书）

ISBN 978-7-03-072294-2

Ⅰ.①国… Ⅱ.①闵… Ⅲ.①国家公园–管理–研究–中国 Ⅳ.①S759.992

中国版本图书馆 CIP 数据核字（2022）第 085426 号

责任编辑：马 俊 李 迪 郝晨扬／责任校对：郑金红
责任印制：吴兆东／封面设计：刘新新

科 学 出 版 社 出版
北京东黄城根北街 16 号
邮政编码：100717
http://www.sciencep.com
北京建宏印刷有限公司 印刷
科学出版社发行 各地新华书店经销

*

2022 年 6 月第 一 版 开本：720×1000 1/16
2023 年 4 月第二次印刷 印张：21 1/4
字数：428 000
定价：268.00 元
（如有印装质量问题，我社负责调换）

本书著者委员会

主 任
闵庆文

副主任
焦雯珺　何思源

高　峻　曹　巍

成　员
（以姓名汉语拼音为序）

丁陆彬　付　晶　郭　鑫

李　杰　李禾尧　李巍岳

刘伟玮　刘显洋　潘　梅

王　斌　王国萍　杨　晓

姚帅臣　于晴文　张碧天

张天新　朱冠楠

丛 书 序

自 1956 年建立第一个自然保护区以来，经过 60 多年的发展，我国已经形成了不同类型、不同级别的自然保护地与不同部门管理的总体格局。到 2020 年底，各类自然保护地数量约 1.18 万个，约占我国国土陆域面积的 18%，对保障国家和区域生态安全、保护生物多样性及重要生态系统服务发挥了重要作用。

随着我国自然保护事业进入了从"抢救性保护"向"质量性提升"的转变阶段，两大保护地建设和管理中长期存在的问题亟待解决：一是多部门管理造成的生态系统完整性被人为割裂，各类型保护地区域重叠、机构重叠、职能交叉、权责不清，保护成效低下；二是生态保护与经济发展协同性不够造成生态功能退化、经济发展迟缓，严重影响了区域农户生计保障与参与保护的积极性。中央高度重视国家生态安全保障与生态保护事业发展，继提出生态文明建设战略之后，于 2013 年在《中共中央关于全面深化改革若干重大问题的决定》中首次明确提出"建立国家公园体制"，随后，《中共中央国务院关于加快推进生态文明建设的意见》（2015 年）、《建立国家公园体制试点总体方案》（2017 年）和《关于建立以国家公园为主体的自然保护地体系的指导意见》（2019 年）等一系列重要文件，均明确提出将建立统一、规范、高效的国家公园体制作为加快生态文明体制建设和加强国家生态环境保护治理能力的重要途径。因此，开展自然保护地生态经济功能协同提升和综合管控技术研究与示范尤为重要和迫切。

在当前关于国家公园、自然保护地、生态功能区的研究团队众多、成果颇为丰硕的背景下，国家在重点研发计划"典型脆弱生态修复与保护研究"专项下支持了"国家重要生态保护地生态功能协同提升与综合管控技术研究与示范"项目，非常必要，也非常及时。这个项目的实施，正处于我国国家公园体制改革试点和自然保护地体系建设的关键时期，这虽然为项目研究增加了困难，但也使研究的成果有机会直接服务于国家需求。

很高兴看到闵庆文研究员为首席科学家的研究团队，经过 3 年多的努力，完成了该国家重点研发计划项目，并呈现给我们"自然保护地功能协同提升研究与示范丛书"等系列成果。让我特别感到欣慰的是，这支由中国科学院地理科学与资源研究所，以及中国科学院西北高原生物研究所和水生生物研究所、中国林业科学研究院、生态环境部环境规划院、北京大学、北京师范大学、中央民族大学、上海师范大学、神农架国家公园管理局等单位年轻科研人员组成的科研团队，克服重重困难,较好地完成了任务,并取得了显著成果。

从所形成的成果看,项目研究围绕自然保护地空间格局与功能、多类型保护地交叉与重叠区生态保护和经济发展协调机制、国家公园管理体制与机制等 3 个科学问题,综合了地理学、生态学、经济学、自然保护学、区域发展科学、社会学与民族学等领域的研究方法,充分借鉴国际先进经验并结合我国国情,从全国尺度着眼,以多类型保护地集中区和国家公园体制试点区为重点,构建了我国自然保护地空间布局规划技术与管理体系,集成了生态资产评估与生态补偿方法,创建了多类型保护地集中区生态保护与经济发展功能协同提升的机制与模式,提出了适应国家公园体制改革与国家公园建设新趋势的优化综合管理技术,并在三江源与神农架国家公园体制试点区进行了应用示范,为脆弱生态系统修复与保护、国家生态安全屏障建设、国家公园体制改革和国家公园建设提供了科技支撑。

欣慰之余,不由回忆起自己在自然保护地研究生涯中的一些往事。在改革开放之初,我曾有幸陪同侯学煜、杨含熙和吴征镒三位先生,先后考察了美国、英国和其他一些欧洲国家的自然保护区建设。之后,我和赵献英同志合作,于 1984 年在商务印书馆发表了《中国的自然保护区》,1989 年在外文出版社发表了 *China's Nature Reserve*。1984~1992 年,通过国家的推荐和大会的选举,我进入世界自然保护联盟(IUCN)理事会,担任该组织东亚区的理事,并承担了其国家公园和保护区委员会的相关工作。从 1978 年成立人与生物圈计划(MAB)中国国家委员会伊始,我就参与其中,还曾于 1986~1990 年担任过两届 MAB 国际协调理事会主席和执行局主席,1990 年在 MAB 中国国家委员会秘书处兼任秘书长,之后一直担任副主席。

回顾自然保护地的发展历程,结合我个人的亲身经历,我看到了它如何从无到有、从向国际先进学习到结合我国自己的具体情况不断完善、不断创新的过程和精神。正是这种努力奋斗、不断创新的精神,支持了我们中华民族的伟大复兴。我国正处于一个伟大的时代,生态文明建设已经上升为国家战略,党和政府对于生态保护给予了前所未有的重视,研究基础和条件也远非以前的研究者所企及,年轻的生态学工作者们理应做出更大的贡献。已届"鲐背之年",我虽然已不能和大家一起"冲锋陷阵",但依然愿意尽自己的绵薄之力,密切关注自然保护事业在新形势下的不断创新和发展。

特此为序!

中国工程院院士

2021 年 9 月 5 日

丛书前言

2016 年 10 月，科技部发布的《"典型脆弱生态修复与保护研究"重点专项 2017 年度项目申报指南》（以下简称《指南》）指出：为贯彻落实《关于加快推进生态文明建设的意见》，按照《关于深化中央财政科技计划（专项、基金等）管理改革的方案》要求，科技部会同环境保护部、中国科学院、林业局等相关部门及西藏、青海等相关省级科技主管部门，制定了国家重点研发计划"典型脆弱生态恢复与保护研究"重点专项实施方案。该专项紧紧围绕"两屏三带"生态安全屏障建设科技需求，重点支持生态监测预警、荒漠化防治、水土流失治理、石漠化治理、退化草地修复、生物多样性保护等技术模式研发与典型示范，发展生态产业技术，形成典型退化生态区域生态治理、生态产业、生态富民相结合的系统性技术方案，在典型生态区开展规模化示范应用，实现生态、经济、社会等综合效益。

在《指南》所列"国家生态安全保障技术体系"项目群中，明确列出了"国家重要生态保护地生态功能协同提升与综合管控技术"项目，并提出了如下研究内容：针对我国生态保护地（自然保护区、风景名胜区、森林公园、重要生态功能区等）类型多样、空间布局不尽合理、管理权属分散的特点，开展国家重要生态保护地空间布局规划技术研究，提出科学的规划技术体系；集成生态资源资产评估与生态补偿研究方法与成果，凝练可实现多自然保护地集中区域生态功能协同提升、区内农牧民增收的生态补偿模式，开发区内社区经济建设与自然生态保护协调发展创新技术；适应国家公园建设新趋势，研究多种类型自然保护地交叉、重叠区优化综合管理技术，选择国家公园体制改革试点区进行集成示范，为建立国家公园生态保护和管控技术、标准、规范体系和国家公园规模化建设与管理提供技术支撑。

该项目所列考核指标为：提出我国重要保护地空间布局规划技术和规划编制指南；集成多类型保护地区域国家公园建设生态保护与管控的技术标准、生态资源资产价值评估方法指南与生态补偿模式；在国家公园体制创新试点区域开展应用示范，形成园内社会经济和生态功能协同提升的技术与管理体系。

根据《指南》要求，在葛全胜所长等的鼓励下，我们迅速组织了由中国科学院地理科学与资源研究所、西北高原生物研究所、水生生物研究所，中国林业科学研究院，生态环境部环境规划院，北京大学，北京师范大学，中央民族大学，上海师范大学，神农架国家公园管理局等单位专家组成的研究团队，开始了紧张的准备工作，并按照要求提交了"国家重要生态保护地生态功能协同提升与综合管控技术研究与示范"项目申请书和经费预算书。项目首席科学家由我担任，项目设 6 个课题，分别由中国科学院地理科学与资源研究所钟林生研究员、中央民族大学桑卫国教授、北京师范大学曾维华教授、中国科学院地理科学与资源研究所闵庆文研究员、中国科学院西北高原生物研究所张同作研究员、中国科学院水生生物研究所蔡庆华研究员担任课题负责人。

颇为幸运也让很多人感到意外的是，我们的团队通过了由管理机构中国 21 世纪议程管理中心（以下简称"21 世纪中心"）2017 年 3 月 22 日组织的视频答辩评审和 2017 年 7 月 4 日组织的项目考核指标审核。项目执行期为 2017 年 7 月 1 日至 2020 年 6 月 30 日；总经费为 1000 万元，全部为中央财政经费。

2017 年 9 月 8 日，项目牵头单位中国科学院地理科学与资源研究所组织召开了项目启动暨课题实施方案论证会。原国家林业局国家公园管理办公室褚卫东副主任和陈君帜副处长，住房和城乡建设部原世界遗产与风景名胜管理处李振鹏副处长，原环境保护部自然生态保护司徐延达博士，中国科学院科技促进发展局资源环境处周建军副研究员，中国科学院地理科学与资源研究所葛全胜所长和房世峰主任等有关部门领导，中国科学院地理科学与资源研究所李文华院士、时任副所长于贵瑞院士，中国科学院成都生物研究所时任所长赵新全研究员，北京林业大学原自然保护区学院院长雷光春教授，中国科学院生态环境研究中心王效科研究员，中国环境科学研究院李俊生研究员等评审专家，以及项目首席科学家、课题负责人与课题研究骨干、财务专家、有关媒体记者等 70 余人参加了会议。

国家发展改革委社会发展司彭福伟副司长（书面讲话）和褚卫东副主任、李振鹏副处长和徐延达博士分别代表有关业务部门讲话，对项目的立项表示祝贺，肯定了项目所具备的现实意义，指出了目前我国重要生态保护地管理和国家公园建设的现实需求，并表示将对项目的实施提供支持，指出应当注重理论研究和实践应用的结合，期待项目成果为我国生态保护地管理、国家公园体制改革和以国家公园为主体的中国自然保护地体系建设提供科技支撑。周建军副研究员代表中国科学院科技促进发展局资源环境处对项目的立项表示祝贺，希望项目能够在理论和方法上有所创新，在实施过程中加强各课题、各单位的协同，使项目成果能够落地。葛全胜所长、于贵瑞副所长代表中国科学院地理科学与资源研究所对项目的立项表示祝贺，要求项目团队在与会各位专家、领导的指导下圆满完成任务，并表示将大力支持项目的实施，确保顺利完成。我作为项目首席科学家，从立项背景、研究目标、研究内容、技术路线、预期成果与考核指标等方面对项目作了简要介绍。

在专家组组长李文华院士主持下，评审专家听取了各课题汇报，审查了课题实施方案材料，经过质询与讨论后一致认为：项目各课题实施方案符合任务书规定的研发内容和目标要求，技术路线可行、研究方法适用；课题组成员知识结构合理，课题承担单位和参加单位具备相应的研究条件，管理机制有效，实施方案合理可行。专家组一致同意通过实施方案论证。

2017年9月21日，为切实做好专项项目管理各项工作、推动专项任务目标有序实施，21世纪中心在北京组织召开了"典型脆弱生态修复与保护研究"重点专项2017年度项目启动会，并于22日组织召开了"国家重要生态保护地生态功能协同提升与综合管控技术研究与示范"（2017YFC0506400）实施方案论证。以孟平研究员为组长的专家组听取了项目实施方案汇报，审查了相关材料，经质疑与答疑，形成如下意见：该项目提供的实施方案论证材料齐全、规范，符合论证要求。项目实施方案思路清晰，重点突出；技术方法适用，实施方案切实可行。专家组一致同意通过项目实施方案论证。专家组建议：①注重生态保护地与生态功能"协同"方面的研究；②关注生态保护地当地社区民众的权益；③进一步加强项目技术规范的凝练和产出，服务于专项总体目标。

经过3年多的努力工作，项目组全面完成了所设计的各项任务和目标。项目实施期间，正值我国国家公园体制改革试点和自然保护地体系建设的重要时期，改革的不断深化和理念的不断创新，对于项目执行而言既是机遇也是挑战。我们按照项目总体设计，并注意跟踪现实情况的变化，既保证科学研究的系统性，也努力服务于国家现实需求。

在2019年5月23日的项目中期检查会上，以舒俭民研究员为组长的专家组，给出了"按计划进度执行"的总体结论，并提出了一些具体意见：①项目在多类型保护地生态系统健康诊断与资产评估、重要生态保护地承载力核算与经济生态协调性分析、生态功能协同提升、国家公园体制改革与自然保护地体系建设、国家公园建设与管理以及三江源与神农架国家公园建设等方面取得了系列阶段性成果，已发表学术论文31篇（其中SCI论文8篇），出版专著1部，获批软件著作权2项，提出政策建议8份（其中2份获得批示或被列入全国政协大会提案），完成图集、标准、规范、技术指南等初稿7份，完成硕/博士学位论文5篇，4位青年骨干人员晋升职称。完成了预定任务，达到了预期目标。②项目组织管理符合要求。③经费使用基本合理。并对下一阶段工作提出了建议：①各课题之间联系还需进一步加强；注意项目成果的进一步凝练，特别是在国家公园体制改革区的应用。②加强创新性研究成果的产出和凝练，加强成果对国家重大战略的支撑。

在2021年3月25日举行的课题综合绩效评价会上，由中国环境科学研究院舒俭民研究员（组长）、国家林业和草原局调查规划设计院唐小平副院长、北京林业大学雷光春教授、中国矿业大学（北京）胡振琪教授、中国农业科学院杨庆文研究员、国务院发展研究中心苏杨研究员、中国科学院生态环境研究中心徐卫华研究员等组成的专家组，在听取各课题负责人汇报并查验了所提供的有关材料后，经质疑与讨论，所有课题均顺利通过综合绩效评价。

"自然保护地功能协同提升研究与示范丛书"即是本项目成果的最主要体现，汇集了项目组及各课题的主要研究成果，是 10 家单位 50 多位科研人员共同努力的结果。丛书包含 7 个分册，分别是《自然保护地功能协同提升和国家公园综合管理的理论、技术与实践》《中国自然保护地分类与空间布局研究》《保护地生态资产评估和生态补偿理论与实践》《自然保护地经济建设和生态保护协同发展研究方法与实践》《国家公园综合管理的理论、方法与实践》《三江源国家公园生态经济功能协同提升研究与示范》《神农架国家公园体制试点区生态经济功能协同提升研究与示范》。

除这套丛书之外，项目组成员还编写发表了专著《神农架金丝猴及其生境的研究与保护》和《自然保护地和国家公园规划的方法与实践应用》，并先后发表学术论文 107 篇（其中 SCI 论文 35 篇，核心期刊论文 72 篇），获得软件著作权 7 项，培养硕士和博士研究生及博士后研究人员 25 名，还形成了以指南和标准、咨询报告和政策建议等为主要形式的成果。其中《关于国家公园体制改革若干问题的提案》《关于加强国家公园跨界合作促进生态系统完整性保护的提案》《关于在国家公园与自然保护地体系建设中注重农业文化遗产发掘与保护的提案》《关于完善中国自然保护地体系的提案》等作为政协提案被提交到 2019～2021 年的全国两会。项目研究成果凝练形成的 3 项地方指导性规划文件[《吉林红石森林公园功能区调整方案》《黄山风景名胜区生物多样性保护行动计划（2018—2030 年)》《三江源国家公园数字化监测监管体系建设方案》]，得到有关政府批准并在工作中得到实施。16 项管理指导手册，其中《国家公园综合管控技术规范》《国家公园优化综合管理手册》《多类型保护地生态资产评估标准》《生态功能协同提升的国家公园生态补偿标准测算方法》《基于生态系统服务消费的生态补偿模式》《多类型保护地生态系统健康评估技术指南》《基于空间优化的保护地生态系统服务提升技术》《多类型保护地功能分区技术指南》《保护地区域人地关系协调性甄别技术指南》《多类型保护地区域经济与生态协调发展路线图设计指南》《自然保护地规划技术与指标体系》《自然保护地(包括重要生态保护地和国家公园)规划编制指南》通过专家评审后，提交到国家林业和草原局。项目相关研究内容及结论在国家林业和草原局办公室关于征求《国家公园法（草案征求意见稿)》《自然保护地法（草案第二稿)(征求意见稿)》的反馈意见中得到应用。2021 年 6 月 7 日，国家林业和草原局自然保护地司发函对项目成果给予肯定，函件内容如下。

"国家重要生态保护地生态功能协同提升与综合管控技术研究与示范"项目组:

　　"国家重要生态保护地生态功能协同提升与综合管控技术研究与示范"项目是国家重点研发计划的重要组成部分,热烈祝贺项目组的研究取得了丰硕成果。

　　该项目针对我国自然保护地体系优化、国家公园体制建设、自然保护地生态功能协同提升等开展了较为系统的研究,形成了以指南和标准、咨询报告和政策建议等为主要形式的成果。研究内容聚焦国家自然保护地空间优化布局与规划、多类型保护地经济建设与生态保护协调发展、国家公园综合管控、国家公园管理体制改革与机制建设等方面,成果对我国国家公园等自然保护地建设管理具有较高的参考价值。

　　诚挚感谢以闵庆文研究员为首的项目组各位专家对我国自然保护地事业的关注和支持。期望贵项目组各位专家今后能够一如既往地关注和支持自然保护地事业,继续为提升我国自然保护地建设管理水平贡献更多智慧和科研成果。

国家林业和草原局自然保护地管理司

2021 年 6 月 7 日

　　在项目执行期间,为促进本项目及课题关于自然保护地与国家公园研究成果的对外宣传,创造与学界同仁交流、探讨和学习的机会,在中国自然资源学会理事长成升魁研究员等的支持下,以本项目成员为主要依托,并联合有关高校和科研单位技术人员成立了"中国自然资源学会国家公园与自然保护地体系研究分会",并组织了多次学术会议。为了积极拓展项目研究成果的社会效益,项目组还组织开展了"国家公园与自然保护地"科普摄影展,录制了《建设地球上最富人情味的国家公园》科普宣传片。

　　2021 年 9 月 30 日,中国 21 世纪议程管理中心组织以安黎哲教授为组长的项目综合绩效评价专家组,对本项目进行了评价。2022 年 1 月 24 日,中国 21 世纪议程管理中心发函通知:项目综合绩效评价结论为通过,评分为 88.12 分,绩效等级为合格。专家组给出的意见为:①项目完成了规定的指标任务,资料齐全完备,数据翔实,达到了预期目标。②项目构建了重要生态保护地空间优化布局方案、规划方法与技术体系,阐明了保护地生态系统生态资产动态评价与生态补偿机制,提出了保护地经济与生态保护的宏观优化与微观调控途径,建立了国家公园生态监测、灾害预警与人类胁迫管理及综合管控技术和管理系统,在三江源、神农架国家公园体制试点区应用与示范。项目成果为国家自然保护地体系优化与综合管理及国家公园建设提供了技术支撑。③项目制定了内部管理制度和组织管理规范,培养了一批博士、硕士研究生及博士后研究人员。建议:进一步推动标准、规范和技术指南草案的发布实施，增强研发成果在国家公园和其他自然保护地的应用。

借此机会，向在项目实施过程中给予我们指导和帮助的有关单位领导和有关专家表示衷心的感谢。特别感谢项目顾问李文华院士和刘纪远研究员、项目跟踪专家舒俭民研究员和赵景柱研究员的指导与帮助，特别感谢项目管理机构中国 21 世纪议程管理中心的支持和帮助，特别感谢中国科学院地理科学与资源研究所及其重大项目办、科研处和其他各参与单位领导的支持及帮助，特别感谢国家林业和草原局（国家公园管理局）自然保护地管理司、国家公园管理办公室，以及三江源国家公园管理局、神农架国家公园管理局、武夷山国家公园管理局和钱江源国家公园管理局等有关机构的支持和帮助。

作为项目负责人，我还要特别感谢项目组各位成员的精诚合作和辛勤工作，并期待未来能够继续合作。

2022 年 3 月 9 日

本 书 前 言

我们生活的地球上分布着多种多样的自然生态系统，它们支持着数以万计的物种。自然生态系统和生物多样性是人类赖以生存和发展的基础，关乎国家生态安全与人类的可持续发展。世界各国通过不懈努力，建立了不同类型的自然保护地，它们覆盖了全球15%的陆域面积和7%的海洋面积。

自1956年开始，我国陆续建立了自然保护区、风景名胜区、森林公园、湿地公园等10多种自然保护地，总数已达到1.18万处，覆盖了我国陆域面积的18%以上，但因为种种因素，造成了管理体制与机制不完善、部门交叉、空间重叠、连通性不强、破碎化严重、保护与发展矛盾突出等问题。在建设生态文明和美丽中国的进程中，迫切需要建立一批有中国特色的国家公园，形成符合我国国情的以国家公园为主体的自然保护地体系。

在众多国家的自然保护实践中，人们将"为子孙后代保护自然，并把它作为民族自豪感的象征"这一态度和国家公园的概念对号入座。在中国，虽然"国家公园"这一概念之前也有所涉及，但真正的国家公园体制建设始于2015年。10个国家公园体制试点区分布在12个省份，总面积约为22.4万 km^2，约占我国陆域面积的2.3%。

60余年的自然保护历程告诉我们，在包括国家公园在内的自然保护地及其周边地区居住着大量的居民，他们与自然相依共存、协同演化。这也使得中国的自然保护不可能采用"荒野式"的保护方式，中国的国家公园也不可能建在无人区。人与大自然的和谐、经济与生态的协同，是中国国家公园建设的美好愿景。那么实施"最严格的保护"，守住绿水青山的同时，能否实现社区的更好发展呢？

为了回答这个问题，在国家重点研发计划的支持下，科学家行走在国家公园的社区中，聆听居民的声音；进行研讨和咨询，吸纳不同专家的意见，努力寻找既能守住绿水青山、又能让居民依旧与自然相依共存的方法。

在三江源国家公园，世居于此的藏族牧民是这片神秘土地的守护者。与大自然共生共荣、长期相守的他们，更了解草原与湿地的变化，也更加清楚野生动物的习性。他们在脆弱的环境里形成了敬畏自然、保护生态的自然观，发展了抵御自然灾害风险的能力，遵循着逐水草而居的游牧生产方式。

怀揣着建设美丽家园的梦想，带着对野生动物的天然热爱，17 000 多名牧民成为国家公园生态管护员。研究人员发现，"一户一岗"的生态管护公益岗位，更加强化了当地牧民对大自然的珍爱，明晰了国家公园建设的重要意义。他们已不再简单地将其看作谋求更多收入的"工作"，而是将其视为一项保护自然生态的"使命"。

让绿水青山变为"金山银山"，实现生态产品的价值转化，才能让这份坚守持续下去。在武夷山国家公园，武夷岩茶、红茶享誉海内外，最主要的就是得益于独特的水土、气候与优越的生态环境。人们懂得保护生态系统才能稳固茶叶产业链。在国家公园最严格的保护下，这个良性循环要继续协同生计发展与生态保护，就需要进一步提高生态价值向经济价值的转化。为了这个目的，研究者开发了分析工具，推动了这一链条的形成，充分利用生物多样性控制病虫害，建设生态茶园，建立以多样化和独特性为基础的定制服务，拓展农业的生态与文化功能，发展文化体验、自然教育、生态旅游，打造国家公园品牌。尽管路还很长，但是前景可期。

生态环境的改善，野生动物的增加，也会影响当地社区的生产生活。在三江源国家公园的长江源区，从 2014 年 1 月到 2017 年 12 月，牧民就上报了 296 起棕熊肇事案件，平均每年 74 起。棕熊入侵房屋、捕食牲畜，造成了不小的经济损失。那么人与动物能否友好相处呢？

答案是肯定的。科学家模拟分析了棕熊入室风险区域，评价了棕熊适宜栖息地分布状况，提出了"气候避难所"的栖息思路；设计了人兽冲突监管平台，随时掌握野生动物迁徙、人类活动状况和人兽冲突的信息，带来了民生保障与生态保护的"双赢"方法。

无论是减小社区居民因为棕熊到访带来的损失，还是弥补因为封山育林而造成的经济收益减少，都需要政策上的调整。建立多元长效的生态补偿机制，是对社区守护生态的尊重与感谢，也是延续人地和谐共存的有效方法。研究者深入神农架国家公园体制试点区，详细了解生态补偿项目的实施情况，走访生态补偿涉及的社区、政府、国家公园管理局、特许经营企业等利益相关者。他们"抽丝剥茧"，发现问题，提出了国家、市场和社会组织都可以参与的生态补偿模式，拓宽了融资渠道，提出了资金补偿、实物补偿、特许经营，以及教育援助、技术培训等智力补偿，还有优惠信贷、税收减免等在内的创新性生态补偿思路。

国家公园内的每一位居民都远早于国家公园的设立而在当地繁衍生息，早已成为与自然生态系统共生的一分子。依据中国国情，在生态文明战略总体框架下，秉持人与自然协同发展的理念，建立有中国特色的国家公园和以国家公园为主体的自然保护地体系，既是建设美丽中国的关键支撑，也是为国际自然保护事业贡献的"中国智慧"和"中国方案"。

以上是我们制作的科普宣传片《建设地球上最富有人情味的国家公园》的解说词，基本代表了我们对于我国正在建设的国家公园的基本认识。

进入21世纪第二个10年，我国生态保护事业进入从"抢救性保护"向"质量性提升"的转变阶段。中央高度重视生态保护事业发展与国家生态安全保障，继提出生态文明建设战略之后，在《中共中央关于全面深化改革若干重大问题的决定》中首次明确提出"建立国家公园体制"。随后，《中共中央国务院关于加快推进生态文明建设的意见》《关于印发〈建立国家公园体制总体方案〉的通知》（中办发〔2017〕55号）等一系列重要文件及中央全面深化改革领导小组第19、第21次会议均明确提出将建立统一、规范、高效的国家公园体制作为加快生态文明体制建设和加强国家生态环境保护治理能力的重要途径。

在这一背景下，2017年7月正式开始执行的国家重点研发计划项目"国家重要生态保护地生态功能协同提升与综合管控技术研究与示范"，旨在通过理论研究与应用示范，为脆弱生态修复与保护、国家生态安全保障、国家公园体制改革提供科技支撑。课题四"多类型保护地国家公园建设生态保护与优化综合管理技术研究"为该项目所设置的6个课题之一，旨在从关键生态系统服务监测、灾害预警与人为胁迫管理、自然与文化资产管控等方面开展研究，构建国家公园管理机制并研发优化综合管理平台。

在过去四年多的时间里，课题组先后赴项目所确定的两个示范区——神农架与三江源两个国家公园体制改革试点，以及武夷山、祁连山、钱江源等其他国家公园体制改革试点和正在积极创建的百山祖国家公园等地开展调研，收集了与国家公园建设和管理相关的大量数据与资料。完成了国家公园重要保护对象与关键生态系统服务监测、国家公园灾害预警与人为胁迫管理、国家公园自然与文化资产保护和管控、国家公园优化综合管理系统平台、国家公园可持续管理及其机制政策等5个方面的研究工作，发表学术论文42篇，提交政策建议5份；编制完成了《国家公园综合管控技术规范》和《国家公园综合管控手册》；设计研发了"神农架国家公园①综合管理平台"和"三江源国家公园综合管理平台"，编写了相应用户手册2份，获得软件著作权4项；培养博士和硕士研究生9名。此外，课题组还组织了11次学术交流活动和2次科普宣传活动，在《中国自然资源报》《中国环境报》等媒体上发表文章4篇、接受《人民政协报》《中国网》等媒体专访

---

① 本丛书所涉及的中国"国家公园"在项目执行期（2017年7月至2020年12月）内均为"国家公园体制试点区"。首批国家公园包括三江源国家公园、大熊猫国家公园、东北虎豹国家公园、海南热带雨林国家公园、武夷山国家公园，于2021年10月正式设立。

10 次，取得了很好的社会影响。

"多类型保护地国家公园建设生态保护与优化综合管理技术研究"课题在研发国家公园重要保护对象与关键生态系统服务监测技术、灾害预警与人为胁迫管理技术、自然与文化资产管控技术的基础上，构建了融管控分区、生态监测、灾害风险管理、社区管理、文化遗产保护、管理有效性评价等于一体的国家公园"分区、分级、分类"综合管控方案，提出了满足国家生态安全保障和区域生态系统健康的国家公园管理体制机制改革建议，研发了集生态监测管理、气象环境监测、草地资源管理、水文监测管理、野生动物监测等功能于一体的国家公园优化综合管理平台，为破解我国国家公园建设与管理难题提供了重要的科技支撑。

本书是课题研究成果的集中表达，包括 8 章。

第一章"绪论"，由闵庆文、焦雯珺、何思源、刘显洋执笔。介绍了我国自然保护地发展历程及国家公园建设需求与试点情况，梳理了国家公园建设管理的国际经验，并从管理体制改革和管控技术优化两方面探讨了我国国家公园建设与管理的发展方向。

第二章"国家公园生态监测体系"，由焦雯珺、闵庆文、张碧天、刘显洋、姚帅臣执笔。阐释了国家公园生态监测体系构建的理论框架，介绍了基于供给-需求权衡分析的关键生态系统服务识别技术和基于管理目标-关键生态过程相关性分析的监测指标筛选技术及其在三江源和神农架国家公园的应用结果。

第三章"国家公园灾害风险管理"，由何思源、闵庆文、王国萍、丁陆彬、李禾尧执笔。提出了国家公园综合灾害风险管理框架和灾害风险识别方法与路径，建立了国家公园综合灾害风险评估体系与风险预警系统运行模式及游客安全风险管理技术框架，提出了国家公园人为胁迫监测和管理的内容、原则和措施，构建了神农架国家公园综合灾害风险评估体系。

第四章"国家公园社区管理"，由何思源、闵庆文、杨晓执笔。提出了基于地役权的社区土地管理方法、基于保护兼容性原则的社区生计保障与产业发展模式和国家公园建设的社区参与模式，并分别以武夷山和三江源国家公园为例进行了研究。

第五章"国家公园文化遗产保护与利用"，由闵庆文、何思源、王国萍、丁陆彬、朱冠楠、王斌、张天新、于晴文执笔。提出了应重视传统知识的生态保护价值、重视农业文化遗产的发掘与利用，推动建立国家公园产品价值增值机制和体系，构建多方参与的协同管理模式，带动社区发展。

第六章"国家公园管理评价"，由焦雯珺、闵庆文、刘显洋、张碧天、刘伟玮、姚帅臣执笔。构建了基于最优实践的国家公园管理能力评价方法、基于管理周期的国家公园管理有效性评价方法、国家公园保护成效评价方法，并分别在三江源、神农架和钱江源国家公园进行了应用。

第七章"国家公园综合管控分区与管控技术",由高峻、郭鑫、李巍岳、李杰、付晶执笔。在核心保护区和一般控制区之外,提出了协同保育区和二级管控分区的概念、划分方法和管控需求,并在钱江源国家公园进行了应用,集成了国家公园相关规范,构建了国家公园综合管控指标体系,形成了国家公园综合管控技术。

第八章"国家公园综合管理平台",由曹巍、潘梅执笔。以三江源和神农架国家公园为重点,构建了国家公园综合管理数据库、国家公园数据管理与分析子系统,研发了国家公园综合管理平台。

2021 年 10 月 12 日,习近平主席在昆明召开的"《生物多样性公约》第十五次缔约方大会(COP15)"上宣布,正式设立三江源、大熊猫、东北虎豹、海南热带雨林、武夷山等第一批国家公园。课题的研究和国家公园体制建设同步推进,国家相关政策不断调整、出台,给课题的研究带来了诸多挑战。由于研究内容具有很强的政策关联性,为保证研究成果的科学性、时效性和政策支持性,课题组积极参加有关政府部门和学术机构组织的学术探讨,紧跟政策步伐,不断思索、凝练研究成果对国家公园建设的支撑作用。尽管如此,书中依然难免存在一些政策建议已经实现、一些理论探讨与最新管理政策有所出入的问题。作为一本学术性著作的作者,我们仍决定将原来的观点和研究过程与您分享,因为对于建设具有中国特色的国家公园这项长期、艰巨且复杂的系统工程,国家公园体制建设开篇阶段的研究探索和尝试或成为日后不断完善的有益参考。

2021 年 10 月 13 日

目　　录

第一章　绪　　论[*]

第一节　国家公园建设背景与需求

一、我国自然保护地发展与管理沿革

（一）自然保护地发展历程

建设自然保护地是保护生物多样性、提高生态系统服务功能、改善生态环境质量最有效的方法和途径之一。世界自然保护联盟（IUCN）将自然保护地定义为明确界定的地理空间，经由法律或其他有效方式得到认可、承诺和管理，以实现对自然及其生态系统服务和文化价值的长期保护（IUCN，2008）。根据《关于建立以国家公园为主体的自然保护地体系的指导意见》（中共中央办公厅和国务院办公厅，2019），我国现将自然保护地定义为由各级政府依法划定或确认，对重要的自然生态系统、自然遗迹、自然景观及其所承载的自然资源、生态功能和文化价值实施长期保护的陆域或海域。

1956 年，我国将广东省肇庆市鼎湖山列为国家级自然保护区，由中国科学院负责管理，这也标志着我国自然保护地建设事业的正式起步；1982 年，国家林业总局批准设立国家森林公园，城乡建设环境保护部开始设立国家重点风景名胜区；2001 年，国土资源部设立国家地质公园，水利部设立国家水利风景区，国家旅游局开始 A 级旅游景区评定工作；2004 年，建设部批准设立城市湿地公园；2005 年，国家林业局批准设立国家湿地公园，同年国土资源部批准设立国家矿山公园；2013 年，国家林业局批准设立国家沙漠公园；2020 年，国家林业和草原局公布了首批国家草原自然公园试点建设名单。除上述外，我国其他有代表性的自然保护地或具有自然保护功能的保护地类型还包括自然遗产、畜禽遗传资源保种场保护区、水产种质资源保护区、海洋特别保护区、重要农业文化遗产等。

可以说，经过 60 年多的发展，我国的自然保护地建设经历了从无到有、从小到大、从单一到多样、从陆地到海洋的发展历程。目前我国的自然保护地已达到1.18 万处，占国土陆域面积的 18%、海域面积的 4.6%（闵庆文和马楠，2020；冯斌等，2021），有效地保护了我国重要的自然生态系统、生物物种、自然遗迹

＊ 本章由闵庆文、焦雯珺、何思源、刘显洋执笔。

和自然景观。

（二）自然保护地管理沿革

在自然保护地法律法规上，我国基本形成了"国家法律法规—地方政策法规"的两级框架。其中，国家法律法规主要由国务院行政法规和各行业主管部门的规章制度构成，是各类自然保护地进行日常管理的主要依据（表 1-1）；地方政策法规是地方政府根据国家法律法规结合地方实际情况而制定的。

表 1-1　自然保护地规范性文件分类表

保护地类型	文件名称	效力级别	颁布机构与时间
—	《中华人民共和国环境保护法》	法律	中华人民共和国全国人民代表大会常务委员会 1989 年发布，2014 年修正
—	《中华人民共和国野生动物保护法》	法律	中华人民共和国全国人民代表大会常务委员会 1988 年发布，2004 年、2009 年、2016 年、2018 年修正
—	《中华人民共和国文物保护法》	法律	中华人民共和国全国人民代表大会常务委员会 1982 年发布，1991 年、2002 年、2007 年、2013 年、2015 年、2017 年修正
—	《中华人民共和国非物质文化遗产法》	法律	中华人民共和国全国人民代表大会常务委员会 2011 年发布
—	《中华人民共和国湿地保护法（草案）》	法律	中华人民共和国全国人民代表大会常务委员会 2021 年 12 月 24 日通过，2022 年 6 月 1 日起施行
自然保护区	《中华人民共和国自然保护区条例》	行政法规	国务院 1994 年发布，2011 年、2017 年修正
	《自然保护区土地管理办法》	部门规章	国家土地管理局 1995 年发布
	《国家级自然保护区监督检查办法》	部门规章	国家环境保护总局（现生态环境部）2006 年发布，2017 年修正
	《中华人民共和国水生动植物自然保护区管理办法》	部门规章	农业部（现农业农村部）1997 年发布，2019 年废止
	《森林和野生动物类型自然保护区管理办法》	部门规章	林业部（现国家林业和草原局）1985 年发布
	《海洋自然保护区管理办法》	部门规章	国家海洋局（现自然资源部）1995 年发布
风景名胜区	《风景名胜区条例》	行政法规	国务院 2006 年发布，2016 年修正
森林公园	《森林公园管理办法》	部门规章	林业部（现国家林业和草原局）1994 年发布，2011 年、2016 年修正
地质公园	《建立地质自然保护区的规定》	部门规章	地质矿产部（现自然资源部）1987 年发布
	《地质遗迹保护管理规定》	部门规章	地质矿产部（现自然资源部）1995 年发布
湿地公园	《国家湿地公园管理办法》	部门规章	国家林业局（现国家林业和草原局）2017 年发布
	《城市湿地公园管理办法》	部门规章	住房和城乡建设部 2017 年发布
水利风景区	《水利风景区管理办法》	部门规章	水利部 2004 年发布

保护地类型	文件名称	效力级别	颁布机构与时间
海洋特别保护区	《海洋特别保护区管理办法》	部门规章	国家海洋局（现自然资源部）2010 年发布
沙漠公园	《国家沙漠公园试点建设管理办法》	部门规章	国家林业局（现国家林业和草原局）2017 年发布
重要农业文化遗产	《重要农业文化遗产管理办法》	部门规章	农业部（现农业农村部）2015 年发布
畜禽遗传资源保种场保护区	《畜禽遗传资源保种场保护区和基因库管理办法》	部门规章	农业部（现农业农村部）2006 年发布
水产种质资源保护区	《水产种质资源保护区管理暂行办法》	部门规章	农业部（现农业农村部）2011 年发布，2016 年修正

2018 年国务院机构改革之前，我国的自然保护地实行的是条块式管理模式，各类自然资源为国家所有，各类自然资源管理机构代表国家对保护地进行管理，形成了与现行行政体制相对应的部门分工负责的管理方式。按照保护地管理的相关法律法规，自然保护地分别由相对应的职能部门管理，如环保、住建、国土资源、农业、水利、林业、海洋、中科院等单位，各自依法律和部门政策对各类自然保护地进行管理。在具体的保护地管理中，保护地设立管理机构代表国家对所划定保护范围内的资源进行管理，包括资源的保护、游憩资源的利用，甚至保护范围内的社区事务管理等各项工作。这些保护地管理机构在专业上接受行业主管部门的管理，同时在人事、财政及相关社会经济事务上接受地方政府管理。因此，在我国资源宏观管理制度中，各个资源管理机构与行业主管部门、地方政府主管部门共同构成了我国保护地管理的基本主体。这种管理模式取得了不错的保护成效，但也产生了诸多问题，如保护地空间交叉重叠问题突出，一地多牌、一区多主现象普遍存在；保护地功能定位模糊、权责不清，选择性管理、管理缺位现象突出；保护资金严重不足，公益属性被淡化等，严重阻碍着自然保护事业的健康发展。

为了解决这些问题，党的十八届三中全会明确提出建立国家公园体制，将构建科学合理的自然保护地体系作为新时代生态文明建设的重要内容，推进自然保护地的优化调整，自此开启了我国自然保护地管理体制改革的新历程。2017 年 9 月中共中央办公厅、国务院办公厅印发的《建立国家公园体制总体方案》（以下简称《总体方案》）（中共中央办公厅和国务院办公厅，2017）和 2017 年 10 月召开的中国共产党第十九次全国代表大会，提出了建立以国家公园为主体的自然保护地体系。2018 年党和政府机构改革方案将自然保护地监督管理职责统一到国家林业和草原局（国家公园管理局）。2018 年 3 月发布的《深化党和国家机构改革方案》（以下简称《改革方案》）（中共中央，2018）明确提出，"将国家林业局的职责、农业部的草原监督管理职责，以及国土资源部、住房和城乡建设部、水利部、农业部、国家海洋局等部门的自然保护区、风景名胜区、自然遗产、地质公园等管理职责整合，组建国家林业和草原局，由自然资源部管理"。《改革方案》将我国自然资源管理部门和相关机构进行了重组，由自然资源部对国土空间的自然资源实行统一管理，其下属国家林业和草原局对自然保护区、风景名胜区、自然遗产、地质公园等统一管理，并加挂国家公园管理局牌子。至此，从顶层设计层面解决了原有自然资源空间规划重叠、管理职能交叉等实际问题，实现了自然资源的整体保护、系统修复和综合治理。

2019 年 6 月，《关于建立以国家公园为主体的自然保护地体系的指导意见》（以下简称《指导意见》）（中共中央办公厅和国务院办公厅，2019）正式公布，这是我国自然保护地事业发展史上具有里程碑意义的大事。《指导意见》针对管理体制不顺畅、产权责任不清晰等难点与痛点问题从根上施策，为我国自然保护地体系的构建提供了根本遵循和指引，全面开启了我国自然保护地体系建设的新征程，标志着我国自然保护地进入全面深化改革的新阶段。《指导意见》提出到2025 年完成自然保护地整合归并优化，2035 年全面建成中国特色自然保护地体系的战略目标。自然保护地整合优化的根本目的就是要按照"山水林田湖草是一个生命共同体"的理念，创新自然保护地管理体制机制，实施自然保护地统一设置、分类保护、分级管理、分区管控，形成以国家公园为主体、以自然保护区为基础、以各类自然公园为补充的具有中国特色的自然保护地体系，更好地维护自然生态系统健康稳定，可持续地提供优质生态产品和服务。

二、我国国家公园体制改革及试点建设

（一）国家公园概念演化

清末民初，欧美等西方国家公园理念与思潮开始被介绍到中国，国家公园的概念和理念也被中国政府学习。1931 年，南京国民政府曾试图效仿日本，以太湖为基地，计划创建"国立公园"。然而，由于不断的战争影响，并未真正实施。

20 世纪 50 年代，我国受苏联影响开始建立自然保护区。在此之后，自然保护区、森林公园、风景名胜区等自然保护地模式层出不穷（师慧，2016）。1982年，城乡建设环境保护部开始设立国家重点风景名胜区，并在 1994 年发布的《中国风景名胜区形势与展望》绿皮书中明确指出，"中国风景名胜区与国际上的国家公园（National Park）相对应，同时又有自己的特点。中国国家级风景名胜区的英文名称为 National Park of China"。虽然这一时期的自然保护地建设对我国国家公园概念的提出与发展产生了重要影响，但国家公园一直未能正式进入国务院及其主管部门的官方中文命名体系，这在无形中形成了地方政府争相命名创建国家

公园的新浪潮。

之后以"国家公园（National Park）"出现的可能是庐山。庐山于 1982 年被国务院颁布为首批国家级风景名胜区，1996 年 12 月被联合国教育、科学及文化组织（联合国教科文组织）列为世界文化遗产，成为中国第一个文化景观类文化遗产，其英文名称是"Lushan National Park"。另一个是 1988 年被国务院批准为第二批国家级重点风景名胜区的三清山，于 2008 年 7 月被联合国教科文组织列为世界自然遗产，其英文名称为"Mount Sanqingshan National Park"。

1996 年，云南省率先在全国开始探索引进国家公园模式，尝试建立新型自然保护地。2006 年，云南省迪庆以碧塔海省级自然保护区为依托，建立了普达措国家公园。2008 年 6 月，国家林业局批准云南省为国家公园建设试点省。2008 年 8 月，云南省人民政府明确了省林业厅为国家公园的主管部门，并挂牌成立了"云南国家公园管理办公室"（唐芳林，2010）。随着云南普达措国家公园的建立，一些部门也开始探索国家公园的建立模式。然而由于国家公园建设的行政体制和管理体制不够完善，2009 年中央政府便停止了关于国家公园的建设试点，并要求在我国原有的自然保护工作中继续进行探索研究。

2013 年，党的十八届三中全会首次提出建立国家公园体制。随后，国家公园体制试点工作陆续推进，三江源、神农架、武夷山等国家公园体制试点区相继建立。2017 年 9 月，中共中央办公厅、国务院办公厅印发了《总体方案》，对"国家公园"给出了明确的定义，"国家公园是指由国家批准设立并主导管理，边界清晰，以保护具有国家代表性的大面积自然生态系统为主要目的，实现自然资源科学保护和合理利用的特定陆地或海洋区域"。

（二）国家公园建设需求

《总体方案》为国家公园建设提出了明确要求，可概括为以下 6 个方面。

第一，在建设目标上，国家公园体制建设以加强自然生态系统原真性、完整性保护为基础，以实现国家所有、全民共享、世代传承为目标，理顺管理体制，创新运营机制，健全法治保障，强化监督管理，构建统一、规范、高效的中国特色国家公园体制，建立分类科学、保护有力的自然保护地体系。

第二，在建设理念上，坚持生态保护第一、坚持国家代表性、坚持全民公益性。明确了国家公园的首要功能是重要自然生态系统的完整性、原真性保护，同时兼具科研、教育、游憩等综合功能。

第三，在管理体制上，按照自然资源统一确权登记办法，国家公园可作为独立自然资源登记单元，依法对区域内所有自然生态空间统一进行确权登记。由一个部门统一行使国家公园等自然保护地管理职责。部分国家公园由中央政府直接行使所有权，其他的由省级政府代理行使，条件成熟时，逐步过渡到由中央政府直接行使。合理划分中央和地方事权，构建主体明确、责任清晰、相互配合的国家公园中央和地方协同管理机制。

第四，在管理目标上，着力维持生态服务功能，提高生态产品供给能力。编制国家公园总体规划及专项规划，合理划定功能分区，实行差别化保护管理；建立国家公园管理机构自然生态系统保护成效考核评估制度，对领导干部实行自然资源资产离任审计和生态环境损害责任追究制。

第五，在社区发展上，明确国家公园区域内居民的生产、生活边界，相关配套设施建设要符合国家公园总体规划和管理要求，周边社区建设要与国家公园整体保护目标相协调。建立健全国家公园生态保护补偿政策，加强生态保护补偿效益评估，完善生态保护成效与资金分配挂钩的激励约束机制。

第六，在法律法规上，在明确国家公园与其他类型自然保护地关系的基础上，研究制定有关国家公园的法律法规，明确国家公园功能定位、保护目标、管理原则，确定国家公园管理主体，合理划定中央与地方职责，研究出台国家公园特许经营等配套法规，做好现行法律法规的衔接修订工作。

（三）国家公园体制试点现状

2015 年 12 月，中央全面深化改革领导小组第十九次会议审议通过了《中国三江源国家公园体制试点方案》，标志着我国首个国家公园体制试点区正式启动。2016 年 5～10 月，国家发展改革委陆续批复神农架、武夷山、钱江源、南山、长城、普达措等 6 个试点区的试点实施方案。2016 年 12 月，中央全面深化改革领导小组第三十次会议审议通过了大熊猫和东北虎豹 2 个试点区的试点方案，2017 年 6 月，又通过了《祁连山国家公园体制试点方案》。2018 年，长城终止国家公园体制试点，纳入国家文化公园建设序列。2019 年 1 月，中央全面深化改革委员会（2018 年 3 月根据《深化党和国家机构改革方案》由原中央全面深化改革领导小组改成）第六次会议审议通过了《海南热带雨林国家公园体制试点方案》。至此，我国先后设立了 10 个国家公园体制试点区，涉及 12 个省份，总面积约为 22.4 万 km^2（表 1-2），约占我国陆域国土面积的 2.3%。涉及保护热带雨林、亚热带常绿阔叶林、温带针阔混交林、荒漠草原等不同生态系统，以及大熊猫、东北虎等珍稀濒危物种。

国家公园体制试点工作得到了政府和社会各界的高度重视。各试点区地理区位各异、保护对象多样，在试点过程中涌现出一系列特色亮点工作，为国家公园建设和管理积累了一批可复制、可推广的经验。2020 年下半年，国家林业和草原局对首批 10 个国家公园体制试点区进行了第三方评估。存在的问题主要体现在以下 3 个方面（闵庆文，2019a）。

表 1-2 国家公园体制试点基本信息

国家公园体制试点	设置时间	面积/km²	涉及省份	涉及区域	人口数量/人
三江源国家公园	2016 年 3 月	123 100	青海省	治多、曲麻莱、玛多、杂多和可可西里自然保护区管辖区域	64 000
神农架国家公园	2016 年 5 月	1 169.88	湖北省	神农架林区的大九湖镇、下谷乡、木鱼镇、红坪镇、宋洛乡	21 072
武夷山国家公园	2016 年 6 月	1 001.41	福建省	武夷山、建阳、光泽和邵武	3 000
钱江源-百山祖国家公园①	2016 年 6 月	758.25	浙江省	开化、龙泉、庆元、景宁	8 521
南山国家公园	2016 年 7 月	635.94	湖南省	城步	27 900
普达措国家公园	2016 年 6 月	602.10	云南省	迪庆	6 600
大熊猫国家公园	2016 年 12 月	27 134	四川省、甘肃省、陕西省	岷山片区、邛崃山-大小相岭片区、秦岭片区、白水江片区 30 多个县（市、区）	120 800
东北虎豹国家公园	2016 年 12 月	14 612	吉林省、黑龙江省	吉林省的珲春、汪清、图们；黑龙江省的东宁、穆棱、宁安	92 993
祁连山国家公园	2017 年 9 月	50 234.31	甘肃省、青海省	甘肃省片区涉及阿克塞、肃北、肃南、民乐、甘州、山丹、永昌、凉州、古浪、天祝、永登 11 个县（区）及山丹马场；青海省涉及海北、海西、海东，以及大通、民和、乐都、互助、门源、祁连、刚察、德令哈、大柴旦、天峻 10 个县（区、市）	41 000
海南热带雨林国家公园	2019 年 1 月	4 401	海南省	五指山、琼中、白沙、昌江、东方、保亭、陵水、乐东、万宁 9 个县（市）	1 885

一是对国家公园的定位还不够清晰，一些地方存在着"过度公园化"倾向。一些国际组织和不同国家对国家公园的理解有很大差别，如世界自然保护联盟（IUCN）将国家公园列为第二类保护地，显然与我国"实施最严格的保护"理念不同。从许多地方热衷于国家公园申报和编制的国家公园建设规划中过分强调旅游发展等可以看出，"过度公园化"倾向较为明显。

二是对生态系统的原真性与完整性的科学性理解有偏差。对自然保护地设置只考虑保护对象而忽视从管理人的角度实现保护目标，过分强调移民搬迁措施，

---

① 2016 年 7 月国家发展改革委批复的《钱江源国家公园体制试点区试点实施方案》仅包括开化县，后按照浙江省"一园两区"的国家公园建设思路，增加了位于龙泉、庆元、景宁的范围，与钱江源国家公园体制试点区整合，完成国家公园体制试点建设，名称改为"钱江源-百山祖国家公园"，但此处统计的人口数量仍为开化县内数量。

不仅在实践上难以操作，而且不利于生态保护。三江源国家公园建设中将 17 000 多名牧民纳入生态管护岗位，成为园区生态保护的重要力量，说明当地居民在国家公园建设中的特殊作用。

三是现有国家公园体制试点区多建立在原有多类型自然保护地空间整合与统一管理基础上，推进中存在着国家公园与现有保护地管理上的模糊地带，试点结束后如何管理尚不明确。例如，三江源国家公园体制试点区规划范围纳入部分国家级自然保护区，对于处于试点区内外的自然保护区在试点期间及试点期结束后如何管理不明朗。自然资源部对各类自然资源进行统筹管理，将多类型保护地纳入管理体系，但原有行业部门垂直管理体系中的省级、县级保护地如何整合进入自然保护地体系，在地方层面统筹自然资源管理和保护地管理事权划分尚不清楚。

第二节　国家公园管理的国际经验

国家公园是世界上最重要的自然保护地类型之一，其建立的目标主要是保护大面积的自然生态系统。1872 年，美国总统格兰特签署法令建立了世界上第一个国家公园——黄石国家公园，标志着真正意义的国家公园概念的付诸实践（朱璇，2006）。在此之后，受美国国家公园建设的影响，各国开始了国家公园建设。19 世纪 70 年代至 19 世纪末，澳大利亚、加拿大、新西兰等英联邦国家开始建立国家公园。20 世纪初至 40 年代末，欧洲及亚非拉一些国家陆续开始建立国家公园。这一时期的国家公园管理模式和保护措施较上一阶段得到进一步完善，保护范围和对象扩张到历史文化遗址及野生动植物等。第二次世界大战后，亚洲、非洲和美洲大量独立的国家开始在各自的领土上建立国家公园，西欧等发达国家的国家公园数量也有快速增长。国家公园的内涵不断得到拓展与深化，越来越多的国家对国家公园在生态保护、社会经济发展以及历史文化传承等方面的价值有了更深刻的认识，并根据自身的制度背景和社会条件形成了各具特色的国家公园管理体系和运行模式。各国的国家公园建设并非一帆风顺，其发展也有着诸多经验和教训，对中国国家公园体制改革和国家公园建设具有参考价值。

我们从地理区位和管理经验方面考虑，重点以美国、加拿大、法国、南非、日本、韩国和新西兰 7 个国家为例进行了总结（表 1-3），并结合其发展历程，从体制机制、保障制度、资源与环境管理、社区建设和科普教育等角度进行分析。除这些国家以外，还涉及法国、阿根廷、尼泊尔等国家。

表 1-3　几个主要国家的国家公园概况（虞虎和钟林生，2019）

国家	国家公园的数量/个	国家公园的面积/（×10⁴km²）	占国土面积的比例/%
美国	58	21.03	2.24
加拿大	42	30.23	3.03
法国	9	4.43	8.05
南非	19	3.99	3.27
日本	29	2.09	5.65
韩国	20	0.66	6.39
新西兰	14	2.07	7.67

一、体制与机制建设

国际上国家公园的管理体制，可分为自上而下、中央集权与地方自治相结合、地方自治 3 种类型（蔚东英等，2017）。这里所梳理的体制机制建设是不同管理体制下管理体系的内部建设，体现在各个层次的管理机构及其职责、权限、运作机制、管理规范等方面，具体又可归为管理机构建设、管理队伍建设和管理规范制定 3 个方面。

（一）管理机构建设

管理机构是国家公园管理措施的实施主体，健全独立的管理机构是国家公园有效管理的基础。大多数国家在国家层面成立专门的国家公园管理机构（表 1-4）。例如，加拿大环境部下属的国家公园管理局，拥有 46 个国家公园及国家保护区、4 个国家海洋保护区、1 个国家风景区和 171 个国家历史遗迹的管理权限。除了在国家层面，一些国家还在各个区域甚至各个国家公园内都设置独立的管理机构。例如，美国实施"园长制"，不仅在国家公园管理局下设立 7 个跨州的地区分局，

表 1-4　几个主要国家的国家公园主要管理部门

国家	管理机构构成
美国	由内政部下属的国家公园管理局负责管理，下设 7 个跨州的地区分局，各个国家公园设立各自的管理局
加拿大	由环境部下属的国家公园管理局负责管理，不受所在地政府管辖，下设 32 个现场工作区域和 4 个服务中心
英国	在联合王国、成员国和每个国家公园层面，均设有国家公园管理机构
新西兰	由保护部全权负责管理国家公园及其他类型保护地
南非	由国家环境事务与旅游部下属的国家公园管理局负责管理国家公园
日本	国家环境省下设自然环境局、都道府县环境事务所
韩国	由国家公园管理公团管理，每个国家公园层面下设地方管理事务所

而且在各个国家公园内部设立各自的管理局（蔚东英等，2017）。日本、韩国、英国等国家亦在每个国家公园内设置了独立的管理处或事务所（Hamin，2001；钟永德，2015；苏杨和王蕾，2015），从而能够对各个国家公园实施有针对性的管理。

为了做到职责全面、分工明确，除常规部门外，管理机构内部一般会设置规划、环保、教育、经营、人力资源、社区管理等部门（Frank，2014）。在总结了美国、英国、韩国和阿根廷的部门设置情况的基础上，研究发现基本共有的部门为行政管理、法律事务、战略规划、运营管理、生态保护、对外联络、宣传教育、科学研究；其他部门为全民福利、景观保护、设施管理、志愿者管理等。例如，美国的国家公园管理局下设办公及政策办公室，资深科学顾问，平等就业办公室，国际事务办公室，立法和国会办公室，自然资源管理和科学局，公园规划、基础设施和土地局，文化资源、伙伴关系和科学局，解说、教育和志愿者局，沟通和联络局，游客和资源保护局，以及伙伴关系与全民参与局。阿根廷国家公园管理局设置了运营管理部、保护部、环境教育部、公众利用部、基础建设部、行政部、法律事务部、人力资源部、战略规划部、行政调查部、审计部等部门（Stine and Stine，2014；李想等，2019）。因此，合理的部门设置应做到基本部门齐全，附加部门有效，任务分工明确，可以实现公园的常规运作、矛盾解决、全民服务和更好发展。

（二）管理队伍建设

管理人员的专业背景、管理能力和思想素质会直接影响国家公园的建设。美国国家公园以严谨科学的人才管理制度著称，正式职员的学历要求在大学以上，且在上岗之前要进行游客心理、景观保护、生态考察等方面的培训。美国国家公园管理局还开发了面向志愿者的网络远程学习和解说认证平台，进行教育技能和知识讲解能力的测试，以保证工作人员的能力（张佳琛，2017）。阿根廷国家公园也十分注重对专业人才的培养，成立了国家公园管理员培训学院，设置生态保护、生物学、野外救援、旅游管理、人际关系学等课程，为国家公园管理局输送人才。韩国国家公园对员工的专业背景与岗位责任的匹配度要求并不严格，但上岗前必须通过心理医师基于人生观、价值观、责任感的"人性评价"。因此，优秀的管理队伍应当具有相关专业背景，专业能力过硬，且能够持续地进行学习与培训。

（三）管理规范制定

管理规范是国家公园管理的重要依据，其最核心的组成部分是指导国家公园建设的管理规划。在规划的编制与修订上，美国实行独家垄断制度，国家公园管理局下设的丹佛规划设计中心全权负责国家公园的规划（杨锐，2003a；Rusthoven *et al.*，2006；王欣歆和吴承照，2014）。专业的规划队伍和权威的规划机构确保了规划的科学合理，同时保证美国国家公园各项设施在 100～200 年内不会有较大的改动或变动，以实现节约行政成本、便于统一管理的目的。一些国家十分注重国家公园管理规划的适应和调整，如英国每 5 年对规划进行一次修订，加拿大和韩国每 10 年对规划进行一次修订。基于对国家公园管理认知的变化对规划进行分阶段调整，最大程度地确保了国家公园管理规划的可行性（Horowitz，1998）。此外，功能分区被认为是国家公园管理规划的重要基础。例如，加拿大国家公园就将分区制度作为国家公园管理的一项重要手段，不同的功能分区，如特别保护区、荒野区、自然保护区、户外游憩区、公园服务区，具有不同的规划目标（刘迎菲，2004）。

二、保障措施

国家公园建设是一项长期的任务，持续有力的保障是实现国家公园有效管理的基础。根据目前国家公园管理的基本条件，可将保障措施划分为几个部分：资金、法律、科研支撑和其他保障。资金是国家公园运作的前提，法律是规范国家公园管理的依据，科研投入是国家公园良性发展的依据，多方参与是国家公园稳定与平衡的手段。

（一）资金保障

充足且来源稳定的资金是国家公园运营和管理的前提条件，多元化的融资渠道则可以增加国家公园抵御财政风险的能力。目前国家公园的资金来源主要有 3 种：第一种以英国、韩国、新西兰、日本、加拿大等国家为代表，其国家公园的资金来源主要是政府财政拨款（刘鸿雁，2001；Sharpley and Pearce，2007；Choi and Oh，2009；钟永德，2015）；第二种以美国等国家为代表，其国家公园的资金支持来自政府拨款、门票收入、商业赞助等多个方面（张利明，2018）；第三种以南非等国家为代表，其国家公园采用商业运营战略，脱离国家资金政策，政府只有在市场运营出现危机时才进行调控和支配。南非由于资金渠道单一，受社会经济波动影响较大，极易受到极端环境、自然灾害、市场经济的影响，具有一定的不稳定性。因此，充足且稳定的来源是国家公园运行的首要前提，而多样化的融资渠道则提高了国家公园应对财政风险的能力。

在资金管理方面，合理、规范、透明的资金管理制度可以最大程度地保证资金的有效使用。美国国家公园形成了成熟的资金管理制度，其特点为"预算明确、专款专用、信息公开"（张利明，2018）。预算中清晰明确地列出运营经费、建设费、休闲游憩费等 11 项专项资金的用途和金额，同时列出了与上一财年相比的变化及资金在上一财年的支出效果等。严格限制捐赠费、休闲娱乐费、特许经营费等专项资金的用途（Webb，1995）。预算及时公开、接受监督，充分保证了纳税人的权益，体现了"取之于民、用之于民"的精神（Dilsaver，1994）。

（二）法律保障

法制建设是规范国家公园建设、管理和运营的重要保障，完善的法律体系和优秀的执法能力是国家公园法制建设的主要内容。在法律体系上，美国、新西兰、韩国等国家的国家公园法律体系位阶清晰，基本法规与其他法规互为补充（Charlotte and Thomas，2006；Austin *et al.*，2016），美国和新西兰更是实现了"一园一法"（Novellie *et al.*，2016；鲁晶晶，2018），推动与约束每个国家公园的合理建设和规范化管理（表 1-5）。在执法能力上，英国国家公园管理局内设监测执法队，以调查违反开发限制的行为。监测执法队形成了一套明确的调查程序，且有进入私有土地进行调查的特殊权利。

表 1-5 不同国家公园的立法情况

国家	立法情况
美国	形成以《国家公园基本法》为主、其他法律为辅的法律体系；面向具体问题出台具体规章，弥补基本法未提及的问题；各类单行法与基本法互为补充，主次分明、位阶清晰；出台以《黄石公园法》为代表的授权法，率先实现"一园一法"
加拿大	形成国家、省、地区、市四级法律体系
英国	出台《绿化带法》《国家公园乡土利用法》《国家公园和乡村进入法》《环境法》《国家公园法》等法律
新西兰	形成以《保护法》为核心、其他法律为辅的法律体系；将法律条文进一步细化成政策，便于实施；做到"一园一法"，不同地区的法律具有极强的地域针对性
南非	形成以《国家公园环境管理法》《国家保护区域政策》《海洋生物资源法》为主、其他法律为辅的法律体系
日本	出台《自然公园法》《自然环境保护法》等法律
韩国	形成以《自然公园法》为主、其他法律为辅的法律体系

（三）科研保障

进行科学合理的管理、开发和保护是国家公园建设的基本要求，科学研究的成果是国家公园管理的重要依据。美国、南非、韩国通过自己成立资深科学顾问、不同类型的研究中心与国家公园研究院，为国立公园提供自然科学领域的技术支持。新西兰则以新西兰林肯大学的公园、旅游和环境管理学院作为技术支撑单位，依靠研究成果和经验以指导国家公园旅游规划与管理（Choi and Oh，2009；Weber and Sultana，2013；马淑红和鲁小波，2017）。可见，科研组织的类型与归属并不重要，而科研队伍持续开展科学研究、科研成果服务和指导国家公园建设是成功发挥科研支撑作用的具体体现。

（四）多方参与

多方参与是为国家公园注入管理资源的重要方式，体现在企业、社会组织、社区等多方力量参与国家公园的管理，有助于探索国家公园管理的协同模式。全民参与几乎是所有国家和地区都认同的管理理念和付诸行动的实践。以美国国家公园为例，形成了健全的多方参与机制。在企业参与方面，一家游戏公司针对国家公园亟待保护的现状，研发了一款名为"拯救公园"的游戏，依据游戏下载的次数确定为国家公园赞助的金额（王辉等，2016a）。冰川协会是美国国家公园的合作协会，多次资助游客手册、交通手册、课程手册的出版以及图书和数码照相设备的购买等（高科，2019）。

（五）跨界保护

在跨界管理方面，法国的加盟区模式和尼泊尔的缓冲区模式具有很好的参考价值。法国国家公园在管理上分为核心区和加盟区，核心区由国家公园管理委员会执行管理，加盟区则由周边市镇与国家公园管理委员会签署加盟协议共同管理，所有市镇居民都有保护自然资源和生物多样性的义务，在保障生态环境的同时宣传国家公园的品牌和形象、促进社区经济的协调发展，从而形成保护与发展目标一致的"生态共同体"（张晨等，2019）。尼泊尔国家公园建设中突出缓冲区的管理，缓冲区是指国家公园/野生动物保护区的外围区域，人们在这里拥有对资源的使用权。1996～2010 年，尼泊尔政府划定了 12 个保护地的缓冲区，覆盖面积为 5602.67km^2，受益人口超过 90 万人。缓冲区可以保护国家公园和周围社区的生物多样性，通过补偿社区被野生动物毁坏的农作物、牲畜、林木等，从而减少社区与国家公园之间的冲突。

三、资源与环境管理

自然资源、文化资源和美学资源的可持续利用是国家公园的基本职能，保护自然生态系统的原真性和完整性是国家公园建设的基本要求。因此，国家公园资源和环境的管理具有重要意义。明晰自然资源的种类与数量是进行自然资源管理的基础，修复退化的生态系统是实现生态保护的第一步，持续监测不同的生态要素是发展的基本要求。

（一）自然资源管理

详尽的自然资源调查和统计是自然资源可持续利用的前提条件，有助于明晰国家公园范围内各类自然资源的数量与质量，并制定管理措施。各国都进行了不同程度的自然资源调查，以美国、新西兰和韩国的相关工作最具借鉴意义。实现自然资源可持续利用也是国家公园建设的目标之一。新西兰对 14 个国家公园都进行了全面细致的资源本底调查，建立了统一的资源调查数据库，并将自然和人文资源及基础设施等的调查结果编入《探索新西兰》一书，为国家公园的自然资源可持续利用奠定了基础（Davidson and Chadderton，1994）。美国谢南多厄国家公园制定了由数据收集、信息补充、规划设计、空间分析、定量评价 5 个步骤组成的资源调查程序，并形成了独立的资源调查数据库（Mahan *et al.*，2007）。

全面的自然资源调查与统计应做到：在范围上要全面，既有整个公园范围的基本调查，也有针对关键调查目标的精细化监测；在时间上要持续关注，做到数据的及时更新；在效果上应当做到国家公园内的自然和文化资源基本明晰，形成完备的自然资源数据库；关键自然资源得到持续监测、重点监测，针对其变化制定相关措施。

（二）生态环境保护与修复

生态保护是国家公园的主要目标，公园范围内的多样性生物群因其独特的科学和生态价值受到全世界认可。对于可能危害到生态环境的开发活动，必须依靠法律手段严格禁止；对于已经出现的生态环境问题，则必须采取及时有效的生态恢复措施。例如，美国海峡群岛国家公园通过修复岛屿原有植被、彻底根除外来植被、驱逐放牧牲畜、建立特定栖息地等措施，实现了国家公园内生物多样性和生态系统的有效恢复（Fancy *et al.*，2009）。

（三）监测与预警

在国家公园实施资源环境的监测预警是实现生态保护与资源可持续利用的重要途径。世界上很多国家的国家公园的监测与预警机制尚待完善，以美国的监测体系较为先进，具有一定的借鉴意义。美国国家公园的监测体系按照资源类别设置 10 余个监测司，实现了对动植物、空气、水、土壤、地质、自然声音、夜空等资源的全面监测，2017 年仅此一项支出就高达 32.86 亿美元，约占全年财政支出的 15%（张利明，2018）。其国家公园管理局为 32 个生态区域网络制定了一个长期的生态监测计划，包含目标定制、现有信息梳理、制定概念模型、确定优先次序和选择指标、制定抽样方案、制定监测协议、建立数据分析和报告等 7 个步骤，通过多方合作，实现了对 270 多个具有重要自然资源的公园的监测（Mahan *et al.*，2007）。因此，国家公园的监测应做到具备系统的监测项目，全面的监测范围，基础广泛、科学合理的信息和成熟的决策、研究系统。

在灾害预警方面，约塞米蒂国家公园对火灾的管理具有战略性、完善性和先进性，在全球范围内具有典范意义。避免大面积种植易反复燃烧物种，从而减少发生高强度野火的风险；划定危险区域，将危险区控制在密集探访或开发的区域之外；编制了详尽的火灾救助表和灾后恢复计划，以降低火灾带来的风险（Kaczynski *et al.*，2011）。因此，国家公园范围内的灾害管理机制应做到形成完善的灾前资源管理和预警机制，制定具体的灾中救护与灾后重建措施，并且具有救护和重建的基础。

四、社区建设

（一）社区居民参与

社区参与有助于从社区居民的视角提出针对国家公园的管理决策，并且激发社区居民的认同感，从而协调社区居民发展需求与国家公园生态环境保护需求之间的矛盾。在很多国家，社区居民都能够充分参与国家公园的管理，并对国家公园的管理政策提出具体建议。例如，美国国家公园的决策必须向公众征询意见甚至进行一定范围的全民公决（Taber *et al.*，1997）。在一些国家，社区居民还可以被雇佣者的身份参与国家公园的具体工作。例如，南非、日本、韩国等国家雇佣当地居民以"旅游经营者""自然指导员""护林员""巡逻员""解说员"等身份参与国家公园的管理（Hiwasaki，2005；Mathevet *et al.*，2016）。

社区居民参与国家公园的管理，一方面可以从社区居民的视角提出针对国家公园的管理决策，促使其更加可行；另一方面可以在解决居民就业的基础上，加强其对管理目标和管理方法的认同感，调动居民参与国家公园管理事业的热情，提高其生态保护意识并激发其责任感。成熟的社区参与机制可以定义为：居民有可行的渠道对国家公园的管理提出建议，有充分的机会参与国家公园的日常维护工作。

（二）社区组织建设

成熟的社区组织为社区居民参与国家公园管理提供了规范的方式、合法的渠道和有力的保障。韩国设立了政策咨询管理委员会，规范了社区居民参与国家公园管理的流程。法国主要采用"董事会+管委会+咨询委员会"的管理体制，社会组织和社区居民构成了咨询委员会下属的社会经济与文化委员会，在宪章制定、合同签署、社区发展等方面发挥着重要作用（张引等，2018）。北马其顿则形成了社区"自下而上"的参与模式，社区居民通过非政府组织参与自然保护、教育研讨、实地考察、信息传播等工作，成为国家公园管理中具有较大影响力的群体（Petrova *et al.*，2009）。

五、游憩管理与科普教育

全民公益性是国家公园的管理目标之一，在保证自然生态系统原真性和完整性的同时，应为公众提供精神享受、自然教育、科学研究和游憩参观的机会，主要体现在规范的游憩管理、广泛的科普宣传和有效的环境教育。

（一）游憩管理

游憩是国家公园的基本功能之一，有助于在保护生态系统的前提下，提高游客的满意度。对游憩的管理主要体现在游憩资源与服务管理和游客管理方面。完善的游憩管理规定不仅能够避免游客行为对国家公园造成破坏，也能够提高游客的满意度和体验质量。

在游憩资源与服务管理上，建立游客中心和完善基础设施是两个重要方法（贾倩等，2017）。美国、英国、新西兰、加拿大均成立"游客中心"，对进园游客进行较为全面的服务。日本的国家公园设置了大量的服务设施，保障游客体验以促进游憩功能发展（郑文娟和李想，2018）。

在游客管理上，世界上大多数国家均在相关政策文件中提出国家公园游憩规范。大部分国家的国家公园游客管理体现在规章制定和行为倡导上。美国、英国和新西兰严格控制游客的人数、行为与活动范围，而具体措施则各不相同，美国形成"进园预约"机制（宋立中等，2017），英国通过报警来处罚违规人员（贾倩等，2017），新西兰则建立"许可证"机制，仅允许持许可证且不对公众资源造成危害的开发行为（Dinica，2017）。

优秀的游憩管理实践应着力化解资源保护与游憩管理的冲突，开发丰富的游憩资源，形成规范的游客管理制度并可以满足公众的游憩需求，能体现公益、全民共享的理念。

（二）科普宣传

科普宣传是发挥国家公园科普功能的重要手段之一，有助于推动公众合理利用自然资源，提高各界生态保护意识，引导公众关注和支持国家公园建设事业。发行出版物、成立有关部门和建立解说机制是实现科普宣传的普遍措施。美国和英国均大量印制小册子、宣传页等出版物，对进入国家公园的游客进行科普介绍。英国和新西兰分别设有"游客展示中心"和"宣教展示中心"，并配以生态徒步廊道和野外宿营地等区域进行实践教育（杨桂华等，2007；Risso，2011；王辉等，2016b）。

优秀的科普宣传实践应将科普宣传规定为国家公园的一项常规工作，开展有序的科普工作、建设完备的科普设施和制作精美的科普作品，能够使国家公园的知识和保护管理理念得到广泛普及。

（三）环境教育

环境教育对于发挥国家公园的全民公益性功能具有举足轻重的作用。国外的国家公园环境教育的对象包括游客、社区居民和社会大众，主要手段包括开发解说体系和开设培训课程。韩国、英国、美国等国家均建立了国家公园科普培训班或设计了国家公园教育课程。加拿大建立了深度解说机制，设置了专业的解说体系，解说形式多样且具有趣味性（Halley and Beaulieu，2005）。韩国部分国家公园事务所根据不同年龄段的游客特点设计环境教育课程。美国国家公园管理局下属的哈珀斯·费里规划中心分别为普通大众，特别是青年人和残障人士设计解说规划及课程，实现了有针对性的环境教育。英国国家公园管理局面向社会大众举办自然科普培训班，充分发挥了国家公园的教育功能（闫颜和徐基良，2017）。

第三节　国家公园建设与管理方向

基于当下我国国家公园建设的需求与方向，结合国际上国家公园管理的优秀经验，本节从我国国家公园管理体制改革和国家公园管控技术优化两个方面探讨了国家公园的建设与管理方向。

一、国家公园管理体制改革

（一）推进体制机制建设

《指导意见》按照自然生态系统原真性、整体性、系统性及其内在规律，依据管理目标与效能并借鉴国际经验，明确将国家公园列为生态价值和保护强度最高的自然保护地。以管理体制改革为目标，保障国家公园具有最高管理事权（由中央政府直接行使管理权）、保护管理最严格（保证生态系统结构、过程和功能完好）、占据重要生态区（拥有典型、完整的生态系统，确保国土生态安全）。确立国家公园在维护国家生态安全关键区域中的首要地位，确保国家公园在保护最珍贵、最重要生物多样性集中分布区中的主导地位，确定国家公园保护价值和生态功能在全国自然保护地体系中的主体地位（闵庆文，2019b）。

2018 年之前，多数关于构建我国国家公园体制的文献都建议"设立统一的国家公园管理机构"，这是从国家层面给出的建议。学者希望借助"十九大"的契机，中央政府能设立一个国家公园管理局。2018 年《改革方案》颁布后，国务院设立国家林业和草原局，同时加挂"国家公园管理局"牌子，隶属自然资源部。

这虽然在一定程度上标志着我国拥有针对国家公园的统一管理机构，但因为国家公园涉及面广，各种问题错综复杂，目前的国家公园管理局很难发挥跨部门、跨地区的协调能力，需要建立由国务院直属的、有更大独立权限的国家公园管理局（赵金崎等，2020）。

在土地管理机制方面，美国在国家公园管理中将集体土地完全收归国有；英国实行土地私有制。我国人多地少，人地矛盾严重，不可能照搬国外经验。我国国家公园体制建设过程中，土地确权和流转工作要以各地的实际情况来进行。具体而言，首先是核心保护区的集体土地确权，部分试点区的所有权和使用权归国家所有，由国家公园管理局实行统一管理；其次要重视生态补偿问题，建立生态补偿机制，化解由确权和流转导致的土地纠纷。土地确权过程中，通过明确补偿渠道、补偿形式消除当地居民的忧虑（赵金崎等，2020）。

（二）完善相关保障措施

目前有一些涉及自然保护地的法律与条例，但尚没有具有全局指导性的《国家公园法》。按照《指导意见》，我们要构建的是以国家公园为主体、以自然保护区为基础、以各类自然公园为补充的自然保护地体系，因此，国家公园是自然保护地中的一类。据此，应当尽快起草《自然保护地法》，并做好与《国家公园法》的衔接，进行《自然保护区条例》的修订或升级，起草《自然公园法》或《自然公园管理条例》。与此同时，考虑到每个国家公园各有其特殊性，应当本着"一园一法"的思路，起草针对每个国家公园的管理条例。

完善国家公园资金保障制度，主要包含资金来源、资金使用和资金公开3个问题。我国目前以公共财政转移支付为主，以社会捐赠、特许经营反哺机制等多元融资为辅，这在世界范围内也是主流趋势。然而由于社会参与水平仍然较低，社会捐赠的作用微弱；以景区门票收入为主的特许经营（如神农架国家公园）反哺国家公园建设的金额占营业收入的比例是否合适仍存在争议，因此为了提升国家公园抵御财政风险的能力，建立更为合理、稳定的融资渠道十分重要。随着国家公园的公益性定位越来越强，中国国家公园应逐步增加政府的财政支付，打造全民公益事业（邱胜荣等，2020）。

在资金的使用方面，主要包含国家公园管理建设费用、公职人员薪资和对社区的补偿费用。社区居民因公园建立而直接或间接地承担了不小的经济损失，然而针对诸如野猪与猕猴对庄稼的破坏、黑熊伤人等人兽冲突行为，国家公园的补偿却远不能弥补损失。管理者应当酌情增加对社区的补偿力度，科学地测算由于野生动物肇事和资源使用限制造成居民损失的机会成本，从而设定合理的补偿标准。

在资金公开方面应做到资金的来源、预算和支出都绝对公开透明，保障纳税人的权益。

（三）建立跨界合作机制

《总体方案》提出了"构建协同管理机制"，重点是"合理划分中央和地方事权，构建主体明确、责任清晰、相互配合的国家公园中央和地方协同管理机制"。然而还有一个协同管理问题亦需要关注，即跨行政边界的协同保育。

建立国家公园的根本目的在于保护生态系统的原真性和完整性。然而，不同行政区之间的行政边界往往与生态系统边界不一致，造成生态功能相近或相似的自然保护地因行政边界而隔离和管理存在困难。不同行政区域的经济社会发展水平不同，往往使得不同管理主体对同一生态地理单元的保护意识和开发策略有较大差异，因此，加强国家公园和毗邻地区的合作来保证生态环境完整性可能是必然选择。在中国 10 个国家公园体制改革试点工作推进过程中可以明显发现，一些试点区本应将周边自然保护地整合起来统一管理以实现生态系统的完整性保护，却因无法协调跨省利益、解决跨省管理问题而没有实现。因此，必须建立跨界协同保护机制，并重点考虑以下 3 个问题（闵庆文，2021）。

一是科学划定跨界协同保护区范围。参考国际经验和我国实际，将跨界协同保护区定义为按照生态系统的完整性和原真性所划定的行政区域之外的毗邻区域，并将生态完整、空间连续、功能提升作为其划定原则。具体区域划分将借助遥感与地理信息、实地勘察等手段，以生物多样性、生态系统服务评价为基础，综合考虑国家公园保护与建设目标以及地貌、水文、植被和人类活动等情况。

二是统筹建立跨界协同保护运行机制。由于各级行政单位存在一定的竞争关系，传统的自上而下的合作与管理途径往往受到一定阻碍，应当在国家公园管理局的统筹指导下，本着主体区别、共同保护、协同推进、利益共享的原则，在有关国家公园管理局下设跨界协同保护机构，包括联合保护工作组、社区保护协调组、品牌增值工作组等，以理顺跨界协同保护机制。建立重大问题协商机制，做好与周边地区相关机构的保护与发展协调工作，并积极探索社区跨界一对一签约等跨界协同保护模式。

三是合理确定跨界协同保护重点内容。根据国家公园保护和建设目标，重点针对大型野生动物保护、水源涵养等容易产生跨界问题的生态系统服务功能，开展联合巡护、集中整治等统一行动。针对跨界区域经济社会发展要求和实际情况，制定《跨界协同保护区特许经营项目计划》，明确特许经营项目，打造品牌增值体系，探索生态产品价值转换机制，促进社区绿色发展，从而实现区域生态经济协同发展。

（四）完善管理规划体系

规划是国家公园管理的重要依据，完善的规划体系能够为国家公园管理目标的实现保驾护航。我国的管理规划有以下 3 个方面可以改善。

管理规划的层级需要补充完善。我国目前行使公园规划和专项规划的二级规划体系，欠缺纲领性的顶层规划。借鉴国际经验，国家公园的规划体系应当包含国家公园总体规划、公园规划和专项规划 3 个层级，分别聚焦大尺度长周期、中尺度长周期、小尺度短周期的管理目标。国家公园总体规划对各个国家公园的空间分布、发展方向和管理模式进行统筹布局，不仅能够保障国家公园的发展免走弯路，还能够将所有国家公园拧在一起，推动国家公园品牌打造等具有集群效应事业的发展。

管理规划要体现分级、分类、分区管理的特点。分级管理是指中央和地方各有明确的事权、人权、财权和地权，管理规划应据此对各层管理机构进行分工。我国国家公园的空间尺度大，国家公园之间及内部的生态系统和社会系统的空间异质性巨大，分类管理是指要根据管理对象和管理目标对国家公园进行分类从而采取差异化的管理思路和模式。分区是指需要对国家公园进行管控-功能二级分区，管控分区为功能分区保驾护航，以管控分区划清核心资源分布范围、保护级别及人为活动的管控方式，确保系统性保护有效落实，再以功能分区划分科教游憩、社区发展等功能，理顺保护地的功能布局规划及管理重点（余莉等，2020）。

规划的编制与修订流程仍有待改进。我国自然保护地现行规划的编制和修订通常是由多级政府部门和有规划资质的设计单位商议、审批来完成的，编制与修订流程缺乏利益相关方的参与，社区和相关企业的失声易导致其在保护活动中的成本和收益不对等，规划的具体事项无法落实。因此，为了保证规划的科学性、合理性和务实性，应在政府主导的前提下，广泛征询社区、企业、公众和专家学者的意见，并据此组建政策咨询委员会。

（五）建立社区激励机制

社区共管机制、社区调控规划和社区文化教育是社区激励的 3 种重要方式。社区共管机制因社会背景、政治环境、管理目标和合作方式不同而有不用的表现形式，IUCN 将社区共同治理分为咨询、协商协议和正式赋权 3 种类型。社区参与甚至主导的自然资源可持续利用在中国并不新奇，漫长悠久的农耕历史孕育了大量以人地和谐为核心的传统知识和文化底蕴。早在 1995 年，在社区农民的自发组织下，高黎贡山农民生物多样性保护协会——中国第一个农民生物多样性保护组织就已成立。然而经过几十年的发展，我国自然保护地内的社区共管还是以咨询式和协议式为主，社区的作用并没有得到充分的发挥。咨询式的社区在保护区重大决策上没有发言权，无法真正维护自身权益。例如，自然资源的利用被《中华人民共和国自然保护区条例》严格限制，但人兽冲突的补偿却没有依照《中华人民共和国野生动物保护法》严格落实；协议式的社区居民被聘为护林员和生态管护员，其帮扶模式多属于造血型而非输血型，可持续性不强。

社区调控规划主要有两种方式：一是进行生态移民搬迁；二是引导扶持和调整社区的产业结构。为了保护生态完整性和原真性，在部分地区进行生态移民搬迁难以避免，但必须要搭配相应的帮扶政策，保障社区居民在新家也可以安居乐业，否则生态移民搬迁可能导致社区居民陷入贫困、健康水平下降、文化缺失、失业等问题，但这对管理部门的人力、物力和财力的投入要求很高，以至于出现牧民搬迁后自行回迁的现象。

国家公园要打好社区共管、社区调控规划和社区文化教育的组合牌。对于咨询式社区共管，在制定社区调控规划时强调社区共管的理念，提升社区在规划制定中参与的深度和广度，可效仿法国或韩国建立政策咨询委员会。对于协议式的社区共管，共管模式不局限于公益聘用和退耕还林、退牧还草等既有的经济激励行动，可借鉴法国、韩国和南非的经验，打造国家公园品牌增值体系，发展有明确准入规则的特许经营机制，实现社区共管由输血型向造血型转变。社区文化教育对社区共管和社区调控规划有重要的支撑作用，教育的形式不仅限于宣传科普，更应包含环境友好型的农、林、牧、渔等生产、经营技能的培训，在转变社区居民主观行为规范的同时，帮助社区居民降低发展绿色生产的门槛，实现国家公园内社区的可持续生产。

二、国家公园管控技术优化

虽然国家公园体制试点取得了一定成效，但建设具有中国特色的国家公园是一项长期、艰巨且复杂的系统工程，还有诸多困难与问题亟待解决。国家公园的管理不单是对自然和文化资源的管理，还需要考虑自然灾害、人类活动等多重因素的影响。面对多样化的管理目标和复杂的管理环境，国家公园必须设计可量化和标准化的综合管控技术，确保国家公园管理的过程控制与风险的主动防范，实现经济、社会和环境福利的最大化以及生态系统的完整性和原真性。

（一）发展综合管控技术

为了进行有效的综合管控，国家公园必须清晰界定管控的实施主体和受控客体。在实施主体方面，要稳固国家公园管理局的主导地位，合理地进行权力集中和分散，因地制宜地吸纳多方力量，包括政府相关部门、科研人员和社区居民。在受控客体方面，管控对象既包含生态系统，也包含社区居民和游客。国家公园分级、分类、分区管理的最终落脚点是管控分区和管控标准，因此分区和标准的"可落地性"最为重要。管控分区是根据管理目标和在功能分区的基础上，结合公园规划和区域具体的自然、社会特征制定的，其空间范围并不局限于国家公园边界内部，还可延伸到与国家公园有紧密联系的周边地区。为此，综合管控分区技术的核心是建立一个可以综合反映本底现状及管理目标的空间指标体系。为了制定可以切实落地的管控标准，必须开展受控客体的特征研究，针对生态系统，开展抵抗力和恢复力的研究，以帮助确定外界干扰的上限阈值；针对居民和游客，开展行为模式及形成机制的研究，以帮助其预设应对措施。

（二）加强灾害风险管理

国家公园的多功能定位（生态保护、社区发展、游憩、科教等）令多个利益相关方（社区、游客、科研人员、巡护员等）与自然间产生了复杂的交互关系，从而产生了各种各样的承载体和致灾因子。因此，国家公园的灾害风险管理具有综合性，融生态风险管理、游憩安全管理和社区防灾减灾于一体。在风险的识别与防范阶段，对于自然致灾因子，国家公园应预先对多元承载体的潜在致灾因子进行动态监测，将长孕灾周期的灾害风险扼杀于摇篮；对于社会致灾因子，则加强管控力度，减少人类的负面行为。在这一阶段，对各种致灾因子和孕灾环境的联合监测十分重要，但目前我国各级政府的环境、生态、气象部门和国家公园管理局的资源交换不畅，不利于灾害风险的预警，因此当务之急是建立互联网共享数据库和管理平台。在应对既有风险阶段，突发灾害的管理预案最为重要，对自然承载体，要做好火灾、物种入侵、病虫害等灾害的应急预案；对于社会承载体，要做好野生动物肇事和游客遇难的应急预案，并做好灾后生态系统修复、社区补偿或游客救援的准备。

（三）建立综合监测体系

国家公园的监测不仅服务于生态完整性的监测和灾害风险的预警，更服务于管理成效的评估和适应性调整。世界上许多严格限制人类活动的国家公园，其监测指标的设置主要集中于生态指标，聚焦生态系统的组分、结构和过程，缺少对社会经济系统的关注。这样的监测结果只能服务于自然生态系统的保护成效评估，却无法服务于社会经济系统发展成效的评估。综合考虑我国国家公园监测现状和管理需求，我国国家公园应建立以自然资源清查为基础、以生态监测为核心、以自然与人为干扰监测为辅助、以管理有效性监测为补充并服务于管理有效性评价的国家公园综合监测体系（焦雯珺等，2022）。自然资源清查是国家公园监测的重要基础，以确定国家公园保护与管理的基线状况，为进一步建立监测系统以探究动态变化奠定基础。生态监测是国家公园监测的核心内容，为管理者提供可靠的监测数据和信息，识别生态系统的动态变化和威胁因素，揭示管理计划和生态保护行动的影响。自然与人为干扰监测是国家公园监测的关键组成，能够为生态监测提供辅助性和相关性分析，以便全面、系统掌握国家公园社会与生态组分间的关联和作用机制。管理有效性监测是对自然资源清查、生态监测以及自然与人为干扰监测的补充，以服务于管理有效性评价，为管理决策的制定和实施提供依据。

（四）重视社区参与管理

牢固树立以人为本的科学发展理念，充分发挥社区居民在国家公园建设和自然保护中的重要作用。国家公园内的居民早于国家公园的设立而在当地繁衍生息，早已成为与自然生态系统共生共荣的一分子。对当地居民不应简单地"迁出"，更不能像美国那样"赶走"，而是让他们成为国家公园的建设者和自然生态的守护者。从试点情况来看，十分值得汲取的一条经验就是充分发掘当地居民的智慧（闵庆文和何思源，2020）。不同利益相关者赋予国家公园系统不同的意义，并体现在对国家公园功能的期待和对潜在规则的态度上。一般而言，学者与管理者的认知视角较为宏观和谨慎，与保护目标较为一致；访客与社区的认知视角较为微观，与个人利益实现关系紧密。社区始终将生计发展作为生态系统的核心价值，希望现实利益与感知利益在制度变迁中更为接近，但也认同生态保护是生计发展的基础（何思源等，2019a）。从某种意义上来说，保证当地居民和社区与生态保护之间协调发展是实现国家公园可持续发展的重点。因此，国家公园功能区的空间划定应改变长期以来形成的将社区与保护区对立的思维惯性，鼓励和引导社区群众主动投身到园区的保护与建设中，将社区作为国家公园的重要组成部分，把当地居民与国家公园管理部门打造成为利益共同体（闵庆文，2020）。

（五）发挥农业文化遗产作用

在当前国家公园建设中，由于对"最严格的保护"理念上的偏差和对传统农业多功能价值的认识不足，出现了割裂人地关系的"封闭式"倾向，对于长期居住于其中或周边的居民而言是空有"绿水青山"，但难有"金山银山"，移民搬迁也对传统民族文化造成了破坏。自然保护地内和周边有着大量社区和居民，他们与自然长期相依共存、协同演化，是这些区域生态文化的创造者和生态保护的实践者。中国的国情也使得中国的自然保护不可能采用"荒野式"的保护方式，中国的国家公园也不可能建在无人区，实现人与自然和谐、经济与生态协同才是中国国家公园及其他保护地建设的美好愿景。实施"最严格的保护"的目的是守住绿水青山，守护绿水青山的目的是为子孙后代留下"金山银山"，守住"绿水青山"的途径是将"绿水青山"转换为"金山银山"，实现生态与经济功能的协同提升。因此，应当将农业文化遗产发掘作为生态价值转换试点内容，通过拓展农业的文化功能，发展文化体验、自然教育、生态旅游，实现生态、文化、农业、旅游的有机融合，逐步建立起以生态产业化和产业生态化为主体的生态经济体系，形成符合我国国情、具有中国特色的国家公园（闵庆文，2020）。

第二章 国家公园生态监测体系*

我国的自然保护地建设已经进入了以国家公园为主体、以自然保护区为基础、以自然公园为补充的新的发展阶段。监测，特别是生态监测，在促进国家公园科学规划与管理中发挥着重要作用。国家公园诸多管理目标的实现，都需要大量监测数据和信息作为支持。国家公园管理者需要通过大量监测数据和信息，识别生态系统的动态变化和威胁因素，并揭示管理活动的影响，从而为管理决策的制定和实施提供有用信息（Gaston *et al.*，2006；Anderson *et al.*，2016；Théau *et al.*，2018）。

然而，我国的国家公园试点由各类型自然保护地整合设立，因此目前国家公园监测多沿用原自然保护地的常规监测，或者依托科研项目开展专题监测。不同类型自然保护地的监测对象和监测内容差别较大，国家公园监测面临不同类型之间的整合，存在缺乏统一的监测指标体系、有效的监测数据管理、健全的监测实施机制等问题（叶菁等，2020）。尽管一些国家公园试点通过整合各方面资源，在监测技术上取得一定突破，但从整体上看，我国国家公园试点的监测工作尚处于初级阶段，且与国家公园的管理需求还存在较大差距，急需建立一整套科学有效的国家公园监测体系。

借鉴国际监测实践与经验，综合考虑国内监测现状与需求，我国国家公园应建立以生态监测为核心的监测体系。基于此，研究提出了我国国家公园生态监测体系构建的理论框架，构建既统一又因地制宜的监测指标体系，不断完善监测数据的管理和利用，并建立自上而下的监测实施机制，以期为我国国家公园监测体系的构建提供科学支撑。

第一节 国外国家公园监测实践与经验

一、国外国家公园生态监测发展历程

监测通常指对某一项目进展过程中的信息进行系统的收集和分析，通过时序跟踪的方式提高项目的执行效率和效果。Hockings 等（2000）将自然保护地监测定义为"根据预先安排的时间和空间计划，使用可比较的数据收集方法，对一个或多个环境要素进行重复性（特定目的）观测"。Elzinga 等（2001）将国家公园

---

*本章由焦雯珺、闵庆文、张碧天、刘显洋、姚帅臣执笔。

监测定义为"收集和分析重复的观察或测量结果，以评估条件的变化和实现保护或管理目标的进度"。世界各国的国家公园监测体系建设因基本国情、经济发展速度、管理体制的差异而有所不同，但总体来说，世界范围内国家公园监测的发展历程可以概括为以下 3 个阶段。

第一阶段（开始至 20 世纪 70 年代末），出现监测需求和简单的监测活动。在国家公园建设过程中，越来越多的管理人员和科研人员认识到"可靠的信息和数据"对国家公园的管理至关重要，因此出现了简单的监测活动。然而在这一阶段，国家公园监测的目的仅仅局限在"知道发生了什么"，是为了促进人们对国家公园内各种生物物理及文化过程的认识。

第二阶段（20 世纪 70 年代末至 20 世纪 90 年代中后期），出现监测方案并且与监管体系相结合。随着认识的积累和保护压力的剧增，国家公园不再被认为是"一成不变的完美的自然过程"，而是开放、动态、不断变化的系统，适当的保护管理干预不可或缺。在这一阶段，长期监测特别是自然资源监测和生态监测的重要性得以被认知，因此出现了很多监测方案，但这些监测方案多着眼于监测细节，并未形成一整套监测体系。在这个过程中，监测逐渐被视为监管体系的一部分，是国家公园管理活动之一，以辅助管理者了解国家公园状态、做出理性决策。

第三阶段（20 世纪 90 年代中后期至今），建立并完善国家公园监测体系。在这一阶段，管理人员和科研人员认识到构建国家公园监测体系的必要性。"监测目标"的概念逐渐清晰，对于监测目标是开展监测活动的前提达成共识。基于此，科研人员从系统工程的视角去理解"监测过程"，将其步骤类比为"组件"，各国的国家公园监测体系得以建立并逐步完善。在这个过程中，"管理是否真的促进了保护"这一问题受到广泛关注，政府和非政府组织迫切需要论证自然保护地的管理绩效。在世界自然保护联盟、英国乡村署、加拿大国家公园局等发布的一系列自然保护地及国家公园管理规划指南文件中，均把监测纳入国家公园管理规划，并强调监测对于评估保护管理绩效具有重要作用。

对美国、加拿大、英国、南非等国家的国家公园监测体系进行系统梳理，发现各国国家公园的监测体系既有共同点又有差异性，值得我国借鉴的有益经验主要体现在 4 个方面：一是以长期生态监测为核心，二是建立自上而下的监测实施机制，三是建立一致性与差异性共存的监测指标体系，四是加强监测数据的有效管理和利用。

二、以长期生态监测为核心

国家公园监测因监测重点不同又可分为几种不同类型。

第一种是明确的国家公园长期生态监测，如英国"通用标准监测（Common

Standard Monitoring，CSM）项目"和加拿大"生态完整性监测（Ecological Integrity Monitoring，EIM）项目"。英国"CSM 项目"是 1998 年由威尔士乡村署、英格兰自然署和苏格兰自然遗产署联合北爱尔兰环境与遗产局共同推行的，并于 1999 年 4 月正式实行。"CSM 项目"广泛应用于英国各类自然保护地，包括国家公园的重要区域，是英国有史以来对自然保护工作最全面的监测和评估。加拿大"EIM 项目"于 2008 年全面实施，旨在为掌握国家公园生态完整性状态、判断管理干预成功与否提供科学数据。加拿大环境部生态完整性专家组于 2000 年发布《加拿大国家公园生态完整性专家组报告》，使得生态完整性监测成为加拿大国家公园管理的焦点。因此，加拿大国家公园监测围绕生态完整性监测展开，一直处于国际领先水平。学者认为，长期生态监测是收集可靠数据的基础，有助于了解国家公园的生态系统变化以及为制定保护行动提供详细信息（Jones *et al.*，2008）。

第二种是国家公园自然资源清查与生态系统监测相结合，如美国"国家公园自然资源清查和监测项目（Natural Resources Inventory & Monitoring Program）"，简称"I&M 项目"。美国开展国家公园监测活动的历史比较悠久，但在 20 世纪 90 年代之前，多以短期的、在各个国家公园内独立开展的监测活动为主。1998 年，美国国家公园管理局（NPS）正式启动"I&M 项目"，整合已有自然资源调查和监测信息，更好地支持管理和决策。了解自然资源的现状和长期趋势被认为是国家公园开展生态保护和管理的基石（Fancy *et al.*，2009）。Soukup（2007）认为国家公园的自然资源监测是以科学的方式就园内生态系统的组成、结构和功能的现状及长期趋势进行的调研活动。"I&M 项目"中的清查是指自然资源本底状况的调查，监测是对动态的自然生态系统的持续跟踪，前者是后者开展的基础。因此，"I&M 项目"实质上是以自然资源清查为基础的长期生态监测方案。

第三种是以生物多样性监测为代表的专题监测，如南非国家公园"生物多样性监测系统（BMS）"、新西兰国家公园"生物多样性监测报告制度"。南非的 BMS 由 10 个监测方案组成，每个方案侧重于生物多样性保护监测的核心领域，资源利用是重点领域之一。Buckley 等（2008）认为国家公园的生物多样性监测可以"了解当前活动和计划开展的活动对生物多样性的潜在影响，从而提早认识到生物多样性不可预见的变化"。Manolaki 等（2014）认为国家公园生态监测与生物多样性监测密切相关，"制定环境管理和自然保护的生物监测方案，以监测动植物种群层面的或更高层面的变化"。国家公园生物多样性监测往往不仅监测动植物种群层面的变化，也关注更高层面生态系统的变化，实质上是国家公园生态监测的重要组成部分。

总体来说，国外国家公园的监测尽管略有差异，但还是以长期生态监测为核心。长期的生态监测能够为国家公园提供理解和识别以复杂性、可变性为特征的自然系统变化所需的信息，这些信息可用于帮助评估观察到的变化是否在自然变化水平内。长期监测和研究可加深人们对生态系统的理解与认识，使国家公园的保护、管理和规划建立在坚实的科学基础之上，不断优化和更新国家公园保护的目标及策略。

三、自上而下的监测实施机制

国家公园监测的有效实施依赖于强有力的立法与机构保障，以及在此基础上建立起的科学合理的实施机制。国外国家公园的监测实施机制均是自上而下建立起来的，但因实施空间单元的差异又可分为两种不同类型：一种是基于生态地理空间来实施监测，如加拿大的"EIM 项目"和美国的"I&M 项目"；另一种是基于行政管辖区来实施监测，如英国的"CSM 项目"。

为了落实生态完整性监测，加拿大的"EIM 项目"基于国土自然地理区划，将加拿大 43 处国家公园分组划入 6 个生物区，建立起"国家-生物区-国家公园"三级监测实施机制。在国家层面，加拿大国家公园局提出生态完整性监测指标框架，并发布监测指南给予方法指导。例如，2011 年修订发布的生态完整性监测指南就规定了各类生态系统的监测方法。在生物区层面，同一生物区中的国家公园设置统一的监测指标，通常为 6~8 个综合监测指标（McLennan and Zorn，2005）。各个国家公园管理局则根据公园内实际情况进一步制定监测计划。在加拿大国家公园监测的实施中，国家、生物区和各个国家公园分工明确，层次清晰。

美国的"I&M 项目"则是根据自然地理分区和自然资源相似度，将美国 280 多个国家公园管理单元（包括国家公园、纪念地、历史地段、风景路、休闲地等 20 个分类）分为 32 个生态区并形成生态网络，作为自然资源管理的一个关键组成部分，以此为基础开展自然资源清查与监测（Fancy *et al.*，2009）。"I&M 项目"也形成了自上而下的监测实施机制，即"国家-生态区-国家公园"。在国家层面，国家公园管理局通过发布一系列全国性指南，指导各个国家公园开展工作。例如，在自然资源清查方面，"I&M 项目"建立了统一的自然资源清查体系；在生态监测方面，"I&M 项目"提出了建立长期生态监测方案的程序。在生态区层面，考虑到美国境内生态系统的多样性，"I&M 项目"采用各生态区自行制定生态监测指标的方法。各生态区内的国家公园共同合作，并与其他政府机构和非政府组织建立伙伴关系，针对区内实际情况并结合专家意见，制定具体的生态监测指标（Boetsch，2009）。

英国国土面积虽然不大，但自然保护地涉及的管理机构复杂，需要考虑在不同机构内部操作的可行性。因此，英国自然保护地的监测工作并未基于自然地理区划分区开展，而是基于行政管辖区进行推进，由地区机构负责指导各管辖范围内的自然保护地开展监测工作（Bishop *et al.*，1997）。威尔士乡村署、英格兰自然署和苏格兰自然遗产署 3 个地区机构的工作人员以及北爱尔兰环境与遗产局的代表联合组建了英国联合自然保护委员会（Joint Nature Conservation Committee，JNCC）。JNCC 的主要职责之一是为整个英国的自然保护地监测制定通用标准并进行数据分析（Williams，2006）。因此，英国包括国家公园在内的自然保护地监测便形成了"国家-地区-自然保护地"三级监测制度。在国家层面，JNCC 负责制定标准并进行数据分析；在地区层面，各地区机构在各自管辖范围内指导并推进监测工作；在自然保护地层面，各自然保护地的管理机构负责实际监测工作。

四、一致性与差异性共存的监测指标体系

建立统一的国家公园监测指标体系对于国家公园的保护和管理至关重要。长期以一致的方式收集可靠数据，为解释生态系统的变化提供了一致性背景，并为实施新的管理规划或改变现有规划提供了充足的信息（Jones et al.，2008）。然而，不同国家的国家公园监测指标体系在一致性上存在不同程度的差异。加拿大国家公园监测指标体系的一致性主要体现在国家层面上，国家公园局提出统一的生态完整性监测指标框架并发布指南。同一生物区的国家公园根据指南设置统一的监测指标，但是不同生物区的国家公园生态完整性监测指标则有明显差异。各个国家公园管理局根据公园内实际情况进一步制定监测计划，并针对各项计划内容制定具体的监测指标。

美国国家公园监测指标体系的一致性主要体现在自然资源清查方面。"I&M 项目"建立了统一的自然资源清查体系，包含物种，植被群落图，地表地质和土壤图，管理区域，清查和监测点位，资源管理评估要点，自然资源危害，自然资源声音和图像，可引用的科学记录、收藏和档案，基础地图学共 10 项基础调查内容。在生态系统监测方面，"I&M 项目"提出了建立长期生态监测方案的程序，包括：①明确定义目标和问题；②编译和整合现有信息；③建立概念模型；④优化和选择指标；⑤整体样本设计；⑥建立监控制度；⑦建立数据管理、分析、报告程序（Fancy et al.，2009）。由于美国境内生态系统具有多样性，各生态区被授权自行制定生态监测指标。各生态区内的国家公园则通过建立合作关系，针对区内实际情况并结合专家意见，制定具体的生态监测指标。

英国国家公园的监测指标体系的一致性体现在"CSM 项目"提出了由 6 个部分组成的统一的监测基础框架，分别是需要监测的价值要素、（特征）保护目标、自然保护地特征状况评估、活动与管理措施记录、监测周期和报告制度。其中，价值要素是指使自然保护地之所以成为保护地的要素，可以理解为资源保护的底线，主要包括物种、生境和地质要素三大类。对于每一项价值要素，针对其数量、质量、支撑过程等关键特征都需要制定具体的监测指标，关注其状态的变化，必

要时还包括风景、考古、历史要素等相关文化特征（Gaston *et al.*，2006）。具体监测指标的差异性则由不同生境和物种类型来决定。从 2004 年起"CSM 项目"陆续推出了 31 册不同生境的《通用标准监测指南》，针对海岸带、淡水、低地草地、低地、低地湿地、海洋、高地、林地等不同生境的不同价值要素提出监测指标、方法及标准。除了对自然保护地的价值要素进行状态监测，"CSM 项目"还对实际开展的保护管理工作有效性以及所消耗的人力和财力进行监测，并将其作为自然保护地管理规划的一部分（Williams，2006）。

国家公园监测指标体系的构建还必须考虑成本和可操作性。虽然建立了统一的自然资源清查体系，但是为避免监测指标体系过于庞大，保证监测活动的可操作性，"I&M 项目"重点监测反映国家公园自然资源总体状况的状态性指标，即关键指征（Monz and Leung，2006）。自然资源的关键指征是指一组相对较少但十分关键且蕴含丰富信息，可跟踪反映国家公园自然资源总体健康状况，由物理、化学和生物要素与过程组成的指标（Davis，2005）。关键指征的监测能够提供跟踪国家公园内自然资源总体状况所需的最少指标，为国家公园管理干预提供早期预警（Dennison *et al.*，2007）。相比之下，虽然截至 2017 年加拿大 42 处国家公园的所有监测指标中的 88% 都已在持续监测中，然而由于资金有限以及 20 世纪 60 年代以来的管理业务下放，"EIM 项目"面临指标体系过于庞大、局部区域（如加拿大北部）监测推行不顺利等诸多挑战。

五、有效的数据管理与利用

国家公园监测数据的管理与转化利用对国家公园的保护、规划和管理至关重要。Gibbs 等（1999）指出，监测信息如果分析不正确、归档不好、报告不及时或沟通不恰当，就会被浪费。

美国"I&M 项目"从产品的视角完善了数据处理机制，将分析报告和数据信息视为监测计划的主要产品，意在努力向关键受众提供有组织、有据可查的数据和信息（Fancy *et al.*，2009）。具体做法包括：①开发面向全周期的数据管理方法，明确各数据管理方任务及责任、数据质量保障、数据所有权与共享、数据传播等诸多内容；②成立"I&M 地理信息系统小组"，负责管理、整合国家公园所有相关空间数据；③对敏感数据，如一些受法律保护物种的位置，进行严格的识别和保护，以防止未经授权的访问和分发；④建立"集成资源管理应用程序"，供国家公园管理者、合作伙伴和公众共享信息；⑤定期向园区管理者、规划者、科学界和公共管理者报告监测结果，定期发布资源摘要、数据总结简报、详细技术报告等文件。更为重要的是，"I&M 项目"将监测作为机构运作的一个组成部分，将监测方案纳入决策、规划等关键业务，促使监测数据为规划和管理服务。

英国"CSM 项目"的监测数据由国家层面的 JNCC 进行汇总和分析，在此基础上"CSM 项目"建立了一套完整的评估与报告体系，并作为一种制度融入自然保护地管理规划中（Williams，2006）。"CSM 项目"监测评估周期为 6 年，与欧盟指令以及国际自然保护组织的评估周期一致。评估时，将各自然保护地价值要素的状态分为 7 种情形：持续良好、经恢复后良好、不佳但处于恢复中、持续不佳、不佳且还在退化、部分已受损和完全受损。评估结果将直接指导自然保护地的管理，如果结果是持续良好、经恢复后良好或不佳但处于恢复中，将不用采取任何管理措施，反之则需要采取管理措施（Kirby and Solly，2000）。

加拿大"EIM 项目"设立了生态系统数据库信息中心，记录所有的标准、本底数据和监测数据。在此基础上，"EIM 项目"建立了系统的评估报告制度，将监测明确纳入国家公园管理周期，促进监测数据服务于管理计划。加拿大国家公园建立了"年度国家公园报告—10 年周期公园管理计划—主动管理和恢复—生态监测"的循环体系。生态监测结果用于评估国家公园生态健康状况以及管理计划是否有效，在规定的时间内（以 2 年和 10 年为周期）提出管理意见和建议，对发现的问题进行整改以达到要求，保证国家公园的健康运行并指导新一轮国家公园管理计划的编制。

第二节　我国国家公园生态监测体系理论框架

一、理论框架构建

我国将国家公园定义为具有国家代表性的、大面积重要的自然或接近自然的生态系统，同时具有独特的自然景观和丰富的科学内涵。保护生态系统的完整性和原真性是我国建立国家公园的首要目标，因此，我国国家公园监测是针对"山水林田湖草沙"的系统全面的监测，也是国家公园生态保护与资源管理的重要内容及评价其管理有效性的重要手段。

基于国外国家公园监测实践与经验，综合考虑我国国家公园监测现状和管理需求，我国国家公园应建立以生态监测为核心的监测体系。通过生态监测为管理人员提供监测数据和信息，识别出生态系统的动态变化和威胁因素，揭示管理计划和生态保护行动的影响，从而为管理决策的制定和实施提供依据。此外，国家公园监测体系中还应包括自然资源清查、自然与人为干扰监测和管理有效性监测。在国家公园的整个监测体系中，生态监测是主体、占据核心地位，自然资源清查起到支撑作用，为生态监测奠定数据基础，自然与人为干扰监测为生态监测提供辅助性和相关性分析，而管理有效性监测则是生态监测结果的主要服务对象（焦雯珺等，2022）（图 2-1）。

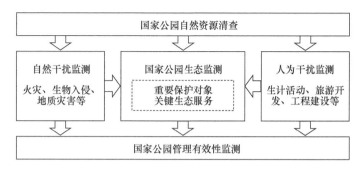

图 2-1　国家公园生态监测与其他类型监测的关系

生态监测是国家公园管理工作的重要组成部分，也是国家公园管理工作的主要数据和信息支撑。为了更好地服务于国家公园的保护、规划与管理，我国国家公园生态监测应建立自上而下的监测实施机制，构建既统一又因地制宜的监测指标体系，不断完善监测数据的管理和使用。这就需要我国从国家层面上制定统一的生态监测体系，为各个国家公园开展生态监测、制定监测指标提供指导。为此，研究提出以重要保护对象与关键生态系统服务识别为基础、以管理目标与关键生态过程匹配为核心、以遥感监测和地面调查相结合为监测手段的国家公园生态监测体系理论框架（图 2-2）。该框架由五部分组成，分别是监测目标确定、监测对象识别、监测指标体系构建、监测技术选择和监测数据管理。

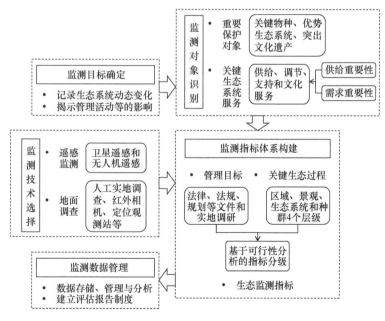

图 2-2　国家公园生态监测体系理论框架

二、监测目标确定

监测目标的确定是建立国家公园生态监测体系的第一步。缺乏明确的监测目标被认为是监测体系构建所面临的主要问题之一。在这种情况下，数据的获取就失去了目的。因此，必须对监测目标进行定义，明确为何进行监测以及监测的用途。尽管生态监测的目标不尽相同，但通常都是为了跟踪生态系统的动态变化和管理措施的效果（Rodhouse *et al.*，2016；Brown *et al.*，2016）。此外，生态监测的目标也可能是识别管理措施以外的其他影响因素以及对全球变化进行监测（Vos *et al.*，2000；Bisbal，2001）。

我国国家公园生态监测的目标主要有两个：一是识别国家公园内生态系统的动态变化，为生态系统的保护与管理提供必要的数据和信息；二是揭示管理活动的影响，为管理决策的规划和实施提供有用信息。明确国家公园生态监测的目标之后，要识别出国家公园生态监测的主要对象，根据监测对象制定监测指标体系，进而开展监测数据的收集、管理、利用和转化。

三、监测对象识别

根据国外国家公园监测经验，国家公园监测必须考虑成本和可操作性，因此应重点监测能够反映国家公园生物多样性保护现状、生态系统健康状态的代表性指征。保护大面积的自然生态系统和自然景观，以及生物多样性及其构成的生态结构和生态过程，是我国国家公园建立的根本目的，也是国家公园建设的主要内容。因此，我国国家公园生态监测的主要对象可分为物种、生态系统等保护对象和生态系统所能提供的服务功能。考虑到监测的成本和可操作性，必须首先识别出重要的保护对象和关键的生态系统服务。

（一）重要保护对象识别

国家公园以保护大面积代表我国不同类型的生态系统的完整性和原真性为主要目标，但具体到独立的国家公园，都以特定的保护对象为目标，即都有各自的重要保护对象。如何确定国家公园的重要保护对象，以加强保护和监测，是每一个国家公园的一项重要工作内容。实际上，在国家公园成立之初，就应该明确国家公园的主要类型，从生物物种（野生动物及其栖息地、野生植物及其植物群落）、生态系统（典型植物群落、生态功能和生态完整性）、地质和生物遗迹中选出主要保护对象，同时明确优先保护对象（Kram *et al.*，2012；马炜等，2019）。

就生态监测而言，重要保护对象可进一步细分为具有重要指示意义或保护象征意义的关键物种、作为生态系统完整性典型代表的优势生态系统和具有重要价值的突出文化遗产。关键物种、优势生态系统和突出文化遗产的识别多依赖对现有资料的梳理，区域内珍稀濒危植物、特有物种、列入保护名录的动植物均为潜在关键物种，在区域内占据主导地位、具有重要生态功能的生态系统、世界文化遗产、全国重点文物保护单位、重要农业文化遗产等均构成识别的基础，具体的识别过程则可通过专家咨询、认知调查等方法进行。

（二）关键生态系统服务识别

生态系统服务是指自然为人类提供的物品和惠益，是人类社会生存和发展的基础，被视为连接自然与社会的桥梁。生态系统服务的分类方式众多，借鉴已有研究成果，国家公园的生态系统服务也可分为供给服务、调节服务、文化服务和支持服务 4 种主要类型（表 2-1）。

表 2-1　国家公园的生态系统服务类型

分类	主要内容
供给服务	淡水资源、食物资源、原材料资源（能源燃料、植物纤维等）、基因资源、医药资源、装饰资源等
调节服务	气体调节（臭氧层维持、空气质量维持、CO_2/O_2 平衡等）、气候调节（温度、湿度、降水调节等）、干扰防护（风暴、洪水的防护等）、土壤保持、水文调节（基流维持、水源涵养）、授粉和种子传播、病虫害防治、污染降解等
文化服务	美学景观、娱乐旅游、文化艺术、精神和宗教、教育和科学等
支持服务	土壤形成、养分循环、初级生产、水文循环、生境维持等

在具有重要生态功能的地区，对关键生态系统服务的理解多是从供给的角度来认识生态系统服务的重要性，即供给量较大、价值量较高的生态系统服务是关键的生态系统服务（Vogdrup-Schmidt et al.，2017；He et al.，2018a）。然而，国家公园的关键生态系统服务并不完全适用这种理解。我国国家公园的管理目标不仅是优先保护，还有造福人民，这就要求在确保生态保护成果的同时，还要保障社区的发展需求。由于生态系统服务间存在供给-需求权衡关系，同一生态系统服务对于实现这两种管理目标的贡献度可能有很大的差异。对于生态保护至关重要的生态系统服务，其实现及提升有可能对社区的发展产生诸多不利影响；而对社区发展至关重要的生态系统服务，其实现及提升则有可能威胁到生态保护目标的实现。当管理目标之间产生冲突关系时，国家公园的管理者就必须从供给-需求角度对生态系统服务进行权衡管理（He et al.，2018a；Zhang et al.，2020；张碧天等，2021）。因此，引发这种冲突的生态系统服务也应成为国家公园监测与管理的关键对象。

就我国国家公园的生态监测而言，关键生态系统服务的识别不仅需要从供给角度判断生态系统服务的重要性，还要从需求角度考虑生态系统服务的重要性。在供给与需求两个方面都具有较高重要性的生态系统服务，对实现生态保护和社区发展目标都有很高的贡献度，自然被作为国家公园的关键生态系统服务。在供给与需求两个方面的重要性差异显著的生态系统服务，集中反映生态保护和社区发展目标间的冲突关系，也应被作为国家公园的关键生态系统服务进行监测与管理。在此基础上，作者提出我国国家公园生态监测中关键生态系统服务的识别过程（图2-3）。这一过程主要建立在对生态系统服务重要性分析的基础上，由四部分组成：①从供给角度计算生态系统服务的重要性；②从需求角度计算生态系统服务的重要性；③基于重要性的供给-需求权衡分析；④确定关键生态系统服务。

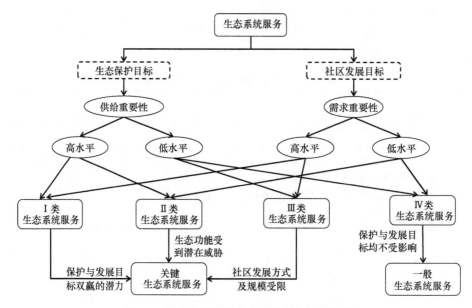

图 2-3　国家公园关键生态系统服务识别过程

1. 供给重要性计算

从供给角度对国家公园生态保护目标下生态系统服务的重要性进行计算。利用客观的当量价值法、主观的专家咨询法或生态模型与直接或间接的市场价值法相结合的方法，计算生态系统服务的价值量或重要性分数。对各项生态系统服务的价值量或重要性分数进行总和归一化处理，将得到的数值作为各项生态系统服务的供给重要性。

2. 需求重要性计算

从需求角度对国家公园社区发展目标下生态系统服务的重要性进行计算。国家公园内的社区居民是对生态系统最有影响力的使用者，也是最直接受到生态保护影响的群体（Turkelboom *et al.*，2018），但其话语权相对较弱，容易出现在生态保护上承担的成本和获得的收益不对等问题（Cernea and Schmidt-Soltau，2006；Oldekop *et al.*，2016）。因此，可利用主观的陈述偏好法或客观的揭示偏好法对园内社区居民进行偏好调查，计算其对生态系统服务的偏好价值或偏好分数。对各项生态系统服务的偏好价值或偏好分数进行总和归一化处理，将得到的数值作为各项生态系统服务的需求重要性。

3. 供给-需求权衡分析

对供给重要性和需求重要性分别进行聚类分析，得到高供给重要性、低供给重要性、高需求重要性和低需求重要性4组生态系统服务。对这4组生态系统服务进行供给-需求权衡分析，得到4类生态系统服务。第Ⅰ类是具有高供给重要性和高需求重要性的生态系统服务，对实现生态保护和社区发展目标双赢具有积极作用。第Ⅱ类是具有高供给重要性和低需求重要性的生态系统服务，因社区居民的忽视而面临被破坏的风险。第Ⅲ类是具有低供给重要性和高需求重要性的生态系统服务，往往因生态保护要求而在一定程度上受到限制。第Ⅳ类是具有低供给重要性和低需求重要性的生态系统服务，对生态保护和社区发展目标没有显著影响。

4. 确定关键生态系统服务

第Ⅰ类生态系统服务体现了生态保护和社区发展之间的协同关系，理应被作为关键生态系统服务予以监测和管理。第Ⅱ类和第Ⅲ类生态系统服务体现了生态保护与社区发展之间的冲突关系。社区对生态保护认识的不足可能诱发负面行为，进而威胁生态系统的结构和功能；而僵化的生态保护策略致使当地人不得不做出牺牲，使得社区的生存和发展需求难以满足。因此，这两类生态系统服务应被作为关键生态系统服务进行监测和管理。

四、监测指标体系构建

根据国外国家公园监测实践与经验，我国国家公园必须构建既统一又因地制宜的生态监测指标体系。统一是指国家层面应提出统一的生态监测指标制定方法，便于出台规范性文件，指导各个国家公园开展实际监测工作；因地制宜是指各个国家公园应在规范性文件的指导下，根据自身实际情况制定具体的监测指标并开展实际监测工作。

在生态监测指标的选取上，学者多是基于不同的生态系统类型和特征进行考虑。基于生态系统类型的监测指标多是在环境监测指标的基础上增加生物相关指标所得，而基于生态系统特征的监测指标则主要考虑生态系统的状态指标和压力指标。Tierney 等（2009）认为可以基于生态系统的生态完整性监测生态系统状态及变化趋势。Mueller 和 Geist（2016）认为可以采用生态系统方法选取监测指标，同时考虑来自不同营养级别的若干个指标组。学者所提出的各种生态监测指标的选取原则和方法都有着各自的考量与科学性，但较少考虑到管理目标和管理成效。Dale 和 Beyeler（2002）认为生态监测指标不应是一个简单的清单，而应与自然保护地的生态过程及其管理目标相匹配。Mezquida 等（2005）提出生态监测指标设计的逻辑框架，强调在设计过程中要重视自然保护地管理目标与不同时空尺度关键生态过程监测的直接联系。

为了更好地服务于管理工作，国家公园生态监测指标的识别和选取首先要与国家公园的管理目标相匹配，这样监测数据才能更好地服务于对管理目标实现程度的评价。具体来说，国家公园监测指标必须与国家公园对监测对象的管理要求相匹配。其次，生态监测指标的选取应当以国家公园的关键生态过程为基础，特别是涉及监测对象的关键生态过程，从而从不同的尺度反映出生态系统的变化和管理活动的影响。生态过程概念在国家公园管理中的应用十分广泛。例如，在黄石国家公园，人们经过长期研究发现，因为干扰和气候变化，公园内的生态系统在不断变化中，一些原来看似有破坏性的因素（如森林火灾）却能增加生态系统的异质性及其对入侵的抵御能力。因此，黄石国家公园原定的目标由保护自然或原始状态的生态系统转变为保护生态过程（Wallace，2004）。

基于以上考虑，确定面向管理目标的国家公园生态监测指标体系构建过程见图 2-4。该过程包括四部分：①明确管理目标；②识别关键生态过程；③确定需要监测的生态过程并制定初始监测指标清单；④确定最终监测指标清单并进行分级（姚帅臣等，2019）。

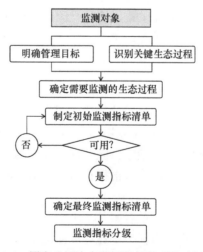

图 2-4　国家公园生态监测指标体系构建过程

1. 明确管理目标

在监测对象识别的基础上，可进一步识别国家公园对这些对象的管理要求，从而明确管理目标。由于生态系统类型及区域地理特征差异显著，不同国家公园对其监测对象的管理目标存在显著差异。因此，管理目标的确定必须基于每一个国家公园内重要保护对象与关键生态系统服务的重要特征及价值。这些管理目标通常可以在国家公园的法律法规、管理计划、规划方案等相关文件中找到，但是用于监测指标设计的管理目标还需要进行深入研究。开展实地调研、访谈相关管理人员和研究人员等有助于在文件的基础上识别出更加具体的管理目标。

2. 识别关键生态过程

生态系统是基于结构和功能的不同层级结构的复合体，层级的关系反映在不同的时间和空间尺度上（O'Neill *et al.*，1992；Klijn and De Haes，1994）。通过分层的方法来描述一个区域的生态功能，可以将生态过程归纳到它们所发生的尺度内。因此，可以采用这种分层的方法，从区域、景观、生态系统和种群 4 个层级识别国家公园中的关键生态过程（Mezquida *et al.*，2005）（表 2-2）。

表 2-2　国家公园内各层级的主要生态过程

层级	时间尺度	空间尺度	主要生态过程
区域	数百或数千年	数百平方千米或更大	气候变化、地质和地貌形态特征变化、长期发生的人类进程等
景观	数十年至数百年	数十至数百平方千米	水文、土地利用及其动态（土地利用变化、破碎化、连通性等）、人为过程等
生态系统	几年到几十年	数平方米到数十平方千米	生产力、演替、养分循环、干扰等
种群	—	—	物种之间的相互作用和种群动态（入侵、出生率与死亡率、迁入与迁出等）

监测国家公园内发生的所有生态过程是不可行的，因为这意味着需要在不同的尺度上确定数百个生态过程。因此，构建监测指标体系的关键在于确定一小套指标以反映生态系统在多个尺度上的总体功能。为了确定这一小套指标，从每个相应的层级内识别出与监测对象密切相关的关键生态过程对于监测内容的确定至关重要。

关键生态过程通常需要从生态系统的一般知识和特定国家公园的特定知识中归纳总结，对其识别有赖于现有研究成果与深度访谈和实地调研工作的结合。首先应对已有研究成果和访谈调研所获数据进行整理分析，形成 4 个层级的生态过程清单，然后经由管理人员和研究人员组成的专家小组的探讨论证，通过参与式方法确定所有关键生态过程并赋予它们真正的重要性。

3. 确定需要监测的生态过程并制定初始监测指标清单

在识别管理目标和关键生态过程后，可以建立管理目标与关键生态过程的相关性分析矩阵。通过分析管理目标与关键生态过程的相关性，确定需要监测的生态过程以及这些生态过程发生的时间尺度和空间尺度。在此基础上，可以为需要监测的关键生态过程制定一份初始监测指标清单。需要监测的关键生态过程的潜在指标可以通过查阅文献或咨询专家确定。

4. 确定最终监测指标清单并进行分级

在确定最终监测指标清单之前，需要对初始监测指标进行可行性分析，剔除可行性较低的监测指标。可行性分析主要考虑现有监测基础的可用性、与其他机构合作的可能性等方面。对于那些自身监测较为困难或成本较高的指标，可以通过合作的方式由其他机构完成。对于那些监测成本高但是被认为重要的指标，可以通过降低监测频率等方式将其纳入监测指标体系。在确定最终监测指标清单之后，需要对监测指标进行分级，使不同层级的指标适用于不同的监测基础和阶段，以增强监测指标的可行性、提高监测效率。

五、监测技术选择

一直以来，人工实地调查都是生态监测采取的主要技术手段，在自然保护地监测特别是生物多样性监测工作中发挥了重要作用。然而，这种传统的地面监测方法受限于人力、物力、时间等因素，在监测深度、角度和频次上难以突破，且难以对大尺度的生态系统过程进行连续监测。大尺度的生态系统过程，如动物的迁徙、火灾等，有时甚至超出国家公园的范围。例如，为了保护动物廊道，北美倡导了沿落基山脉从黄石公园到加拿大育空地区 3500km 的黄石-育空保护行动（Chester and Hilty，2019）。遥感和地面监测的结合，使得研究人员对国家公园开展大尺度长期生态监测成为可能。

随着遥感技术的发展，近地面遥感被广泛应用于国家公园大尺度生态系统过程的长期监测。Munroe 等（2007）利用遥感手段分析了 1987~2000 年洪都拉斯塞拉奎国家公园（Celaque National Park）景观破碎化，发现公园内不同的管理类别在土地覆盖变化和景观破碎化方面存在显著差异，考虑这些区域之间存在的可达性差异之后管理类别的影响更为显著。Soulard 等（2016）利用遥感手段监测了加利福尼亚州的约塞米蒂国家公园（Yosemite National Park）内火灾对山地草甸的影响，逐月比较了 1985~2012 年 26 个火烧草甸和没有火干扰草甸的 Landsat 卫星归一化植被指数（NDVI）变化趋势，发现火烧草甸周边的常绿植被已经被 1996 年的火灾所破坏且无法恢复。Xu 等（2017）利用遥感手段发现，虽然我国大熊猫国家公园的大熊猫濒危等级已经从濒危降为易危,但其 2013 年栖息地的破碎化程度比 1988 年还高。

遥感技术中的小型轻量级无人机低空遥感技术因影像获取速度快、应用周期短、清晰度高、受自然环境约束小、运行和维护成本低等特点,在自然保护地生态监测中得到应用(郭庆华等,2016;Christie *et al.*,2016)。结合地面实测数据,无人机凭借其极高的空间分辨率和光谱分辨率,可以实现对特定植物物种的识别与分类,对陆生和水生动物种群数量、栖息地范围、健康状况等的监测以及对生态系统植被参数、群落结构、生物量、外来入侵植物等的监测(刘方正等,2018)。

与此同时,红外相机技术也在国家公园生态监测中发挥着重要作用。Wang等(2014)采用红外相机捕捉技术对巴基斯坦红其拉甫国家公园喀喇昆仑公路沿线哺乳动物物种的丰富度进行调查,研究发现公路附近哺乳动物物种丰富度并不低且保护价值较高。在我国东北虎豹国家公园采用 2000 台红外相机监测 27 只东北虎和 42 只远东豹的种群动态,尚未利用的东北虎潜在栖息地基本在中国境内(McLaughlin,2016)。在钱江源国家公园,利用红外相机监测平台通过覆盖全域的长期监测,完成了公园内大中型兽类的本底调查,并为关键物种栖息地利用和种群动态等研究提供了支持(申小莉等,2020)。

随着技术手段的不断创新,研究人员对国家公园生态监测能力也逐渐提高。从纸质调查记录表到手持信息采集终端,从地面样线和样方到高空卫星遥感,从冬季踏雪寻迹到全球定位系统(GPS)跟踪项圈,监测数据的收集途径、数据内容、时效性和经济性等都得到了优化与提升。李苗苗等(2020)研究表明,随着监测技术的不断发展,在最近 10 年间采用人工实地调查法进行监测研究的文献数量占比呈现下降趋势,而采用红外相机、自动监测系统、卫星遥感手段进行监测研究的文献数量则呈现稳步上升状态。

基于目前监测技术的发展现状,我国国家公园生态监测数据的获取必须依赖遥感监测与地面监测技术的有机结合。遥感监测包括卫星遥感监测和无人机遥感监测;地面监测则包括人工实地调查、红外相机、无线电项圈、定位观测站及其他自动监测系统,其中人工实地调查包括样线和样方调查、实物取样、定点观测、手持设备定点监测等。在国家公园生态监测的具体开展过程中,应注重多途径、多类型监测技术的优势整合,构建从卫星遥感到无人机遥感再到地面调查自上而下完整的调查监测技术链,从而在整个国家公园或更大尺度上实现生态过程的监测,并解决目前存在的监测覆盖不全面、管护能力不平衡等问题。此外,与之相匹配的是要加快开展多源数据的融合技术研究和推动自然保护地精细化监管理念的实现与实施。总之,整合现有的监测资源,将地面监测与遥感监测相结合,形成空天地一体化监测系统,是逐步建立并完善我国国家公园生态监测体系的必由之路。

六、监测数据管理

在收集监测数据的基础上，需要加强国家公园生态监测数据管理。国际经验表明，监测数据的管理和转化利用对于实现国家公园有效管理至关重要。借鉴国外国家公园监测的经验与启示，综合考虑我国现实国情以及国家公园建设需求，一方面应建立统一的生态监测数据库系统与管理平台，实现对生态监测数据的存储、管理和分析，并定期向国家公园管理人员、规划编制人员、科学研究人员等提供监测结果；另一方面应建立生态保护成效评估报告制度，定期对生态监测结果进行评估，使其成为国家公园保护成效评估的重要组成部分，促进监测数据服务于国家公园的管理、保护和规划。我国国家公园生态监测实施及数据管理利用由三级管理网络、数据存储与处理、保护成效评估三部分构成（图 2-5）。

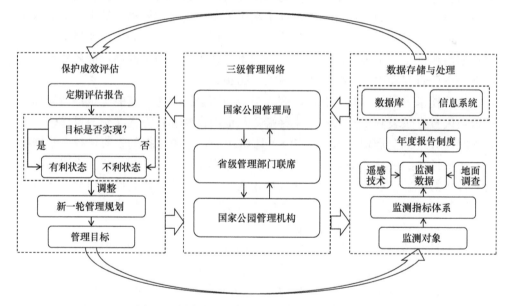

图 2-5　国家公园生态监测实施和数据管理机制

1. 三级管理网络

国家公园管理局、省级管理部门和各个国家公园管理机构是国家公园生态监测的实施主体，因此应建立国家、省和国家公园三级管理网络。国家公园管理局是国家层面的生态监测责任机构，应制定统一规范的生态监测框架，并出台生态监测规范性文件，指导全国范围内国家公园生态监测工作的开展。省级管理部门应建立联席工作制度，既要指导和监督行政区域内国家公园开展生态监测，也要组织和协调跨行政区域国家公园开展生态监测，及时将监测结果及存在的问题上报给国家公园管理局。国家公园管理机构是各个国家公园内生态监测的实施人和责任人，应根据生态监测规范性文件，制定符合自身核心特征和管理要求的具体监测指标，按规定向省级管理部门和国家公园管理局提交监测结果。

2. 数据存储与处理

国家公园管理局是国家层面的数据汇总管理机构，其出台的生态监测规范性文件是各个国家公园开展生态监测、记录监测数据的主要依据。规范性文件应对监测目标确定、监测对象识别、监测指标体系构建、监测技术选择、监测数据管理等做出详细规定，并建立国家公园生态监测年度报告制度，推动生态监测数据收集和汇交的规范化与制度化。

国家公园管理局应建立国家公园生态监测数据库与信息系统，将各个国家公园提交的监测数据及时入库，并通过功能模块对国家公园生态保护成效进行反馈，推动国家公园生态监测工作的信息化与业务化。监测数据库与管理系统不仅是管理者进行保护、规划与管理的重要工具，也是科学家研究国家公园的数据来源。科学家和管理者的共同参与，能够保证生态监测更好地实施并服务于管理。

3. 保护成效评估

在国家层面，国家公园管理局应建立统一规范的国家公园生态保护成效评估制度，每5~6年定期对国家公园生态监测结果进行评估，使其成为国家公园管理成效评估的重要组成部分，进一步促进生态监测服务于国家公园的保护、规划和管理。在省级层面，各个管理部门也可以对行政区域内的国家公园或通过联席工作制度对跨行政区域的国家公园进行生态保护成效评估，不定期对国家公园的生态保护状况进行检查，起到监督与指导作用。由于保护或管理不善造成生态系统严重受损的国家公园，应被列入警示名单，在规定期限内未整改到位的国家公园应被撤销。

第三节　神农架国家公园关键生态系统服务识别

一、数据收集

研究区位于神农架国家公园，总面积为 1169.88km^2，辖大九湖镇、下谷乡、木鱼镇、红坪镇和宋洛乡 5 个乡镇 25 个村。为便于管理，神农架国家公园根据自然生态特征划分了四大管理区（即大九湖、神农顶、木鱼和老君山）以及 17 个管护小区。

根据生态系统类型和社区生计模式的代表性，在四大管理区内分别选取 1 个管护小区作为研究，分别为大九湖管护小区、木鱼管护小区、神农顶管护小区和老君山管护小区。其中，大九湖管护小区和神农顶管护小区内没有社区，木鱼管护小区和老君山管护小区内有社区。木鱼管护小区是神农架国家公园的游客集散中心所在地，其社区的支柱产业是旅游服务业；老君山管护小区位于神农架国家公园的较边缘地区，社区基础建设情况相对落后，社区的支柱产业是在国家公园管理局的扶持下培育、养护和销售苗木。

2019 年 8 月 11～24 日，在神农架国家公园开展了为期 14 天的实地调研，在木鱼管护小区和老君山管护小区分别发放了 31 份和 30 份"生态系统服务需求重要性"调查问卷，请社区居民对生态系统服务的重要性进行比较打分。

二、基于供给与需求重要性的关键生态系统服务识别

（一）供给重要性计算

首先对神农架国家公园生态系统服务价值进行了计算，采用的方法是当量因子法（Xie *et al.*，2017）。该方法将 1hm^2 农田的食物生产能力作为一个标准当量因子，根据各类生态系统服务价值与粮食生产价值的倍数，构建了中国生态系统服务当量因子表。主要计算步骤包括三部分：计算当量因子、修正当量因子表和计算生态系统服务价值。

1. 计算当量因子

将神农架国家公园单位面积农田高产经济价值的 1/7 作为一个标准当量因子的价值量，其计算公式为

$$D = \frac{1}{7} \times (S_i \times P_i \times T_i) \tag{2-1}$$

式中，D 为神农架国家公园生态系统服务当量价值（元/hm^2）；S_i 为 2019 年第 i 种粮食作物的播种面积比例（%）；P_i 为 2019 年第 i 种粮食作物的单位面积产量（kg/hm^2）；T_i 为 2019 年第 i 种粮食作物的价格（元/kg）。

由于缺乏神农架国家公园内的统计数据，因此采用神农架林区统计数据进行计算。根据《神农架林区 2019 年国民经济和社会发展统计公报》，2019 年神农架林区主要粮食作物（薯类、小麦、大豆和玉米）的总播种面积为 4629hm^2，单位面积粮食产量分别为 3990kg/hm^2、3480kg/hm^2、1005kg/hm^2 和 3945kg/hm^2。由湖北省惠农网获得主要粮食作物的价格分别约为 3 元/kg、2.4 元/kg、5 元/kg 和 2 元/kg。最终计算得到 2019 年神农架国家公园生态系统服务价值当量因子为 1253.43 元/hm^2。

2. 修正当量因子表

选择植物净初级生产力（net primary productivity，NPP）因子修正食物生产、原材料生产、气体调节、气候调节、环境净化、维持养分循环、生物多样性保护、美学景观等与生物量有明显相关关系的服务；选用降水因子修正水资源供给、水文调节等受降水影响强烈的服务。

$$F_{ij} = \begin{cases} P \times F_{n_1} \\ R \times F_{n_2} \\ F_{n_3} \end{cases} \qquad (2\text{-}2)$$

式中，F_{ij} 为第 i 种生态系统第 j 种服务功能的单位面积价值当量因子；P 为 NPP 调节因子；R 为降水调节因子；F_n 为该类生态系统服务价值当量因子；n_1 表示食物生产、原材料生产、气体调节、环境净化、养分循环、生物多样性保护、美学景观等服务；n_2 表示水资源供给和水文调节服务；n_3 表示土壤保持服务；F_{n_1}、F_{n_2} 和 F_{n_3} 的具体取值来自 Xie 等（2017）的研究。

P 和 R 由公式（2-3）和公式（2-4）计算得到。

$$P = B / \overline{B} \qquad (2\text{-}3)$$

式中，P 为 NPP 调节因子；B 为神农架国家公园 NPP[g C/（m^2·a）]；$\overline{B}$ 为中国陆地生态系统的平均 NPP[g C/（m^2·a）]。参照 Yuan（2014）的研究，神农架国家公园所在的 31°N、101°E 左右的 NPP 为 1100g C/（m^2·a）；中国陆地生态系统的平均 NPP 为 406.25g C/（m^2·a），计算得到 P 为 2.71。

$$R = W / \overline{W} \qquad (2\text{-}4)$$

式中，R 为降水调节因子；W 为神农架国家公园 2019 年降水量（mm）；$\overline{W}$ 为中国陆地生态系统 2019 年的平均降水量（mm），计算得到 R 为 1.86。

神农架国家公园的湿地生态系统为独特的亚高山泥炭藓湿地，其土壤孔隙度达 80%，约为普通湿地土壤孔隙度的 5 倍（谢亚军等，2012），有超出一般湿地的水源涵养能力。因此，结合专家意见，将湿地生态系统的水文调节服务价值当量因子调整为普通湿地的 2 倍。

神农架是世界上落叶木本植物最丰富的地区，是国际珍稀濒危物种和中国特有种的重要栖息地。神农架国家公园占湖北省土地面积的 0.6%，但维管植物种类占全省维管植物种类的 76.1%，脊椎动物种类占全省的 63.64%；神农架国家公园占我国国土面积的 0.01%，维管植物种类却占全国维管植物种类的 10.6%，脊椎动物种类占全国的 8.95%。神农架所在的中国西南山区被列入全球 34 个生物多样性热点地区；所在的中南西部山地丘陵区被《中国生物多样性保护战略与行动计划》（2011—2030 年）列入中国 35 个生物多样性保护优先区域；所在的秦巴山地被列入中国生态功能区的 43 个生物多样性保护生态功能区。基于这种生态特征，结合中国生态环境 10 年变化调查评价结果，将森林、草地和湿地生态系统的生物多样性保护服务的当量因子调整为普通生态系统的 1.75 倍。

3. 计算生态系统服务价值

根据公式（2-2）计算得到修正后的神农架国家公园单位面积服务价值当量表（表 2-3），根据神农架国家公园土地利用状况和生态系统服务价值当量表计算得到 4 个管护小区各项生态系统服务的价值（表 2-4）。

$$V_j = \sum S_i \times D \times F_{ij} \tag{2-5}$$

式中，V_j 为第 j 种生态系统服务的经济价值（元）；S_i 为第 i 种生态系统的面积（hm^2）；F_{ij} 参照表 2-3。

表 2-3 神农架国家公园单位面积服务价值当量表

生态系统分类		供给服务			调节服务					支持服务		文化服务
一级分类	二级分类	食物生产	原材料生产	水资源供给	气体调节	气候调节	环境净化	水文调节	土壤保持	维持养分循环	生物多样性保护	美学景观
农田	旱地	2.30	1.08	0.02	1.82	0.36	0.27	0.27	1.03	0.33	0.35	0.06
森林	针叶	0.60	1.41	0.27	4.61	5.07	4.04	3.34	2.06	0.43	8.92	0.82
	针阔混交	0.84	1.92	0.37	6.37	7.03	5.39	3.51	2.86	0.60	12.33	1.14
	阔叶	0.79	1.79	0.34	5.88	6.50	5.23	4.74	2.65	0.54	11.43	1.06
	灌木	0.51	1.17	0.22	3.82	4.23	3.47	3.35	1.72	0.35	7.45	0.69
草地	灌草丛	1.03	1.52	0.31	5.34	5.21	4.66	3.82	2.40	0.49	10.34	0.96
	草甸	0.60	0.89	0.18	3.09	3.02	2.71	2.21	1.39	0.30	6.02	0.56
湿地	湿地	1.38	1.36	2.59	5.15	3.60	9.76	48.46	2.32	0.49	37.32	4.73
荒漠	裸地	0	0	0	0.05	0	0.27	0.03	0.02	0	0.05	0.01
水域	水系	2.17	0.62	8.29	2.09	2.29	15.04	102.24	0.93	0.19	6.91	1.89

表 2-4 管护小区生态系统服务价值　　　　　（单位：万元）

生态系统服务类型	大九湖管护小区	神农顶管护小区	木鱼管护小区	老君山管护小区
食物生产	658.26	712.37	855.80	1 105.34
原材料生产	1 421.82	1 579.40	1 775.26	2 428.89
水资源供给	324.96	333.47	384.64	497.13
气体调节	4 692.51	5 184.62	5 761.41	7 948.95
气候调节	5 131.01	5 695.53	6 311.88	8 743.50
环境净化	4 290.49	4 673.76	5 204.01	7 116.18
水文调节	4 616.12	4 567.16	5 408.78	6 820.51
土壤保持	2 114.34	2 330.71	2 602.07	3 579.54
维持养分循环	432.07	479.02	534.57	734.51
生物多样性保护	9 434.50	10 087.72	11 122.24	15 418.00
美学景观	893.73	938.26	1 040.04	1 433.72
合计	34 009.81	36 582.02	41 000.70	55 826.27

在计算生态系统服务价值的基础上，对 4 个管护小区中各项生态系统服务价值进行重要性排序，从而得到生态系统服务的供给重要性。通过系统聚类分析，将生态系统服务供给重要性按照价值高低分为很重要、较重要和一般重要 3 级，其中很重要和较重要为高重要性水平，一般重要为低重要性水平。4 个管护小区的评级结果呈现较高的一致性，重要性评价结果见表 2-5。

表 2-5　管护小区生态系统服务供给重要性分级

重要等级		服务类型
高重要性水平	很重要	生物多样性保护
	较重要	水文调节、气体调节、气候调节、环境净化
低重要性水平	一般重要	食物生产、原材料生产、水资源供给、美学景观、土壤保持、维持养分循环

（二）需求重要性计算

由于大九湖管护小区和神农顶管护小区中没有社区居民，没有社区发展和管控的需求，因此仅在木鱼管护小区和老君山管护小区进行生态系统服务的需求重要性计算。根据社区居民对生态系统服务重要性的打分结果，运用层次分析法分析各项生态系统服务的重要性权重，得到木鱼管护小区和老君山管护小区各项生态系统服务的需求重要性权重（表 2-6）。

表 2-6　管护小区生态系统服务需求重要性权重

生态系统服务类型	木鱼管护小区	老君山管护小区
食物生产	0.1465	0.2114
原材料生产	0.0585	0.1118
水资源供给	0.0868	0.1056
美学景观	0.3964	0.2774
气体调节	0.0327	0.0363
气候调节	0.0445	0.0294
土壤保持	0.0461	0.0554
水文调节	0.0673	0.0743
环境净化	0.0330	0.0317
维持养分循环	0.0168	0.0261
生物多样性保护	0.0723	0.0408
合计	1.0009	1.0002

对 2 个管护小区中各项生态系统服务的需求重要性权重进行系统聚类分析，将生态系统服务需求重要性按照价值高低分为很重要、较重要和一般重要 3 级，其中很重要和较重要为高重要性水平，一般重要为低重要性水平（表 2-7）。

表 2-7　管护小区生态系统服务需求重要性分级

重要等级		木鱼管护小区	老君山管护小区
高重要 性水平	很重要	美学景观	美学景观、食物生产
	较重要	食物生产	原材料生产、水资源供给
低重要 性水平	一般重要	生物多样性保护、水文调节、气体调节、气候调节、环境净化、原材料生产、水资源供给、土壤保持、维持养分循环	生物多样性保护、水文调节、气体调节、气候调节、环境净化、土壤保持、维持养分循环

（三）关键生态系统服务识别结果

根据生态系统服务的供给重要性和需求重要性进行权衡分析，对于没有社区的管护小区，将具有高水平供给重要性的生态系统服务作为关键生态系统服务；对于有社区的管护小区，将高供给-高需求、高供给-低需求和高需求-低供给的生态系统服务作为关键生态系统服务，从而得到神农架 4 个管护小区的关键生态系统服务（表 2-8）。

表 2-8　管护小区关键生态系统服务

关键生态系统服务类型	无社区管护小区		有社区管护小区	
	大九湖管护小区	神农顶管护小区	木鱼管护小区	老君山管护小区
高需求- 低供给			美学景观、食物生产	美学景观、食物生产、原材料生产、水资源供给
高供给- 低需求	生物多样性保护、水文调节、气体调节、气候调节、环境净化	生物多样性保护、水文调节、气体调节、气候调节、环境净化	生物多样性保护、水文调节、气体调节、气候调节、环境净化	生物多样性保护、水文调节、气体调节、气候调节、环境净化

三、基于 Q 方法的生态系统服务主观认知分析

为了更好地理解神农架国家公园内从事生活、生产活动的各利益相关方对生态系统服务的感知视角，运用 Q 方法对社区居民的主观认知进行了分析。Q 方法属于陈述偏好法，通过问卷或访谈收集利益相关方的话语，再使用统计方法定量地分析不同群体持有的态度模式。通过调查资源冲突条件下利益相关者的观点，采用 Q 方法能够有效地捕捉利益相关方中具有代表性的感知和需求，理解他们的动机和价值取向，进而服务于管理决策，因此近年来被越来越多地应用于保护地的生态系统服务管理。

（一）方法运用

1. Q-set 设置

根据神农架国家公园自身的社会-生态系统特征，挑选园区内 23 项较为鲜明

的 23 种生态系统服务作为 Q-set（表 2-9），包含 7 项供给服务、7 项文化服务、5 项调节服务和 4 项支持服务。此外，研究设计了拟正态分布的重要性排序表。图 2-6 中 23 个空格对应表 2-9 中的 23 项服务，排序表同一列服务重要性相同，从左至右重要性依次递增，重要性分数赋值为[-3，+3]，最不重要为-3，最重要为 3，中立则为 0。受访者需要根据自身对生态系统服务重要性的认知将代表各项生态系统服务的序号填写在排序表中。

表 2-9　神农架国家公园生态系统服务重要性调查的 Q-set

类型	生态系统服务
供给服务	种植业农产品供给（1）、养殖业农产品供给（2）、野生生物资源供给（3）、能源供给（4）、纤维供给（5）、生活淡水供给（6）、商用淡水供给（7）
文化服务	美学景观（8）、本土文化的摇篮（9）、环境教育的场所（10）、科学研究的素材（11）、艺术作品的载体（12）、自然类生态旅游活动（13）、文化类生态旅游活动（14）
调节服务	气体调节（15）、气候调节（16）、土壤保持（17）、水源涵养（18）、调蓄洪水（19）
支持服务	生物干扰调节（20）、人为干扰调节（21）、养分循环与输送（22）、生物多样性保护（23）

注：表中括号内数字为生态系统服务的序号

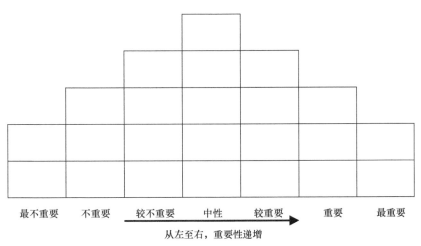

图 2-6　生态系统服务重要性排序表

2. P-set 设置

受访人群包含神农架国家公园的全部利益相关方，即国家公园管理局的管理人员、相关领域的科研人员，以及神农架社区居民，社区居民中又包含旅游业从业人员、农户、务工人员、经商人员，以及从事神农架生态保护工作的居民（包含神农架野生动物保护协会会员和护林员）等多种类型的人群。自神农架国家公园建设以来，公园管理局对管理区内社区进行了搬迁重组，如今在大九湖、神农顶、木鱼和老君山 4 个管理区下共有坪阡、东溪、红花坪、板桥、老君山 5 个社区。在 5 个社区分别开展调研，受访者来源和基本特征见表 2-10 和表 2-11。

表 2-10 受访人群来源及分布情况

来源	管理分区	所在社区	人数/人
社区居民	大九湖	坪阡社区	15
		东溪社区	14
	木鱼	红花坪社区	30
	神农顶	板桥社区	30
	老君山	老君山社区	30
管理人员		国家公园管理局	12
科研人员		科研院所	10
总计			141

表 2-11 受访人群统计特征

变量	变量说明	变量统计特征
身份	1=政府管理人员；2=旅游业从业人员；3=务工兼业农户；4=纯农业农户；5=务工人员；6=生态保护从业居民；7=科研人员	$P(1)=8.5\%$；$P(2)=14.9\%$；$P(3)=27.0\%$；$P(4)=19.1\%$；$P(5)=14.9\%$；$P(6)=8.5\%$；$P(7)=7.1\%$
年龄	1=30 岁以下；2=30～45 岁（不包含）；3=45～60 岁（不包含）；4=60 岁及以上	$P(1)=7.1\%$；$P(2)=18.6\%$；$P(3)=42.6\%$；$P(4)=31.7\%$
受教育程度	1=未受教育/小学；2=初中；3=高中/中专；4=大学/大专	$P(1)=43.3\%$；$P(2)=27.6\%$；$P(3)=11.3\%$；$P(4)=17.8\%$
家庭人均可支配收入	1=2 000 元以下；2=2 000～5 000 元（不包含）；3=5 000～10 000 元（不包含）；4=10 000 元以上	$P(1)=14.2\%$；$P(2)=29.1\%$；$P(3)=27.7\%$；$P(4)=29\%$

注：表中务工兼业农民是指收入来源以打工和经商为主的农民；旅游业从业人员主要是指农家乐经营者；务工人员是指收入完全来自打工和经商的社区居民；生态保护从业居民是指神农架野生动物保护协会会员和护林员

（二）数据分析

采用 PQMETHOD（版本 2.35）进行数据分析，选用其内置的主成分分析（PCA）和方差最大化旋转工具。面对面访谈得到的 Q 排序代表着受访者对生态系统服务的感知观点，通过对 Q 排序集合进行主成分分析可以将具有较强共性的观点"负载"在同一个因子上，这个因子可以表征这类受访者的共同价值观。

首先进行 PCA 分析，然后再进行方差最大化旋转以增大因子间的差异性。观察各种情况下 Q 排序的因子载荷显著性，各项因子对应的理想 Q 排序是将具有显著性的 Q 分类按照因子载荷进行加权求和得到的。因为每个因子下具有显著性的 Q 分类数量不同，所以将加权平均值标准化为 Z 分数，以便各个因子间可以进行横向对比分析。值得注意的是，PCA 会提取出 8 个主成分，在进行方差最大化旋转时需要分别尝试将高载荷的若干个因子进行旋转，观察其分别对应的典型 Q 分类，比较各种方案下典型 Q 分类对应观点的可解释性和各个因子的累积方差解释率，从而得到最优的分类方案，并将观点和可能的影响因素运用 SPSS 软件进行多重对应分析（MCA）。

（三）感知观点类型

通过 PCA 分析筛选出前 5 个主成分进行方差最大化旋转，5 个主成分对方差的解释度分别为 16%、15%、11%、10% 和 7%，可以解释总体方差的 59%，同时可得到各项服务的因子 Z 分数（表 2-12）及 5 种典型 Q 分类，对应 5 种典型的生态系统服务感知观点，大致可概括为游憩型、协调型、生态型、宜居型和当地居民型观点（图 2-7），5 种感知观点的持有人分布特征见表 2-13。

表 2-12　各项 Q-set 的因子 Z 分数

序号	生态系统服务类型	因子 Z 分数				
		1	2	3	4	5
1	种植业农产品供给	1.68	2.11	-1.18^{**}	1.67	1.76
2	养殖业农产品供给	1.16	1.20	-1.98^{**}	0.17^{**}	0.94
3	野生生物资源供给	0.54^{**}	-1.25	-0.99	0.03^{**}	1.47^{**}
4	能源供给	0.64	0.73	-0.93^{**}	1.18	0.95
5	纤维供给	-0.72	-1.28	-1.49	-0.97	-1.33
6	生活淡水供给	0.80^{*}	1.36	-0.03^{**}	1.65	1.31
7	商用淡水供给	-1.01	-1.53	-1.47	0.72^{**}	-0.89
8	美学景观	0.40	-0.45^{*}	0.10	0.39	-0.99^{*}
9	本土文化的摇篮	0.80	-1.51^{**}	0.75	0.69	0.77
10	环境教育的场所	1.17	0.31	0.72	0.97	0.02
11	科学研究的素材	-0.39	0.10	0.87^{**}	-0.23	-0.92^{**}
12	艺术作品的载体	-0.15^{**}	-1.58	-0.61	-0.88	-1.48
13	自然类生态旅游活动	1.56^{**}	0.61	0.79	0.96	-1.43^{**}
14	文化类生态旅游活动	0.96^{**}	-0.65	0.16^{*}	-0.31	-1.43^{**}
15	气体调节	-1.57^{**}	0.40	0.43	-0.04	-0.30
16	气候调节	-1.47^{**}	0.25	0.60	1.20^{**}	0.23
17	土壤保持	0.39	0.98	0.96	-1.45^{**}	0.11
18	水源涵养	-0.69^{*}	0.44^{*}	1.22^{**}	-0.24	-0.06
19	调蓄洪水	-0.99^{*}	0.34	0.14	-0.58	-0.35
20	生物干扰调节	-0.61^{**}	-0.19^{*}	0.51	-1.32^{**}	0.23
21	人为干扰调节	-1.13	-0.22	-0.13	-1.23	0.36^{*}
22	养分循环与输送	-1.17	-0.71	-0.46	-1.48	-0.20
23	生物多样性保护	-0.44^{*}	0.52^{**}	2.04^{**}	-0.90^{*}	1.23^{**}

注：星号表示某项服务在该因子下的载荷与其他因子下的载荷差异显著性，*为 $P<0.05$，**为 $P<0.01$

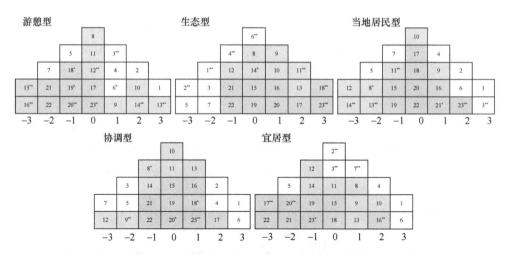

图 2-7　神农架国家公园生态系统服务认知的 5 种典型观点

图中数字代表生态系统服务类型，与表 2-12 一致。*表示该观点类型中某项服务的重要性区别于其他观点类型的显著程度，*为 $P<0.05$，**为 $P<0.01$。白色方框代表供给服务，蓝色方框代表文化服务，灰色方框代表调节服务，绿色方框代表支持服务

表 2-13　与 5 种观点显著相关的人群分布

观点类型	利益相关方类型						
	管理人员	科研人员	务工兼业农户	纯农业农户	旅游业从业人员	务工人员	生态保护从业居民
游憩型			9	4	9	7	
协调型	2	2	11	8	2	2	1
生态型	7	6			3	4	2
宜居型			6	4	1	2	
当地居民型			2	2			3

　　将这 99 位受访者所持有的观点及其所在管理分区、教育程度、年龄、收入和职业等影响因素进行多重对应分析（图 2-8），通过观察变量间的聚合特征可以得到以下几点。

　　4 个管理分区受访者的整体收入水平具有一定特征，这可能与各分区差异化的产业结构有关，来自木鱼（3）和神农顶（4）的受访者整体收入较高（3），来自木鱼（3）的受访者整体收入中等（2、3），来自老君山（5）的受访者整体收入偏低（1），且高收入群体（4）并没有明显的空间分布特征。

　　管理分区的社会和自然特征可能会影响社区居民的感知观点，如从全区角度出发的受访者（1）倾向持有生态型观点（3）；大九湖（2）和神农顶（4）的受访者倾向持有游憩型观点（1）；木鱼（3）和老君山（5）受访者的感知观点则相对均衡。

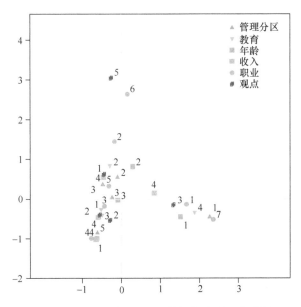

图 2-8　观点类型和受访者特征的多重对应分析

管理分区 1 代表神农架国家公园整体，管理分区 2 代表大九湖，管理分区 3 代表木鱼，管理分区 4 代表神农顶，
管理分区 5 代表老君山；教育、年龄、收入和职业的分类方式同表 2-11；观点的分类方式同图 2-7

　　教育水平和感知观点的关系在第二维度上没有显著差异，但在第一维度上具有较明显的对应关系，高等学历者（4）更倾向于持有生态型观点（3），中低等学历者（1、2、3）普遍持有其余 4 种观点（1、2、4、5）。

　　职业和感知观点的关系在象限特征中得到一定体现，由第三象限可以看出，务工兼业农民（3）和纯农业农户（4）可能更多地拥有协调型观点（2）或宜居型观点（4）；由第二象限可以看出，务工人员（5）和旅游业从业人员（2）可能更多地拥有游憩型观点；由第四象限可以看出，政府管理人员（1）和科研人员（7）更多地拥有生态型观点（3）。

　　在此基础上进行最优尺度回归分析（表 2-14），拟合结果调整后的 R^2 为 0.458，显著性值小于 0.001。教育因素的重要性最高，1、2、3 类（即高中/中专及以下）的标准分差异微小，且与 4 类（大学/大专及以上）的标准分差异很大，这与多重对应分析的结果一致。管理分区因素和职业因素各类别的标准分差距较大，这两项因素重要性程度较高。在年龄因素中，1 类和 2 类（即 30 岁以下及 30～45 岁）的标准分相同，可视为一组，3 类和 4 类（即 45～60 岁及 60 岁以上）的标准分相同，可视为另一组，且两组间差异较为明显，因此可以认为年龄对感知观点的影响发生在两组间。在收入因素中，2 类和 3 类（2000～5000 元及 5000～10 000 元）的标准分几乎相同，可视为一组，因此可以认为收入对感知观点的影响发生在三组间。

表 2-14　感知观点影响因素的最优尺度分析

影响因素	相关系数	重要性	F	显著性
职业	−0.386	0.383	2.700	0.019[*]
年龄	0.239	−0.023	3.658	0.059
教育	0.555	0.664	3.476	0.036[*]
收入	−0.073	−0.044	0.387	0.680
管理分区	−0.107	0.190	0.511	0.728

注：*表示 $P < 0.05$

（四）感知观点内涵阐释

根据表 2-12 和图 2-7 对 5 种感知观点的内涵进行分析。

1. 游憩型

游憩型观点认可神农架国家公园有独特壮美的景观、浓厚的民俗风情，可以提供高水平的文化服务，但其核心价值在于利用本地的自然和文化资本吸引游客，提高自身的经济收入。因此虽然文化服务整体重要性都很高，但只有有助于提升地区旅游吸引力的使用者迁移服务（NO.10、13、14）被赋予了高度重要性，而不直接增加社区居民经济收益的文化服务（NO.8、11、12）则相对不重要。游憩型观点并不关注国家公园建设中的生态保护需求，生态保护相关的调节服务和支持服务几乎都被认为是不重要的，具有争议性的"野生生物资源供给（NO.3）"服务却被认为是较重要的。游憩型观点认为"一刀切"的禁伐禁采政策对于旅游产业有较大的负面影响，适度合理的野生植物资源利用应当被允许。

2. 协调型

协调型观点的核心是人地关系协调，神农架国家公园应当为社区居民基本生活所需物质资料提供保障，但同时社区居民也要维护神农架国家公园的生态功能，双向互利共赢实现自然资源的可持续利用。这种观点认可自然资源保护的价值，将良好的生态环境质量视作神农架国家公园区域发展的重要资本，认为生态产品可以成为多数农户的主要生计来源。因此相较直接指向收益的文化服务（NO.10、13），调节服务整体上被赋予了更高的优先级（NO.15、17、18）。在这种价值观下，供给服务的优先级呈现了明显的两极分化，基本生活所需的淡水（6）、食物（NO.1、2）和能源供给（NO.4）等供给服务被认为是重要的，而可能产生生态风险的野生生物资源供给（NO.3）和纤维供给（NO.5）被认为是不重要的。

3. 生态型

生态型观点强调对国家公园完整性和原真性的保护，神农架最具代表性的水源涵养（NO.18）和生物多样性保护（NO.23）被赋予了最高的优先级。与社区居民生计直接相关的供给服务基本都被认为是不重要的，传统的野菜和野味不必说，即使是基础粮食作物供给也被认为是不重要的。生态型观点认为国家公园的核心吸引力在于自然环境和社会文化，社区居民的生计可以依赖护林员、环境教育导游等公益岗位。只有建立完善的社区参与机制，以文化产业和旅游产业为支点创造可持续的就业机会才是长久之计。

4. 宜居型

宜居型观点强调国家公园的居住功能，表达了对舒适居住环境的需求，并将最基础的物质供给（NO.1、4、6）和气候调节（NO.16）列为最重要的服务。这种观点的持有者可能将国家公园视为"候鸟的归巢"。值得注意的是，环境教育服务（NO.10）被赋予了不寻常的重要性，许多宜居型观点的持有者毫不犹豫地将 NO.10 填写在表格（+1，+3）列中，一定程度上表现了对子女教育的重视。宜居型观点的持有者不否认神农架国家公园具有很高的经济发展潜力，尤其是依托文化服务开展的文旅产业（NO.8、9、13），并渴望从中获得良好的就业机会和经济收益，但受限于交通和景观条件，短时间内还看不到国家公园建设带来的益处，家庭收入的主要来源仍然依赖外出务工和经商。

5. 当地居民型

当地居民型观点认为神农架国家公园应维持原始自然的状态，更偏好质朴的生活方式，并不寄希望于国家公园内文旅产业的发展，也不愿意受到政府的过度管控，甚至不希望原有的生活发生改变。在当地居民型观点中，供给服务被普遍赋予了较高的重要性，尤其是野生生物资源供给被认为是最重要的，明显区别于其他 4 种观点，而文化服务均被赋予了较低的重要性。需要注意的是，为了补偿社区农户因野生动物活动破坏农田而遭受的经济损失，尽管神农架国家公园为园区内居民购买了野生动物保险，但赔偿力度明显不足，许多农户对此颇有微词。而在这种观点中，生物多样性保护（NO.23）、能源供给（NO.4）、生活淡水供给（NO.6）具有几乎相同的重要性。

第四节 三江源与神农架国家公园生态监测指标体系构建

一、三江源国家公园生态监测指标体系构建

（一）数据收集

研究数据主要通过资料收集、文献查阅、深度访谈、专家咨询和实地调研等

方式获得。2018 年 8 月 18~29 日，在三江源国家公园开展为期 12 天的实地调研，调研线路自西宁经兴海、玛多、玉树至杂多，横跨整个三江源地区，并对草地鼠害监测、藏野驴种群动态、隆宝滩国家级湿地自然保护区黑颈鹤栖息地、昂赛雪豹监测进行了重点调研。调研期间，与三江源国家公园管理局及下辖 3 个园区管委会、基层管理监测站点的管理人员围绕国家公园管理和监测开展座谈活动 6 次、深度访谈 20 余人次，重点了解三江源国家公园的管理活动、监测现状与科研进展等；在玛多县玛查里镇、玉树市结古镇、玉树市隆宝镇、杂多县昂赛乡和杂多县萨呼腾镇针对农牧民开展生态功能认知问卷调查 80 余份。调研前、中、后期，就国家公园生态监测问题咨询生态、旅游、林业、气象、管理等不同研究领域专家 60 余人次。

（二）管理目标确定

通过对三江源国家公园重要保护对象和关键生态系统服务的识别，并与《三江源国家公园条例（试行）》《三江源国家公园总体规划》等相关法规条例和规划方案中反映出的管理目标进行分析整合，结合对三江源国家公园管理人员的访谈结果和实地调研所获得的信息，最终确定三江源国家公园的管理目标（表 2-15）。

表 2-15 三江源国家公园管理目标

监测对象	管理目标
生态系统	高寒湿地、草地、湖泊、荒漠等生态系统的保育
水土资源	维持江河径流量持续稳定；保护水质；水土流失强度减弱；沙化土地的保护修复；保护区域固态水源；提高水源涵养功能
动植物	生物多样性丰富；野生动植物种群增加；保护珍稀野生动物物种和种群恢复
栖息地保护	保持野生动物迁徙通道的完整性；保护野生动物栖息地的完整
景观保护	保护原始景观的自然原真性

（三）关键生态过程识别

通过梳理相关文献中关于三江源国家公园生态过程的研究成果，结合对当地管理人员和科研人员的访谈结果以及实地调研收集的数据资料，列出三江源国家公园的生态过程清单，经咨询相关专家最后确定出三江源国家公园的关键生态过程（表 2-16）。

在区域尺度上，独特的地质地貌使得三江源国家公园内不同类型生态系统对气候变化比较敏感，因此气候变化对三江源国家公园的影响极为重要。由于气候变化和长期的人类活动，水土流失和荒漠化在逐渐改变着三江源的地质地貌特征，因此水土流失和荒漠化也是三江源生态监测不可忽略的生态过程。同时，三江源地区作为"中华水塔"，其水文调节功能发挥着重要作用。从某种程度上来说，国家公园内部影响这些过程的可能性为零，但如果要解释园内生态系统的动态，对这些生态过程的监测便至关重要。

表 2-16　三江源国家公园关键生态过程

层级	关键生态过程	确定方法
区域	气候变化、水土流失、荒漠化、水文调节	文献查阅、实地调研、专家咨询
景观	小气候调节、地表径流、土地利用变化、栖息地破碎化、景观同质化	文献查阅、实地调研、专家咨询
生态系统	生态演替、物种丰富和多样、生态系统生产力、污染	文献查阅、实地调研、专家咨询
种群	栖息地减少、外来物种入侵、种群数量变化	文献查阅、实地调研、专家咨询

在景观尺度上，三江源国家公园内河流湖泊遍布，地表径流和湖泊水位在很大程度上影响着三江源国家公园的景观格局。此外，区域小气候也控制着不同生态环境和多样化区域的空间分布。由于三江源国家公园内大量人口和社区的存在，在这一尺度下土地利用的变化显得尤为重要，特别是城镇扩张和园内牧业的发展。从广泛分布的牧业到交通和基础设施建设，都在一定程度上改变着三江源国家公园的景观格局。土地利用变化还伴随着景观同质化和栖息地破碎化，同时减少了栖息地连通性。

在生态系统尺度上，高寒草甸、高寒草地和湿地是三江源国家公园的关键生态系统。对于高寒生态系统而言，生态系统生产力至关重要。生态演替也是该尺度上关键的生态过程，演替的不同阶段使得生态系统的结构和功能产生差异，而生态系统的变化影响着物种的丰富性和多样性。此外，人类活动对生态系统的干扰以及生产、生活所产生的废弃物对三江源自然环境的污染是最重要的人为过程。

在种群尺度上，三江源国家公园内的多数物种的生境条件都相对脆弱，比较容易受到外界干扰，对物种栖息地的监测有利于识别干扰的影响。外来物种入侵所施加的竞争压力也会影响三江源国家公园内一些物种的生存。此外，对三江源国家公园特有物种以及一些濒临灭绝物种的种群数量变化监测也是十分必要的。

（四）相关性分析

通过文献查阅和专家咨询的方法对三江源国家公园管理目标和关键生态过程进行相关性分析，可以确定出三江源国家公园需要监测的生态过程及其时间和空间尺度。

三江源国家公园所有的管理目标都与识别出的关键生态过程存在直接或间接的关系（表 2-17）。例如，水土流失强度减弱与区域尺度的水土流失存在直接关系，与区域尺度的水文调节、气候变化和景观尺度的地表径流存在间接的关系。这在一定程度上也说明，识别出的这些关键生态过程与三江源国家公园的管理目标具有很高的匹配度。有些关键生态过程（如气候变化）与三江源国家公园的管理目标没有直接关系，然而这并不意味着对这些关键生态过程的监测对于管理目标没有意义。如前文所述，如果要解释不能归因于管理行为的生态系统动态变化，对这些关键生态过程的监测便十分重要。因此，研究识别出的三江源国家公园关键生态过程都需要被监测。

表 2-17　三江源国家公园管理目标与关键生态过程之间的相关性

管理目标	关键生态过程															
	区域				景观				生态系统					种群		
	气候变化	水土流失	荒漠化	水文调节	小气候调节	地表径流	土地利用变化	景观同质化	栖息地破碎化	生态演替	物种的丰富和多样	生态系统生产力	污染	栖息地减少	外来物种入侵	种群数量变化
1. 生态系统保育（高寒湿地、草地、湖泊、荒漠等）			*		*	*			*	*		★			*	*
2. 维持江河径流量持续稳定	*	*		*		★										
3. 保护水质				★		*							★			
4. 水土流失强度减弱	*	★		*		*										
5. 沙化土地的保护修复			★				*									
6. 保护区域固态水源	*	*		*												
7. 提高水源涵养功能	*	*		*	*											
8. 生物多样性丰富			*			*			★	★	★					★
9. 野生动植物种群增加										★	★	★		*	*	★
10. 保护珍稀野生动物物种和种群恢复							★	*	★		★			*	*	★
11. 保持野生动物迁徙通道的完整性								*	★	★					*	
12. 保护野生动物栖息地的完整			*					★	★	★					*	★
13. 保护原始景观的自然原真性			*				★		★						*	

注：★表示直接关系；*表示间接关系或相关性弱

确定需要监测的生态过程后，根据监测要求和监测方法的差异，对监测内容作进一步的梳理与凝练，共归为类型、面积、气象及小气候、水文、水质、土壤、大气与声环境、植被及其群落、野生动物、外来物种、生境、景观格局和人类活动 13 项监测内容。围绕这些监测内容，通过文献查阅和专家咨询的方法，制定初始监测指标清单。

（五）监测指标确定

对初始监测指标进行可行性分析，剔除一些可行性较低的监测指标，确定最终的监测指标清单，并对最终确定的生态监测指标进行分级。基于实地调研与深度访谈结果以及专家咨询意见，权衡监测成本、灵活性、时效性，以及对现有手段和现有知识的适应性等方面，同时考虑到三江源国家公园处于试点阶段，生态监测体系有一个逐步完善的过程，研究将三江源国家公园生态监测指标分为两级（表2-18）。

表2-18　三江源国家公园生态监测指标体系（姚帅臣等，2019）

内容	指标（层级1）	指标（层级2）
类型	生态系统类型	
面积	各类型面积	边界
气象及小气候	空气温度、地表温度、相对湿度、空气湿度、降水量、蒸发量、风速	最高温、最低温、最大降水量、极端天气、日照时间
水质	泥沙含量、透明度、溶解氧浓度、五日生化需氧量、pH	总硬度、氨氮量、总磷量、总氮量、总砷量、挥发性酚类、矿化度、高锰酸盐指数
水文	水位、潜水埋深、地表水深（湖泊、河流、沼泽）、流量（地表水）	洪水成灾强度及水灾持续时间、低水位或干旱及持续时间、最高水位、水温
土壤	主要土壤类型及其分布、土壤温度、土壤含水量、土壤酸碱度、土壤有机质含量	土壤生物、全氮量、全磷量、全钾量、全盐量、重金属量
大气与声环境	总悬浮颗粒物含量、可吸入颗粒物含量、氮氧化物含量、二氧化硫含量、噪声	二氧化碳含量、一氧化碳含量、负离子含量、甲烷含量、氟化物含量
植被及其群落	植被类型、面积及其分布、植物种类（物种数）、濒危物种数量、特有种数量、植被天然更新状况、虫媒传粉昆虫密度、人工复制更新	盖度、生物量、物候、多样性、有害入侵物种、人类干扰活动类型和强度
野生动物	野生动物种类、数量与分布，珍稀濒危物种及其种群数量、分布、迁徙通道（兽类与鱼类）、迁徙数量、迁徙路线（鸟类）	种群结构、繁殖习性、迁入和迁出、出生率和死亡率、食物丰富度、栖息地基本状况、受威胁因素和强度
外来物种	外来物种种类	外来物种分布、危害
生境	生境类型、不同生境面积及边界	生境覆盖率、生境多样性、生境斑块数量、生境斑块面积
景观格局	土地利用类型	景观丰富性、景观多样性、景观均匀度、斑块数量、斑块间平均距离
人类活动	居民数量、游客数量、生产和生活区域、污染物种类与数量、非法活动	游客活动范围、牧民数量、牛羊数量、民生基础设施建设、矿区面积

三江源国家公园生态监测指标体系由两级指标构成（姚帅臣等，2019）。一级指标最大程度地利用了三江源国家公园现有监测资源，其特点为可以立即使用。一级指标由基础指标和现有监测能够实现的指标构成，基础指标包括生态系统类型、野生动植物种类等，现有监测能够实现的指标包括年降水量、土地利用类型

等。二级指标是较为完整的监测指标体系，能够覆盖三江源国家公园的更多细节。例如，在野生动物监测方面，二级指标增加了种群结构、繁殖习性、食物丰富度等指标，以便管理者对园内野生动物有更深入的跟踪与调查。

二、神农架国家公园生态监测指标体系构建

（一）数据收集

研究数据主要通过问卷调查、资料收集、文献查阅、深度访谈、专家咨询和实地考察等方式获得。2019 年 8 月 11～25 日，在神农架国家公园开展为期 14 天的实地调研。调研期间，与神农架国家公园管理局及下辖 4 个管理处、5 个管护中心的管理人员围绕国家公园管理和监测开展座谈活动 10 余次、深度访谈 20 余人次，重点了解神农架国家公园的管理活动、监测现状与科研进展等；在 7 个村镇发放生态服务功能重要性认知问卷 131 份。调研前、中、后期，就国家公园生态监测问题咨询生态、旅游、林业、气象、管理等不同研究领域专家 50 余人次。

（二）管理目标确定

通过对各管护小区重要保护对象和关键生态系统服务的识别，并与《神农架国家公园保护条例》《神农架国家公园总体规划》等相关法规条例和规划方案中反映出的管理目标进行分析整合，结合对神农架国家公园管理人员的访谈结果和实地调研所获得的信息，最终确定各管护小区的管理目标（表 2-19）。

表 2-19　神农架国家公园各管护小区管理目标

大九湖管护小区	木鱼管护小区	神农顶管护小区	老君山管护小区
1. 保护亚高山泥炭藓湿地和亚高山草甸	1. 保护与恢复森林、灌丛等生态系统	1. 保护森林、灌丛、高山草甸等生态系统	1. 保护森林、灌丛、高山草甸等生态系统
2. 保证优良水质	2. 保护珍稀野生动植物（猕猴、伞花木等）	2. 保护与恢复北亚热带山地垂直带谱	2. 保护与恢复北亚热带山地垂直带谱
3. 提高水源涵养功能	3. 保护野生动物栖息地的完整	3. 保护生物多样性与物种基因库	3. 保护珍稀野生动植物（斑羚、珙桐、鹅掌楸等）
4. 增强径流调节功能	4. 合理利用森林资源	4. 保护珍稀野生动植物（川金丝猴、豹、川黄檗等）	4. 保护与科学利用生物资源
5. 保护珍稀野生动植物（草原鹭、白鹤、黄杉等）	5. 保障社区居民生计	5. 保护与恢复野生动物生境	5. 保护野生动物栖息地的完整
6. 保护景观资源的原真性	6. 严格控制人类活动（旅游、农业生产、基础设施建设）范围和强度	6. 保护山岩地貌与地质剖面	6. 促进社区协调发展
7. 减少旅游活动干扰		7. 保护景观资源的原真性	7. 减少人为干扰（农业生产）
		8. 减少旅游活动干扰	

大九湖管护小区主要为原生态自然湿地，其生态系统包括亚高山草甸、泥炭藓沼泽以及河塘、水渠等湿地类型。小区内拥有斑羚、草原鹭、白鹤、小灵猫、黄杉、野大豆等多种国家重点保护动植物。此外，大九湖还是"南水北调"中线工程的重要水源地之一。区内居民生活、生产活动较少，主要人类活动为旅游。木鱼管护小区主要为森林，其生态系统包括山地灌丛、温性针叶林、常绿阔叶林和针阔混交林等类型。小区内具有丰富的野生动植物资源，拥有猕猴、伞花木、篦子三尖杉等国家重点保护动植物。区内人类活动强度较高，居民生活、生产、基础建设、旅游等活动较多。神农顶管护小区内主要生态系统包括亚高山灌丛、寒温性针叶林、落叶阔叶林等，具有完整的北亚热带山地垂直带谱，小区内生物多样性极为丰富，具有川金丝猴、豹、鬣羚、川黄檗等多种国家重点保护动植物，小区内还有多处地质遗迹。区内居民生活、生产活动较少，主要人类活动为旅游。老君山管护小区同样具有完整的北亚热带山地垂直带谱，主要生态系统类型有亚高山灌丛、山地灌丛、常绿落叶阔叶混交林、草甸等，拥有林麝、虎纹蛙、鹅掌楸、珙桐等多种珍稀濒危物种。区内人类活动主要为种植业和养殖业。

（三）关键生态过程识别

对相关文献中关于神农架国家公园生态过程的研究成果进行梳理，结合对当地管理人员和科研人员的访谈结果以及对各个管护小区的实地调研收集的数据资料，列出几个管护小区的生态过程清单，经咨询相关专家最后确定出各个管护小区的关键生态过程（表2-20）。

表2-20　神农架国家公园各管护小区关键生态过程

层级	大九湖管护小区	木鱼管护小区	神农顶管护小区	老君山管护小区
区域	气候变化、水文调节	气候变化	气候变化、地质地貌变化	气候变化
景观	小气候调节、地表径流	小气候调节、土地利用变化、景观破碎化	小气候调节、景观同质化	小气候调节、土地利用变化
生态系统	生态演替、碳循环、生态系统生产力、人为干扰	生态演替、物种多样性变化、生态系统生产力、人为干扰	生态演替、生态系统生产力、物种多样性变化、人为干扰	生态演替、生态系统生产力、物种多样性变化、人为干扰
种群	动物迁徙、外来物种入侵、种群动态	植被更新、外来物种入侵、种群动态	隔离、外来物种入侵、种群动态	外来物种入侵、种群动态

在区域尺度上，森林和湿地生态系统都对气候变化比较敏感，气候变化对于4个管护小区都具有重要的影响。湿地具有重要的水文调节功能，大九湖湿地处于三峡、丹江口库区和"南水北调"中线工程的第二蓄洪库区的交会处，是汉江流域重要的生态屏障之一，直接或间接影响上述地区及周边流域调洪、蓄洪能力和水源水质状况，因此，水文调节是大九湖管护小区不可忽略的生态过程。

在景观尺度上，森林、湿地、灌丛、草甸等都具有调控区域小气候的重要功能，不同的小气候条件也造就了不同的景观特征。在大九湖管护小区，湖泊水位和地表径流在很大程度上影响着大九湖湿地的景观格局。而在木鱼管护小区，由于大量人口和社区的存在，从居民生产、生活到城镇扩张以及交通和基础设施建设，都在一定程度上改变着该小区的景观格局，因此，这一尺度下土地利用变化显得尤为重要。同时，土地利用变化还伴随着景观的破碎化，减少了连通性。

在生态系统尺度上，生态演替是关键的生态过程，在演替的不同阶段，生态系统的结构和功能存在差异。此外，无论是森林还是湿地，生态系统的生产力都是反映生态系统状况的重要指标，是重要的生态过程。在 4 个管护小区，由于人类活动的存在，人为干扰也是重要的人为过程。在大九湖管护小区，大九湖泥炭藓湿地是中国亚热带地区最大的亚高山泥炭地，泥炭地碳循环在全球碳循环中起着重要作用。

在种群尺度上，外来物种入侵会局部改变物种原有的空间分布格局，甚至影响一些本地物种的生存。种群动态是种群发展中总体数量变化情况，反映了种群数量在时间和空间中的变化，对了解种群特征和变化具有重要意义。因此，对于 4 个管护小区来说，外来物种入侵和种群动态都是关键的生态过程。此外，大九湖湿地位于中国候鸟南北迁飞的中线通道，在每年的迁徙期间，大量候鸟在此经停休整，湿地内广泛分布的湖泊水系也为鱼类迁徙提供通道。对于木鱼管护小区，植被更新是森林管理中的重要生态过程。

（四）相关性分析

通过文献查阅结合专家意见的方法对 4 个管护小区的管理目标和关键生态过程进行相关性分析（表 2-21～表 2-25），确定 4 个管护小区需要监测的生态过程及其时间和空间尺度。

从表 2-21～表 2-24 可以看出，几个管护小区的所有管理目标都与至少一个关键生态过程存在直接关系，这说明识别出的关键生态过程与管理目标具有较高的匹配度，但是也并不是所有的关键生态过程都与管理目标存在直接关系。例如，大九湖管护小区的管理目标中提高水源涵养功能与关键生态过程水文调节存在直接关系，增强径流调节功能与水文调节和地表径流存在直接关系；而生态演替只与保护亚高山泥炭藓湿地和亚高山草甸、保护珍稀野生动植物、保护景观资源的原真性 3 个管理目标存在间接关系。木鱼管护小区的管理目标中合理利用森林资源与关键生态过程生态系统生产力、人为干扰和植被更新存在直接关系；而小气候调节只与保护与恢复森林、灌丛等生态系统和保护野生动物栖息地的完整存在间接关系。

表 2-21 大九湖管护小区管理目标与关键生态过程相关性分析

管理目标	关键生态过程										
	区域		景观		生态系统				种群		
	气候变化	水文调节	小气候调节	地表径流	生态演替	碳循环	生态系统生产力	人为干扰	动物迁徙	外来物种入侵	种群动态
1. 保护亚高山泥炭藓湿地和亚高山草甸	*	★	*	*	*	★	★	★	*	*	*
2. 保证优良水质		★		★		*		*			
3. 提高水源涵养功能	*	★	*	★							
4. 增强径流调节功能		★		★				*			
5. 保护珍稀野生动植物（草原鹭、白鹤、黄杉等）					*	*	*	★	*	*	★
6. 保护景观资源的原真性	★		*		*			★		*	*
7. 减少旅游活动干扰							*	★	★		★

注：★表示直接关系；＊表示间接关系或相关性弱

表 2-22 神农顶管护小区管理目标与关键生态过程相关性分析

管理目标	关键生态过程										
	区域		景观		生态系统				种群		
	气候变化	地质地貌变化	小气候调节	景观同质化	生态演替	生态系统生产力	物种多样性变化	人为干扰	隔离	外来物种入侵	种群动态
1. 保护森林、灌丛、高山草甸等生态系统	*		*	*	*			★	★	*	*
2. 保护与恢复北亚热带山地垂直带谱	*			★	★	*	*	★			
3. 保护生物多样性与物种基因库	*							★		*	★
4. 保护珍稀野生动植物（川金丝猴、豹、川黄檗等）							*	★		*	★
5. 保护与恢复野生动物生境	*		*	*	*		*	★	*		*
6. 保护山岩地貌与地质剖面	*	★						*			
7. 保护景观资源的原真性	★	*		★				★		*	
8. 减少旅游活动干扰			*	*			*	★	*		*

注：★表示直接关系；＊表示间接关系或相关性弱

表 2-23　木鱼管护小区管理目标与关键生态过程相关性分析

管理目标	关键生态过程										
	区域	景观			生态系统				种群		
	气候变化	小气候调节	景观破碎化	土地利用变化	生态演替	物种多样性变化	生态系统生产力	人为干扰	植被更新	外来物种入侵	种群动态
1. 保护与恢复森林、灌丛等生态系统	*	*	*	★	*	★	★	★	★		*
2. 保护珍稀野生动植物（猕猴、伞花木等）			*	★		★	*	*	*	*	*
3. 保护野生动物栖息地的完整		*	★	★	*	★		★	*	★	
4. 合理利用森林资源			*	*		*	★	★			*
5. 保障社区居民生计			*	★		*	★				*
6. 严格控制人类活动范围和强度			★	★	*	★	★	★			★

注：★表示直接关系；＊表示间接关系或相关性弱

表 2-24　老君山管护小区管理目标与关键生态过程相关性分析

管理目标	关键生态过程								
	区域	景观		生态系统				种群	
	气候变化	小气候调节	土地利用变化	生态演替	物种多样性变化	生态系统生产力	人为干扰	外来物种入侵	种群动态
1. 保护森林、灌丛、高山草甸等生态系统	*	*	★	*	★	★	★	*	*
2. 保护与恢复北亚热带山地垂直带谱	*		★		★	★	★		
3. 保护珍稀野生动植物（斑羚、珙桐、鹅掌楸等）			★		★	★	★	*	★
4. 保护与科学利用生物资源			*		★	★	★		*
5. 保护野生动物栖息地的完整			★	*	★		★	*	*
6. 促进社区协调发展			★		*	★			*
7. 减少人为干扰（农业生产）				*	★	★	★		★

注：★表示直接关系；＊表示间接关系或相关性弱

表 2-25 神农架国家公园各管护小区需要监测的生态过程

层级	大九湖管护小区	木鱼管护小区	神农顶管护小区	老君山管护小区
区域	气候变化、水文调节	—	气候变化、地质地貌变化	—
景观	地表径流	土地利用变化、景观破碎化	小气候调节、景观同质化	土地利用变化
生态系统	碳循环、生态系统生产力、人为干扰	物种多样性变化、生态系统生产力、人为干扰	生态演替、生态系统生产力、物种多样性变化、人为干扰	生态演替、生态系统生产力、物种多样性变化、人为干扰
种群	动物迁徙、种群动态	植被更新、种群动态	隔离、外来物种入侵、种群动态	种群动态

因此，综合考虑现有监测基础和监测的针对性，暂时选取与管理目标关系较大的关键生态过程进行监测，既能在一定程度上满足管理需求，又可以提高监测的效率。基于上述分析，可以确定出 4 个管护小区需要监测的生态过程（表 2-25）。大九湖管护小区需要监测的生态过程包括气候变化、水文调节、地表径流、碳循环、生态系统生产力、人为干扰、动物迁徙和种群动态；木鱼管护小区需要监测的生态过程包括景观破碎化、土地利用变化、物种多样性变化、生态系统生产力、人为干扰、植被更新和种群动态；神农顶管护小区需要监测的生态过程包括气候变化、地质地貌变化、小气候调节、景观同质化、生态演替、生态系统生产力、物种多样性变化、人为干扰、隔离、外来物种入侵和种群动态。老君山管护小区需要监测的生态过程包括土地利用变化、生态演替、生态系统生产力、物种多样性变化、人为干扰和种群动态。

（五）监测指标确定

对 4 个管护小区所制定的初始监测指标进行可行性分析，剔除一些可行性较低的监测指标，确定最终的监测指标清单，并对最终确定的生态监测指标进行分级（表 2-26）。分级主要基于实地调研与深度访谈的结果以及专家咨询意见，同时权衡监测成本、灵活性、时效性，以及对现有手段和现有知识的适应性等方面。此外，考虑到神农架国家公园的实际情况，暂将 4 个管控小区的生态监测指标分为两级。一级指标由基础指标和现有监测能够实现的指标构成，可以立即使用，最大程度地利用了 4 个小区的现有监测资源；二级指标是较为完整的监测指标体系，能够覆盖更多的细节（姚帅臣等，2021）。

表 2-26 神农架国家公园各管护小区生态监测指标体系

内容	层级	指标	大九湖	木鱼	神农顶	老君山
类型	1	生态系统类型	√	√	√	√
面积	1	各类型面积	√	√	√	√
	2	边界	√	√	√	√

续表

内容	层级	指标	大九湖	木鱼	神农顶	老君山
气象及小气候	1	空气温度、地表温度、相对湿度、空气湿度、降水量、蒸发量、风速	√		√	
	2	最高温、最低温、最大降水量、极端天气、日照时间	√		√	
水质	1	泥沙含量、透明度、溶解氧浓度、五日生化需氧量、pH	√	√		√
	2	总硬度、氨氮量、总磷量、总氮量、总砷量、挥发性酚类、矿化度、高锰酸盐指数	√	√		√
水文	1	水位、潜水埋深、地表水深（湖泊、河流、沼泽）、流量（地表水）	√			
	2	洪水成灾强度及水灾持续时间、低水位或干旱及持续时间、最高水位、水温	√			
土壤	1	主要土壤类型及其分布、土壤温度、土壤含水量、土壤酸碱度、土壤有机质含量		√	√	√
	2	土壤生物、全氮量、全磷量、全钾量、全盐量		√	√	√
		重金属量		√		√
通量	1	二氧化碳通量、氧化亚氮通量、甲烷通量	√			√
大气与声环境	1	总悬浮颗粒物含量、可吸入颗粒物含量、氮氧化物含量、二氧化硫含量、噪声		√		
	2	二氧化碳含量、一氧化碳含量、负离子含量、甲烷含量、氟化物含量		√		
植被及其群落	1	植被类型、面积及其分布、植物种类（物种数）、濒危物种数量、特有种数量	√	√	√	√
		植被天然更新状况、虫媒传粉昆虫密度、人工复制更新		√	√	√
	2	盖度、生物量、人类干扰活动类型和强度	√	√	√	√
		物候、多样性、有害入侵物种		√	√	√
野生动物	1	野生动物种类、数量与分布、珍稀濒危物种及其种群数量、分布、迁徙通道（兽类与鱼类）、迁徙数量、迁徙路线（鸟类）	√	√	√	√
	2	种群结构、繁殖习性、迁入和迁出、出生率和死亡率、食物丰富度、栖息地基本状况、受威胁因素和强度	√	√	√	√
外来物种	1	外来物种种类		√		
	2	外来物种分布、危害		√		
生境	1	生境类型、不同生境面积及边界	√	√	√	√
	2	生境覆盖率、生境多样性、生境斑块数量、生境斑块面积		√	√	√
景观格局	1	土地利用类型	√	√	√	√
	2	景观丰富性、景观多样性、景观均匀度、斑块数量、斑块间平均距离		√	√	√
地质地貌	1	受干扰程度、损坏情况、破坏情况		√		
人类活动	1	居民数量、生产和生活区域、污染物种类与数量		√		√
		游客数量	√	√		
		非法活动	√	√	√	√
	2	种养殖业面积、民生基础设施建设		√		√
		游客活动范围	√	√	√	√

第三章　国家公园灾害风险管理[*]

我国的《建立国家公园体制建设总体方案》指出，"国家公园的首要功能是重要自然生态系统的原真性、完整性保护，同时兼具科研、教育、游憩等综合功能"，要坚持生态保护第一、国家代表性、全民公益性三大理念。因此，为了实现多元化管理目标，国家公园必须在管理中识别和管控影响生态保护与生态服务的胁迫因子，应对气候变化、人为胁迫和自然灾害，保障生物多样性与生态系统健康，服务于国家公园访客。

我国国家公园建设多依托于原有多类型自然保护地。从自然保护区、风景名胜区、森林公园等保护地灾害风险管理研究与实践上来看，在自然保护地开展灾害风险管理，一般根据管理目标以及管理对象的多样性，由相关不同部门开展防灾减灾、游客应急处置、生态风险管理等具体管理。自然和人为胁迫也经常作为生态系统的威胁因子被直接纳入生态监测和生态系统管理中。然而，从国家公园体制建设来看，现有灾害风险管理缺乏对管理目标综合性和部门间协同管理的认知，灾害风险管理尚未作为一个成体系的国家公园管理组成部分得到重视。

国家公园管理目标的多样性决定了其暴露在灾害风险下的承灾体多样性，不仅包括其所保护的重要物种和关键生态系统，还包括进入其中的管理者、游客、其他在国家公园内从事相关合规工作的人员和社区居民，以及建筑、道路和设备设施，而且区域内的经济、社会、文化、环境、政治以及人的行为态度等也会影响国家公园承灾体的脆弱性。同时，致灾因子也具有多样性，包括自然、人为以及次生致灾因子等。

为了实现国家公园生态保护与全民公益的管理目标，必须对威胁国家公园物种、栖息地、生态系统以及进入其中的各类人群、维持国家公园运行的建筑、道路与其他基础设施的灾害风险进行全面管控，形成有效的管理体制、运行机制和综合性管控措施，从而确保国家公园管理目标的实现。为此，在国家公园灾害预警与人为胁迫研究中，我们相对重视通过理论和技术整合来强化灾害风险管理的整体性、综合性和协同性，形成识别和评估的技术体系，使其成为国家公园社会-生态系统管理的重要组成部分，同时服务于不同管理对象的管理需求。

---

* 本章由何思源、闵庆文、王国萍、丁陆彬、李禾尧执笔。

第一节　国家公园综合灾害风险理论与管理框架

一、国外国家公园灾害风险管理研究与实践

（一）灾害风险管理与国家公园管理职责及其管理规划

1. 灾害风险管理体现在国家公园法定规划中

一般而言，国家公园管理机构在设定和描述管理目标时，明确说明国家公园内部及其边界的人为活动需符合生态系统管理需求（国家林业局森林公园管理办公室，2015）。这类规定在总体规划或管理规划中具有法定效力，目的在于降低人为灾害风险。这一对人为致灾因子的约束鲜明地体现在国家公园管理分区规划与管控上，旨在减小人为胁迫带来的生态风险。此外，还有一部分管理规划措施旨在减轻自然过程带来的灾害后果。在这类分区规划与行为管控规定下，单个国家公园可以根据具体的分区管理目标开展风险识别、监测和分析，以及各区域差异化灾害风险管控。

2. 灾害风险管理支持国家公园核心管理目标实现

灾害风险管理往往融合在国家公园核心管理目标中，包括自然资源管理、生态系统管理、文化资源管理、旅游管理、社区管理等（Parks Canada，1994；National Park Service，2006；North York Moors National Park Authority，2012）。这是因为灾害风险威胁上述管理目标的实现。例如，野生动物、天气状况、环境特征、自然现象等对游客造成威胁；气候变化、生物入侵、病虫害、火灾等对生物多样性和生态系统造成威胁。因此，管理者大多采用生态风险评价与管理方法应对生态系统的不确定性，根据生态系统的理想状态确定评价终点，识别风险源及其特征，分析受体脆弱性，确定风险可能性及其后果。在得到风险水平后，比照可接受的风险基准判断风险优先管理顺序，最后根据对风险的接受与否和接受程度开展风险管理（Carey et al.，2004）。

3. 灾害风险管理的目的是维持系统理想状态

因为灾害风险管理必须依据国家公园多元管理对象和管理目标开展风险识别与管控，因此，确定管理对象才能帮助识别相应灾害风险，确定管理对象的理想状态成为设定灾害风险管理目标的关键（Parks Canada，1994；National Park Service，2006）。

在国家公园管理中，理想状态用来形容国家公园的各种属性，反映国家公园的长期管理成效。在生态系统管理中，理想状态包括物种和生境具有多样性，外

来物种和火灾威胁小、环境良好等；在访客管理中，理想状态包括访客满意度高、访客流量控制适宜等；在社区管理中，理想状态体现在良好社区与国家公园关系等方面。不同管理对象均具有可以界定的理想状态，因此，灾害风险管理将国家公园管理对象视为承灾体，既包括物种、生境、生态系统，也包括访客与国家公园的各类设施。

（二）与多重管理目标紧密相连的国家公园灾害风险研究

国家公园具有生态保育与公益服务的双重功能，在其管理实践中，不同国家由于不同的自然环境条件、社会经济条件以及人们认知水平的差异，面临的灾害风险问题各有不同，研究者在世界各地的国家公园开展实证研究，研究成果具有较强的政策与实践指导意义。从近 40 年来世界 20 余个国家的国家公园灾害风险管理研究中发现，灾害风险管理研究具有地域特色，与国家公园发展历史和发展趋势相关，与实现国家公园多重管理目标紧密结合。

1. 国家公园游客风险管理研究

国家公园的荒野性、自然性使其游憩项目经常以冒险、新奇的体验和观赏奇观来吸引游客（Poku，2016），但自然环境本身会给游客带来风险（Ghelichipour and Muhar，2008），各种自然探索形式使得游客风险研究和管理成为重点。游客风险管理研究主要集中在两个方面：一方面是自然灾害风险分析，与国家公园的地理位置、地质状况紧密相关；另一方面是行为风险研究，主要针对游客自然灾害风险意识及其行为决策动机。

进行自然灾害风险研究，是因为国家公园内的自然过程或环境特殊性可以成为潜在的自然致灾因子，对游客安全和公园设施造成威胁。自然灾害风险管理研究侧重于风险源识别和特征分析，深入研究的灾害风险包括雪崩、滑坡、泥石流、落石等地质灾害，这些灾害风险往往在国家公园所在区域内久为人知，随着国家公园的建立和访客的进入，由自然过程转为自然风险。

进行游客风险感知与行为决策研究，是因为国家公园访客除了面临自然现象带来的风险外，特殊环境内的游憩和旅游方式、设施以及人群本身都会带来额外的风险（Brown，2010）。大量实证研究集中在对游客风险认知的分析上，将此作为一种基线数据积累，一方面反映出访客自身的脆弱性及其影响因素；另一方面间接反映出国家公园在灾害风险管理上的不足和改进方向。

2. 国家公园生态风险评价研究

国家公园是保护生态系统的重要空间区域，世界各地生物多样性与生态系统面临各种自然与人为因素威胁，使得生态系统及其组分面临多种风险。因此，各国研究人员关注国家公园的生态风险，广泛开展生态风险评价研究，提出评价参数体系模式，应用先进技术辅助，并试图从监测和评价角度入手将可持续的生态系统管理概念在实践中落地，以科学支持管理。

主要关注的生态风险包括外来物种入侵风险、单个或多个物种的污染物环境暴露风险、火灾风险。

3. 国家公园灾害风险管理的生态系统理念

"大黄石"这一概念在美国黄石国家公园建立时就已经有人提出，成为超越生态系统边界进行管理的先驱理念；随着对大型食肉动物研究的不断深入，研究者认为从大黄石国家公园区域（The Greater Yellowstone National Park region）出发是保持生态完整性的管理途径（Greater Yellowstone Coordinating Committee，1990）。

随着保护地与国家公园的建设发展，人们逐渐认识到在国家公园内部开展生态系统管理必须考虑外部人类和自然影响。从灾害风险管理角度，很多致灾因子源自国家公园外部。不同用地类型对国家公园的包围与污染物的传播，国家公园所在区域的自然灾害与社会变动，都可以超越国家公园边界产生影响。因此，研究人员、管理者联合不同利益相关者提出一个基于"大生态系统"的实践性更强的"影响与合作区"（zone of influence and cooperation，ZIC）概念，在管理空间上包含国家公园等保护地及其边界外相关区域，以流域作为基本规划单元，涵盖国家公园各类生态系统及其周边用地类型，协调行政管理边界作为统计依据（Ruel et al.，1999）。在这一空间下，管理的重点是人类作为生态胁迫因子的影响，以及区域多源自然致灾因子的风险，将国家公园内外相邻的生态系统统一管理，便于对超越人为边界的致灾因子进行管理。

二、中国自然保护地灾害风险管理研究与实践

我国的自然保护地类型有自然保护区、风景名胜区、国家地质公园、森林公园、湿地公园等，保护地类型丰富，保护对象繁杂，既包含物种、生态系统与景观，也包含人工设施、自然资源等。各类自然保护地因管理目标、保护的严格等级的不同，在灾害风险的管理上也各有其侧重和特点，并且由于多头管理，在管理方式与手段上存在差异。根据各类自然保护地灾害风险管理的重点目标和风险受体的类型，将目前各类自然保护地实施的灾害风险管理大致分为 3 类（王国萍等，2021）。

（一）基于区域自然灾害风险管理的灾害风险管理

基于区域自然灾害风险管理的灾害风险管理的重点和目标在于通过一定的管理措施，减少自然灾害对保护地所在区域社会系统的威胁，尤其是对人的危害。

风险源主要是自然致灾因子，所关注的灾害风险受体主要是以人为中心的社会系统，如社区、居民、游客以及建筑设施等。

从自然保护区、风景名胜区、森林公园等主要保护地灾害风险管理研究与实践来看，不少自然保护地灾害风险管理与我国区域灾害风险管理紧密关联，呈现出明显的以区域自然特征与保护对象管理目标为导向的灾害风险管理特征。在灾害类型上，各类自然保护地对本地域内常见自然灾害风险最为重视，尤其体现在对地质灾害风险源识别、风险评价、预警与应急管理上，对其他自然灾害也有所关注，但相对较少（李江林等，2013）。在承灾体上，不同保护地一般基于保护目标在灾害风险管理中侧重于不同的承灾体。

（二）基于区域生态风险评价的灾害风险管理

基于区域生态风险评价的灾害风险管理的重点和目标在于减少各种风险源对生态系统的威胁，其风险源可能是自然致灾因子，也可能是社会致灾因子如环境污染，风险受体则主要为生态系统。

从自然保护区灾害风险管理的实践来看，其灾害风险管理相对集中在生态风险评价与管理上，灾害风险研究与管理的重点为多元致灾因子对自然保护区生态系统不同尺度如物种、种群、群落、生态系统与景观等的影响及其对策研究。在生态风险管理中，生态风险评价是灾害风险管理的重要基础和步骤之一，随着人为活动的加剧与城镇化的发展，人类建设可能引发的区域地质地貌变动、资源过度消耗、土地利用类型改变等也成为生态风险的致灾因子（文军，2004），人为生态风险源分析得到了越来越多的关注（杨娟等，2007；盛书薇等，2015）。

（三）基于多元风险受体的灾害风险管理

自然保护地开展基于多元风险受体的灾害风险管理的目标不仅要考虑减少灾害风险对社会系统的威胁，如自然灾害风险源对游客、社区居民、旅游设施等的威胁，同时也要考虑减少自然和社会风险源对旅游资源的破坏，其风险受体是一个复合社会-生态系统。

相较于自然保护区重视对自然致灾因子与人为胁迫因素的识别和管控来进行生态风险管理，风景名胜区等自然保护地由于其管理目标与自然保护区实行严格保护的差异性，区域内的风险受体不仅包括生态系统及其组分，也包括活跃在区域内及其周边的各类人群，特别是游客群体。因此，有研究者将在其中开展的旅游业或存在的旅游资源作为一种风险受体来进行管理（刘浩龙等，2007；叶晨曦和许韶立，2011），提出"旅游灾害风险管理"的概念。在管理中除了考虑自然风险与人为胁迫的生态影响，还要考虑自然风险以外的流行病、交通事故、火灾、环境污染、旅游负荷过重等社会因素对人群的影响，同时以旅游者为受体，从游客安全角度开展综合风险管理更为普遍。

三、国家公园灾害风险管理理论研究

（一）国家公园灾害风险管理的概念

灾害风险的一种经典定义是：导致灾情或灾害产生之前，由风险源、风险载体和人类社会的防灾减灾措施等三方面因素相互作用而产生的、人们不能确切把握且不愿接受的一种不确定性态势（Zadeh，1999）。随着国际灾害风险研究的不断深入，学界对灾害风险又有了进一步的认识，提出了一系列关于灾害风险的概念（表3-1）。

表 3-1　灾害风险概念梳理表

文献	灾害风险概念
Morgan and Henrion，1990	风险就是可能受到灾害影响和损失的暴露性（exposure）
UNDP/UNDRO，1991	风险=致灾因子×风险要素×脆弱性
	在一定时间和区域内某一致灾因子可能导致的损失（死亡、受伤、财产损失、对经济的影响）
Adams，1995	一种与可能性和不利影响大小相结合的综合度量
	风险=发生概率×损失；致灾因子=潜在的风险
De La Cruz-Reyna，1996	风险=（致灾因子×暴露性×脆弱性）/备灾（preparedness）
Stenchion，1997	风险是不受欢迎（undesired）事件出现的概率，或者某一致灾因子可能导致的灾难，以及对致灾因子脆弱性的考虑
Shook，1997	灾害风险=致灾因子×脆弱性×可管理性
Crichton，1999	风险是损失的概率，取决于3个因素：致灾因子、脆弱性和暴露性
	风险=发生概率×不同影响强度
Downing et al.，2001	在一定时间和区域内，某一致灾因子可能导致的损失（死亡、受伤、财产损失、对经济的影响）
	风险=（致灾因子×脆弱性）/恢复力（resilience）
Jones and Boer，2003	风险=发生概率×灾情
Wisner，2004	风险=（致灾因子×脆弱性）/减缓（mitigation）或应对能力（coping capacity）
Carreño et al.，2004	风险=物质破坏（暴露性和物质易损性）×影响因子（社会经济脆弱性和应对恢复力）

灾害风险管理是当前灾害管理研究的核心与热点。依据灾害生命周期包含的孕育期、发展期、爆发期、衰退期与消亡期等 5 个阶段，灾害风险管理主要分为 4 个环节，即风险辨识、风险分析、风险评价与风险处置与减缓（图 3-1）。

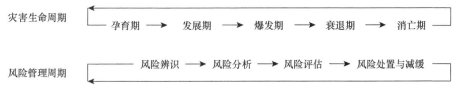

图 3-1　基于灾害生命周期的灾害风险管理框架

国家公园灾害风险管理是灾害风险管理在特殊地域空间和管理目标下的具体表现，既需要依据灾害生命周期，对一般意义上的自然灾害风险进行管理，又需要针对国家公园特征开展针对性管理。

国家公园理念的现代视角立足于生态系统管理，重视生态系统价值，依赖于生态科学和系统规划，重视原住民和本地居民附着于自然物之上的文化价值（Frost and Hall，2009）。因此，在这一理念下，国家公园的建立宗旨是保护生物多样性与生态系统完整性，传承自然价值和文化价值，并通过教育、游憩、科研等方式让这些价值为人们所知，以及促进当地社会经济发展和社区受益（杨锐，2003b）。国家公园是一个典型的社会-生态系统，对其管理有效性进行评价时，生态保护与全民公益两大管理目标成为重点（刘伟玮等，2019）。

减少国家公园作为一个社会-生态系统所遭遇的威胁并提高其恢复力，是确保上述国家公园管理目标实现的必然途径。国家公园管理目标的多样性决定了其暴露在致灾因子下的承灾体多样性。相应的，这些社会-生态系统组分面临的致灾因子也呈现多样性，包括自然、人为与次生因子。因此，在国家公园范围内，致灾因子与承灾体之间的影响路径复杂，自然因子、人为因子与次生因子可能影响国家公园的生态组分，这一般是生态风险评价与管理所关注的问题，因为生态风险是指生态系统受到生态系统外一切对生态系统构成威胁的要素作用的可能性（陈辉等，2006）；自然因子也同时可以影响相关的人类社会主体，这一般是综合灾害风险管理所关注的问题，即多类型自然灾害风险的社会、经济影响（史培军等，2009）。

为此，研究提出，面向国家公园多元管理目标，保障社会-生态系统稳定性和恢复力，需要为灾害风险管理赋予新的内涵以便开展综合灾害风险管理。这种综合一方面因为国家公园这一空间区域能够集中体现联合国国际减灾战略署灾害风险定义所包含的"致灾因子与承灾体的脆弱性之间相互作用而导致人员伤亡、生计财产损失、生态环境破坏等发生的可能性"（UNISDR，2009）。另一方面这一"综合"并不同于"综合灾害风险管理"以自然灾害-社会经济实体关系进行灾害的多种类全过程管理，而是强调致灾因子与承灾体的多样化，以及其在系统内的相对性和转化性。多样化决定了国家公园综合灾害风险管理具有继承性，需要基于既有区域灾害风险与自然保护地生态风险来开展；相对性和转化性，如社区居民与野生动物可以在特定情况下互为致灾因子与承灾体，使得国家公园综合灾害风险管理具有特殊性，它需要联动对风险受体各有侧重的自然灾害风险管理与生态风险管理。

因此，国家公园综合灾害风险的定义为：国家公园范围内及其所在区域的自然灾害或人为灾害与国家公园内各组分所固有的易损性之间相互作用而导致国家公园生态价值、经济价值和社会价值降低的可能性。

我国国家公园管理目标的多样性决定了其风险管理所需关注和管理的承灾体的多样性，同时，其所在的区域环境特征与社会经济运行情况决定了致灾因子的多样性，致灾因子和承灾体的多样性及其相互间作用关系的多样性决定了成灾机制的复杂性。针对这种复杂性，我们进行了国家公园灾害风险源与灾害风险受体作用关系的梳理及其成灾机制的分析（王国萍等，2021）（图3-2）。国家公园灾害风险源主要由人、环境、生物3类因子组成；灾害风险受体主要由人、环境、生物、设施4类因素构成，对于不同的风险受体，其所面临的灾害风险源不同。不同风险受体的脆弱性（又包括暴露性、敏感性和适应能力）与其风险源的危险性共同构成了国家公园综合灾害风险。

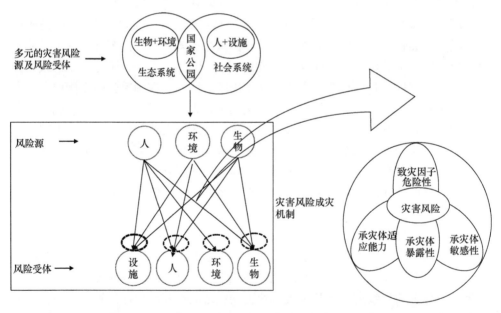

图 3-2 基于国家公园管理目标的综合灾害成灾机制概念模型（王国萍等，2021）

（二）国家公园灾害风险管理的基本原则

基于国内外自然保护地与国家公园灾害风险管理理论和实践，面向我国国家公园多元管理目标，我国国家公园灾害风险管理应遵循以下3个原则（李禾尧等，2021）。

1. 综合灾害风险管理应当成为我国国家公园宏观管理目标实现的重要手段

在国家公园多种管理目标的设定和描述、自然资源与文化资源保护、国家公园多用途使用等方面，应当明确包含对人为胁迫因子的约束以及对自然过程影响下的社区、访客及其他社会经济承灾体的管理；在国家公园专题规划中，应当将生态风险、访客安全、自然灾害与公共安全突发事件等的管理体现在生态保护、休闲游憩、特许经营等的详细规划中。从国情出发，还应当突出社区风险认知与应对策略对国家公园灾害风险管理的作用。

2. 我国国家公园灾害风险管理要重视维持社会-生态系统的理想状态

国家公园管理目标的多元性与生态系统服务受益人（利益相关方）的多样性决定了理想状态的复杂性，包括生态系统管理、访客管理、社区管理等不同系统的相关属性。理想状态是管理目标的具象化，也是灾害风险评价的评价终点，因此国家公园灾害风险管理需要"综合"考虑影响生态系统健康的自然与人为胁迫，以及影响不同受益人的自然与社会风险。

3. 我国国家公园灾害风险管理需要有"整体"思想

在空间上整合国家公园及其周边区域，以区域灾害风险理念进行管理；在时间上整合丰富的历史灾害数据，为当前与未来灾害风险识别与监测提供信息；在运行上整合国家公园管理机构与其他政府部门、非政府组织与利益相关方的信息、技术和经验，以国家公园管理机构为生态保护管理与国家公园运行管理的主体，依靠科学家与风险管理专家提供风险管理理念与技术，依靠其他政府部门共同完善监测平台与信息分析、提供专业灾害援助，依靠社区等利益相关方开展符合生态服务权衡的灾害风险识别、应对与灾后修复。

（三）国家公园灾害风险管理框架

国家公园灾害风险管理的综合性和系统性决定了灾害风险管理需要面向国家公园管理目标，同时管控自然与社会系统要素面临的灾害风险，将灾害风险监测与管理目标相结合。为践行上述 3 个原则，在学习国内外国家公园灾害风险管理的层级式管理目标、社会-生态系统理想状态和基于风险方法的生态系统管理理念的基础上，研究提出一个面向国家公园管理目标的灾害风险管理的概念框架（图3-3）。

1. 基本结构

这一管理框架借鉴生态风险评价理论框架，特别是评价终点的选择和风险决策过程的多方参与理念，但立足于国家公园灾害风险的综合性这一新视角，逐级分解国家公园管理内容，将评价对象扩展到以国家公园管理目标确定的多类型承灾体，聚焦于社会-生态系统的灾害风险；另外，在服务于国家公园管理目标时，框架将对风险监测的客观科学性与风险可接受性的主观价值判断相结合，使得国家公园综合灾害风险管理成为一种前瞻性的策略性管理，而不是应对性管理。下面从 4 个方面来阐述这一管理框架的核心理念和运作过程。

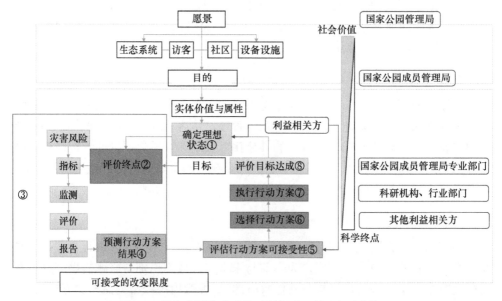

图 3-3　国家公园灾害风险"层级式"管理概念框架

2. 综合灾害风险管理嵌入国家公园"层级式"管理

我国国家公园管理提出的"最严格的保护"必须建立在科学管理的基础上。良好的管理能够不断围绕解决问题进行，这些问题都是阻碍管理目标达成的障碍，同时要对解决问题的可能途径进行仔细评估以减少不当行动的风险（苏桂武和高庆华，2003）。将这一理念运用到国家公园管理中，我们可以认为灾害风险是国家公园管理需要解决的一类"问题"，如何将灾害风险管理纳入国家公园管理系统中，首先需要对国家公园的管理目标有一个清晰的分解，使得管理者在进行决策时能够明确侧重点。因此，研究提出"层级式"管理目标，并在其中融合价值观与科学原则，使操作目标能够形成评价终点，为不同层级的管理单位所接受与实现（Rogers，1997）。

"层级式"管理目标始于管理愿景（vision），根据我国《建立国家公园体制总体方案》的"生态保护第一、国家代表性、全民公益性"，具体到单个国家公园（体制试点区），我们设定"维持生态完整性并为多元利益相关方提供多功能服务"为管理愿景。愿景层面体现国家公园管理局的核心管理目标，不以人事变动和组织架构更新而改变。愿景也类似于"使命"或"策略性目标"（Keeney，1992），在具有科学性的前提下，它在很大程度上反映了一般政策中的社会价值取向，应该为所有利益相关者所知。对愿景进行层级式分解可以促使目标更加聚焦、严谨而且可行。考虑到国家公园愿景与国情，我们将国家公园实体视为一个社会-生态系统，其运行时的关键组分包括生态系统、社区、访客以及设备、设施。针对这些组分，将愿景进一步分解为目的（objective），它们是对愿景中所定义的价值与管理单位的运行原则的定性陈述。国家公园管理的目的是要确保其有价值的实体及其关键属性得以维持，多样化的服务得以良好运行，包括确保生态系统完整、促进国家公园内及其周边社区发展、为国家公园多样化访客提供服务以及保障国家公园基础设备设施运行等。这些管理目的的实现，需要国家公园管理局下属职能科室根据管理的关键组分的价值和属性进一步确定这些组分的"理想"（desired 或适宜）状态，这将在下一节展开叙述。

"层级式"管理的最细化一级是在目的基础上形成的定量的可执行的目标（goal），决定了国家公园整体管理中灾害风险的评价终点。将生态风险评价所关注的保育目标扩大到针对生态系统、社区、访客以及设备设施等关键组分的多样化目标时，并不改变评价终点的意义，它仍然具有科学意义，特别是当生态保护是国家公园愿景中的第一位时。作为概念框架，研究没有给出更为具体的目标；在高层级愿景与目的提供国家公园管理策略以匹配管理单位层级时，细化的管理目标则为单个国家公园的当地管理者提供了针对性引导。

3. 基于社会-生态系统服务理想状态的综合灾害风险识别与评价

生态风险评价是生态系统管理时的常用方法，用以估计自然或人为干扰对生物组分和生态系统价值影响的概率与程度，在这个过程中，评价终点的确定是成功评价的前提，此时评价终点是对所要保护的环境属性和价值的明确表述。现在，我们将国家公园视为一个社会-生态系统，国家公园管理愿景体现了国家公园管理的综合性；因此，在灾害风险管理中，这一评价终点可以扩展到针对上述不同管理目的，此时，我们将国家公园灾害风险定义为国家公园范围内及其所在区域的自然灾害或人为灾害与国家公园内各组分所固有的易损性之间相互作用而导致国家公园生态价值、经济价值和社会价值降低的可能性。

确定评价终点的一个关键是确定管理对象的"理想"状态，即对管理的最终目的进行描述。从生态系统级联（ecosystem cascade）理念来看，生态系统功能（ecosystem function）是生态系统提供服务的能力或潜力，以生态系统结构和过程为基础，而服务（service）是为人们提供福利（benefit）的实际服务流（图3-4，①和②）。生态系统服务成为人类福祉，一方面需要在自然资本的基础上投入社会资本、人力资本、建成资本；另一方面必须存在生态系统服务受益人（Costanza，

1992）（图 3-4，③和④），因此也有研究者强调生态与社会过程的相互作用称为社会-生态系统服务（Fischer and Eastwood，2016）。从"层级式"管理中的管理目的来看，它们一方面涵盖保护与保障供给社会-生态系统服务所需的自然资本与其他资本，另一方面包括保障受益人获得服务的权利和渠道。因此，社会-生态系统视角的综合灾害风险识别针对整个社会-生态系统服务供需链条，任何影响资本投入与服务获得的因素都可能打破整个链条的完整和畅通（图 3-4，H），使国家公园管理的关键组分远离理想状态。

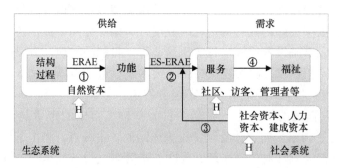

图 3-4　国家公园社会-生态系统服务的实现过程

H. 风险；ERAE. 环境风险评价；ES-ERAE. 面向生态系统服务的环境风险评价

在国家公园"层级式"管理中，"理想"状态用于表征国家公园属性，反映国家公园的长期管理成效，往往由立法、先例以及规定来确定，并且这种描述需要能够转化为细化的可行的管理目标，能够符合研究者的预测，可以进行测量。具体到国家公园灾害风险管理中，其风险评价终点是"理想"状态发展而来的管理目标。

对于国家公园管理的多个关键要素，在形成风险评价终点时，管理目的可以以更为具体的"理想"状态来描述。例如，对于生态系统管理，它包括物种和生境具有一定的多样性、外来物种和火灾威胁小、环境因素良好；对于社区管理，包括社区关系良好、社区生计得到发展、社区支持国家公园管理、社区能够参与保护等；对于访客管理，包括访客满意度高、访客流量控制得当等；对于设备设施等管理，包括指示标牌清晰明确、道路畅通、电力设备正常运转等。

评价终点作为具体管理目标，因国家公园个体不同而存在差异；国家公园本身因其区域自然环境和社会经济背景差异，其灾害风险也存在差异。因此，在国家公园灾害风险评价中，只有针对评价终点（管理目标）进行风险识别、监测、评价和分析，每个国家公园才能在整体国家公园管理体系愿景和目的之下有的放矢地开展灾害风险管理，匹配管理目标和机构职责。

4. 结合科学性与价值观的适应性管理

基于国家公园管理目标开展风险识别与管理的目的是要支持管理者进行决策并开展行动以应对风险。因此，在进行风险决策时，需要根据风险的可接受程度设定不同的行动方案，对这些行动方案的结果进行评估，以选择合适的方案进行管理。行动方案的后果，实质上就代表评价终点指标的变动，这种变动有一个预设的幅度，即可接受的改变限度（limit of acceptable change，LAC）（Rogers and Biggs，1999）。根据可接受的改变限度对风险管理方案进行评估，是对风险管理结果的预测过程；在执行决策后对管理目标完成情况进行评价并按照需求重新确定评价终点，是一个适应性管理的步骤。在这两个过程中，风险管理必须有多个利益相关方参与；与风险评价以及决策执行这一运行过程相结合，国家公园灾害风险管理形成一个建立在国家公园"层级式"管理目标上的适应性管理过程。

之所以设计为适应性管理过程，是因为需要将评价终点的设置与对可接受的改变限度的限定同时整合进行研究与管理。对于研究，评价终点的合理性是一个假设验证的科学过程，可接受的改变限度是对评价终点指标的科学描述，它的合理性和适宜性需要接受质疑并且随着对国家公园社会-生态系统认识的深化而进行改变和修正。因此，良好的监测体系能够为评价终点提供数据，使得对风险管理方案执行后结果评估更为可靠。一旦结果超出可接受的改变限度，管理者需要追溯风险源，确定对它们的管理是否符合高层级的目的与愿景的价值取向。风险源是自然过程的一部分，这在国家公园里很常见，这时研究者就可以根据监测数据使用科学模型来重新验证可接受的改变限度的合理性。如果风险源确实需要管理，就必须采取行动，确保评价终点反映的基于愿景与目的的"理想"状态得以维持或恢复。

因此，评价终点与可接受的改变限度体现了科学服务于管理，结合科学性与价值观，使得国家公园灾害风险管理得以服务于国家公园社会-生态系统管理。

5. 部门联动与利益相关者参与的协同行动

我国自然保护地灾害风险管理研究表明，研究者较为擅长进行具体空间区域内灾害风险评估体系的构建，但是在帮助认识灾害风险管理周期中各时期的管理重点、形成完整的灾害风险管理计划，以及将热点地区纳入区域灾害风险管理系统方面还存在不足，使得我国自然保护地灾害风险管理具有较强的技术性而缺乏整体体制机制构建。国家公园综合灾害风险"层级式"管理强调科学与管理的联动，适应性管理既具有科学基础，也需要利益相关方共同协作，从灾害风险管理体制优化与机制构建两方面来推动综合灾害风险管理。

一方面，将国家公园灾害风险管理纳入区域自然灾害风险管理框架下，将区域灾害风险管理与国家公园总体规划对接，在国家公园管理机构与行业部门间形成协同管理机制，特别是在常规监测、发布预警、应急处置等方面，需要充分发挥气象、水文、地质等相关管理机构的作用；另一方面，鉴于国家公园承灾体的综合性，在风险识别、应对、灾后评估与恢复等方面，利益相关方的认知、决策、行动都关系着灾害风险管理的成败，应当充分借鉴综合自然灾害风险管理的系统性理念，在风险管理伊始就确定不同利益相关方在风险管理中的角色，从而明确灾害风险管理中的主动方、被动方，评估其风险应对的资源和能力并予以发展。

从上述两方面出发，考虑灾害风险管理的周期性和国家公园管理目标的综合性，"层级式"管理模型中的利益相关方应当协作，成为国家公园综合灾害风险适应性管理主体，形成以国家公园管理局为灾害风险管理核心，生态系统及其受益人为风险管理对象，行业部门参与监测评价管理，地方政府协同应急恢复管理，科研机构提供底层数据和第三方评估支持的多利益相关方参与的管理模式（王国萍等，2021；图3-5）。

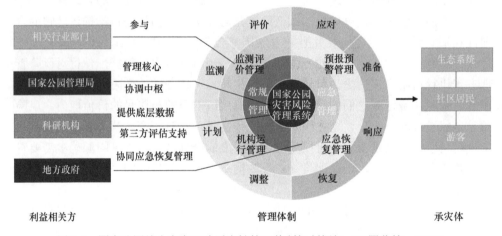

图 3-5 国家公园综合灾害风险适应性管理体制机制框架（王国萍等，2021）

第二节 国家公园灾害风险分类与识别

一、综合灾害风险分类体系与识别方法

（一）国家公园综合灾害风险分类体系

不同学者根据灾害来源、灾害系统论等对灾害提出不同分类方案（李永善，1986；卜风贤，1996；史培军，1996，2002）。2006 年国务院在《国家突发公共

事件总体应急预案》，以及 2009 年原国家科委国家计委国家经贸委（国家科委国家计委国家经贸委自然灾害综合研究组，2009）也对自然灾害进行了划分。2012 年国家质量监督检验检疫总局和国家标准化管理委员会共同发布了由民政部国家减灾中心牵头起草的《自然灾害分类与代码》（GB/T 28921—2012）。

国家公园是复杂的社会-生态系统，不会脱离区域自然背景和诸多利益相关方的各种活动。致灾因子，即由孕灾环境产生的各种异动因子。从孕灾环境（地圈、水圈、大气圈、岩石圈、生物圈、人类圈等）的角度出发，将致灾因子分为自然致灾因子、技术致灾因子和人为致灾因子等三大类。灾害类型与致灾因子的关系见表 3-2。

表 3-2 国家公园灾害类型与致灾因子对应表

I 级	II 级	III 级	致灾因子
自然灾害	气象灾害	干旱灾害	干旱、过度樵采
		洪涝灾害	暴雨、洪水、内涝、海啸、风暴潮、台风、滑坡、泥石流、土壤侵蚀、过度樵采
		台风灾害	台风暴雨、台风大风、台风风暴潮
		暴雨灾害	台风、暴雨
		大风灾害	台风、沙暴、风暴潮
		冰雹灾害	冰雹
		雷电灾害	雷电、台风、暴雨
		低温灾害	低温、霜冻、冰雪、冻土
		冰雪灾害	冰雪、低温、霜冻、冻土
		高温灾害	干热风、干旱、作物病害、作物虫害、森林病虫害、沙漠化
		沙尘暴灾害	沙暴、干旱、土壤侵蚀、过度樵采
		大雾灾害	沙暴、环境污染
		其他气象灾害	—
	地质灾害	地震灾害	地震、火山爆发、滑坡、沉陷
		火山灾害	地震、海啸
		崩塌灾害	地震、土壤侵蚀、风沙流、过度樵采
		滑坡灾害	滑坡、地震、暴雨、洪水、台风、泥石流、土壤侵蚀、过度樵采
		泥石流灾害	泥石流、暴雨、洪水、内涝、土壤侵蚀
		地面塌陷灾害	地震、沉陷、过度樵采、技术缺陷
		地面沉降灾害	沉陷、地震、过度樵采、技术缺陷
		地裂缝灾害	地震、沉陷、过度樵采、技术缺陷
		其他地质灾害	—

续表

Ⅰ级	Ⅱ级	Ⅲ级	致灾因子
自然灾害	海洋灾害	风暴潮灾害	风暴潮、台风
		海浪灾害	风暴潮、台风、海啸
		海冰灾害	低温、冰雪
		海啸灾害	海啸、地震
		赤潮灾害	环境污染、技术缺陷
		海岸侵蚀灾害	风暴潮、台风、海啸、过度樵采
		其他海洋灾害	—
	天文灾害	陨石灾害	陨石
生态环境灾害	生物灾害	病害	作物病害、森林病虫害、干旱、洪水、内涝、环境污染、技术缺陷
		虫害	作物虫害、森林病虫害、干旱、洪水、内涝、环境污染、技术缺陷
		鼠害	干旱、高温、过度樵采、过度放牧、技术缺陷
		草害	毒草、作物病害、作物虫害、森林病虫害、过度放牧、技术缺陷
		森林/草原火灾	干热风、火山爆发、技术缺陷、操作失误、暴力行为、社会文化因素
		物种入侵灾害	台风、操作失误、社会文化因素
		其他生物灾害	—
	生态灾害	盐渍化灾害	干旱、干热风、低温、霜冻、过度樵采
		石漠化灾害	高温、暴雨、过度樵采、过度开垦、过度放牧
		水土流失灾害	泥石流、暴雨、洪水、风暴潮、滑坡、土壤侵蚀、过度樵采、过度开垦
		风蚀沙化灾害	风沙流、土壤侵蚀、沙漠化、过度樵采、过度开垦、过度放牧
		其他生态灾害	—
	环境灾害	废气污染	环境污染、技术缺陷、操作失误、社会文化因素
		废水污染	环境污染、技术缺陷、操作失误、社会文化因素
		废渣污染	环境污染、技术缺陷、操作失误、社会文化因素
		噪声污染	环境污染、技术缺陷、操作失误、社会文化因素
		白色污染	环境污染、技术缺陷、操作失误、社会文化因素
		农药和化肥污染	环境污染、技术缺陷、操作失误、社会文化因素
		有毒物质污染	毒草、环境污染、技术缺陷、操作失误、社会文化因素、暴力行为
		恶臭	环境污染、技术缺陷、操作失误、社会文化因素、暴力行为
		公害病	环境污染、技术缺陷、操作失误、社会文化因素、暴力行为
		农作物焚烧	环境污染、技术缺陷、操作失误、社会文化因素
		其他环境灾害	—

续表

Ⅰ级	Ⅱ级	Ⅲ级	致灾因子
技术灾害		核事故灾害	技术缺陷、操作失误、暴力行为
		工业事故灾害	技术缺陷、操作失误、暴力行为
		溃坝灾害	技术缺陷、操作失误、暴力行为
		交通事故灾害	技术缺陷、操作失误、暴力行为
		电力通信故障灾害	技术缺陷、操作失误、暴力行为
		其他技术灾害	—
健康灾害		流行病灾害	流行病
社会灾害		重大恐慌骚乱灾害	暴力行为、社会文化因素
		恐怖袭击灾害	暴力行为、社会文化因素
		战争灾害	暴力行为、社会文化因素

承灾体一般是指直接受到灾害影响和损害的人类社会主体。承灾体受灾程度，除与致灾因子的强度有关外，很大程度上取决于承灾体自身的脆弱性。不同研究界定的承灾体主要有以下几方面：①自然灾害发生范围并且危及的所有对象（葛全胜等，2008）；②自然灾害所危及的物质文化环境（徐海量等，2003；何艳芬等，2008）；③自然灾害所危及的物质环境（张显东和沈荣芳，1995；黄崇福，2005）；④承受自然致灾因子的社会与经济系统（王静爱等，2006）。

综合之前学者所采用的分类方式，结合全国应急管理与减灾救灾标准化技术委员会于 2016 年 4 月 25 日发布的《自然灾害承灾体分类与代码》（GB/T 32572—2016），建立面向国家公园的承灾体分类体系（表3-3）。

表3-3 国家公园承灾体分类表

门类	Ⅰ级	Ⅱ级	Ⅲ级
人	居民		
	访客		
	管理者		
财产	固定资产	房屋及构筑物	
		设施和设备	
		其他固定资产	
	流动资产	产品及原料	
		其他流动资产	
	家庭财产	房屋	
		生产性固定资产	
		耐用消费品	
		其他家庭财产	

续表

门类	I级	II级	III级
		房屋	
		基础设施	交通运输设施、设备
			通信设施、设备
			市政设施、设备
			能源设施、设备
			水利设施、设备
			其他基础设施、设备
		公共服务设施	教育设施、设备
			医疗卫生设施、设备
			科技设施、设备
财产	公共财产		文化设施、设备
			广电设施、设备
			体育设施、设备
			社会保障与公共管理设施、设备
			其他公共服务设施、设备
		三次产业设施、设备、产品及原料	农业、林业、牧业、渔业设施、设备及产品
			工业设施、设备及产品
			服务业设施、设备及产品
	土地资源		
	矿产资源		
资源与环境	水资源		
	生物资源		
	生态环境		

（二）国家公园灾害风险识别路径与方法

1. 国家公园灾害风险管理环节

面向国家公园多元管理目标和综合灾害风险管理需求，将单个国家公园灾害风险管理分为 4 个主要环节。

一是构建基础数据库，面向国家公园灾害风险识别的现实需求，以及区域灾害常态化防控的需要，对国家公园基础地理信息数据与承灾体基础数据，气象、地质、水文等环境因子的动态监测数据，区域历史灾害事件与社区方志口述中析出的重要数据等进行系统整理。

二是建立专家委员会，选取防灾减灾救灾领域专家 5～7 名，为灾害风险识别提供智力支持，为风险管理提供决策参考。

三是风险识别，基于数据库，专家委员会对潜在的区域灾害风险进行定期讨论，在数据出现异动时进行紧急讨论，明确实际的灾害风险因子，并向国家公园管理局发出预警信息。

四是制定方案，基于潜在的灾害风险识别结果，根据生态目标确定国家公园分区管理的方法。

2. 国家公园灾害风险识别方法

国家公园灾害风险识别可采用常规风险识别方法，包括通过感性认识和历史经验来判断，通过对各种客观情况的资料和风险事件的记录来分析、归纳和整理，以及必要的专家咨询。风险识别用于找出各种致灾因子及其引发灾害的损失规律。风险识别方法中的风险清单、流程图法等基本方法，以及需要建立模型并进行大量理论与实践分析得到识别结果的技术方法（表3-4），可以运用到国家公园综合灾害风险识别中。

表3-4　灾害风险识别的技术方法

方法名称	简要说明
目标导向法	识别任何可能危及分析对象的整体或部分目标的潜在致灾因子，以相关者的目标为出发点，感知、判断哪些因素影响相关者的目标
情境分析法	在假定某种现象或某种趋势将持续到未来的前提下，对预测对象可能出现的情况或引起的后果做出预测的方法
事件树法	从一个原因事件开始，交替考虑成功与失败的两种可能性，然后以这两种可能性作为新的原因事件，如此分析直到找出最终结果为止
事故树法	由节点和连线组成，节点表示某一具体环节，连线表示环节之间的关系，通过逻辑分析对灾害风险因子进行识别与评价
因果分析法	通过因果图表现出来，参考大量事件资料，分析找出灾害风险因子
经验分析法	将历史数据与文献记载转化为知识库用于分析
专家分析法	利用专家的个人知识、经验和智慧找到灾害风险因子
神经元网络法	用计算机模拟专家经验形成的过程，对其抽象与定性判断进行逻辑分析，得到一个可重复计算的模型，据此进行有限信息条件下的灾害风险识别与度量

二、人为胁迫分类与识别方法

（一）国家公园人为胁迫的主要类型

一般认为人为胁迫主要是人类活动对生态环境的胁迫。在国家公园管理层面人为胁迫是当地社区和旅游者对生态系统的胁迫，这种胁迫也可以看作压力。社区和旅游者在国家公园内开展活动，管理者修建基础设施活动等不可避免地会对生态系统产生压力，这些压力有时会转化为灾害，如人为活动导致的火灾，有时污染物的排放等会导致生态压力。国家公园内社区居民参与的活动主要有社会经济活动、资源开发活动、农业活动以及污染物排放等。研究从多个角度对国家公园的人为胁迫因素予以划分（表3-5）。

表3-5 国家公园人为胁迫因素分类

胁迫类型	具体内容	主要生态影响	内生/外生	制度/个别	合法/非法	直接/间接	固有/新生	区域/局地
伐木	木料 薪材	水源涵养功能降低	内生	制度	合法/非法	直接	固有	区域/局地
土地利用转变	保护用地变为居民点 保护用地变为道路 保护用地变为农业用地 保护用地变为工矿用地 保护用地变为养殖场 保护用地变为单一经济林 开垦荒地 湿地围垦	土地退化 土地荒漠化 土壤污染 生物多样性减少 林地与草地面积减少	内生/外生	制度	合法/非法	直接/间接	新生	区域
农耕	种植作物 人工灌溉 田间施肥 使用农药	农业面源污染	内生	制度	合法	直接	固有	区域
采石	采石 挖沙	土壤污染 水土流失	内生	制度/个别	合法/非法	直接	固有	区域/局地
工矿发展	钻井 采矿 地下勘探 产生废料	土壤污染 水土流失 林地与草地面积减少	内生	制度	合法/非法	直接/间接	固有/新生	区域
放牧	牲畜饲养 饲料收集 啃食踩踏 草药采挖 机动车放牧碾压	草地面积减少 土地退化	内生	制度	合法	直接	固有	区域
水利工程	娱乐 捕鱼 饮用水 水电 能源设施	林地与草地面积减少	内生/外生	制度	合法	间接	新生	区域
交通	道路 航运	水源涵养能力降低 林地与草地面积减少	内生/外生	制度	合法	间接	固有/新生	区域
捕捞	有害渔具 捕捞方式（捕捞亲鱼）	生物多样性减少 水体污染	内生	制度/个别	合法/非法	直接	固有	区域/局地
风电工程	娱乐 能源设施 环境污染	水源涵养功能降低	内生/外生	制度	合法	间接	新生	区域
狩猎	合法狩猎 非法贸易盗猎 生计性狩猎	生物多样性减少	内生	制度/个别	合法/非法	直接	固有	区域/局地

续表

胁迫类型	具体内容	主要生态影响	内生/外生	制度/个别	合法/非法	直接/间接	固有/新生	区域/局地
非木材林产品采集	药用植物 观赏植物 食用植物 建筑材料 树脂 蜂蜜 真菌类	生物多样性减少 土壤污染	内生	个别	合法/非法	直接	固有/新生	局地
废物处理	合法活动的不当行为产生的废物 非法活动产生的废物	土壤、水体污染	内生/外生	制度/个别	合法/非法	直接/间接	固有	区域
其他特定人员进入	火灾隐患	林地与草地面积减少	内生/外生	个别	合法/非法	直接/间接	固有/新生	局地
被人为干预放大的自然过程	大火（做饭、取暖、吸烟等火源危险） 长期抑制导致的虫害暴发	生物多样性降低 林地与草地面积减少	内生	个别	非法	直接/间接	固有/新生	区域/局地
城镇发展的跨界影响	地方/区域污染 水资源需求 酸化 富营养化 周边不当土地管理造成的洪水 全球变化下的天气异常	水源涵养能力降低 生物多样性降低 土壤、水体污染 林地与草地面积减少	外生	制度	合法/非法	直接/间接	新生	区域
港口与海岸线开发	港口建设 海岸旅游区建设	海洋污染 生物多样性降低	内生/外生	制度	合法	直接/间接	新生	区域
旅游、娱乐、科考、宗教	垂钓 游泳 漂流 徒步 露营 滑雪 骑马 划船 聚会 采摘 极限运动 使用摩托化交通工具 惊吓和驱赶动物 随意投喂野生动物 乱扔垃圾 攀折花草 踩踏植被 交通工具的噪声污染 废气废水排放 生火、烧香 旅游设施 交通设施 人工设施	空气、水体、土壤污染 水源涵养能力降低 土壤污染 林地与草地面积减少	内生/外生	制度/个别	合法	直接/间接	固有/新生	区域
入侵性外来物种	人为有目的或无意引入的植物 人为有目的或无意引入的动物	生物多样性降低	内生/外生	制度/个别	合法/非法	直接	固有/新生	区域/局地

（二）人为胁迫识别的一般路径与技术方法

1. 人为胁迫识别的一般路径

将国家公园人为胁迫的识别路径分为 5 个主要环节。

1）确定范围，根据国家公园功能区划、保护对象、目标及其保护级别，明确生态系统产权，并结合本区域人类活动的内容与强度，确定人为胁迫管理原则，框定人为胁迫范围。

2）识别与预测威胁，对潜在和实际的人为胁迫因素进行识别与归类，对动态变化的威胁因素进行预测。

3）评估强度，根据国家公园区划管理目标，对不同人为胁迫因素的威胁强度进行评估。

4）制定方案，基于评价结果，根据生态目标确定国家公园分区管理方法。

5）调参赋值，根据分区管理目标，设定人为胁迫监测参数及其参考值。

2. 人为胁迫识别的主要方法

综合目前全球范围内各类自然保护地的管理经验，人为胁迫识别技术主要有以下 5 种：区域尺度的遥感识别技术、局地尺度的定点观测技术、历史文本资料解译技术、参与式调查与巡护技术、计划行为理论下的预测技术等。

1）区域尺度的遥感识别技术。主要分为以土地利用变化作为人为胁迫表征的多分辨率直接遥感识别技术和以生态系统属性变化作为人为胁迫表征的多分辨率遥感反演识别技术两种，通过对卫星遥感影像进行解译处理，识别国家公园范围内或边界区域的相关人为胁迫的实际和潜在因素。一般多用于长时段、大范围的人为胁迫识别，以服务于管理政策法规、园区功能区划边界的调整等。

2）局地尺度的定点观测技术。通常采用红外相机与监控探头为主的观测设备对国家公园范围内的人为活动热点区域与生态保护核心区域进行持续观测，及时识别与处置胁迫因素。

3）历史文本资料解译技术。基于对以往调查记录、地方有关社会-生态系统文献资料的阅读整理与解译分析，掌握本地自然资源特征、传统生计发展模式、传统生态知识、地方文化心理等信息，从而识别出历史尺度下国家公园区域可能高发的人为胁迫类型。

4）参与式调查与巡护技术。通过研究者的实地调研与生态巡护工作人员的定期巡护，实地掌握有关游客休憩、居民生产等的一手信息。

5）计划行为理论下的预测技术。计划行为理论认为行为意向是个体行为最直接的影响因素，而行为意向本身则是态度、主观规范和知觉行为控制三要素综合作用的结果。综合上述 4 种识别技术所提供的信息，对人为胁迫进行合理预测，以便服务于法规制度开展预防性管理。

第三节　国家公园综合灾害风险评价

一、基于 PSR 模型的国家公园综合灾害风险评估概念框架

（一）PSR 模型的发展与应用

压力-状态-响应（pressure-state-response，PSR）模型最初是由加拿大统计学家戴维 J. 拉波特（David J. Rapport）和安东尼·马库斯·弗兰德（Anthony Marcus Friend）于 1979 年提出的，之后由经济合作与发展组织（Organization for Economic Cooperation and Development，OECD）和联合国环境规划署（United Nations Environment Programme，UNEP）于 20 世纪八九十年代共同发展起来，用于研究环境问题（OECD，2004）。其中，压力（P）指标是指自然或人为因素对生态系统和社会系统产生压力作用的因子，反映人类/自然干扰对社会系统和生态系统造成的负荷；状态（S）指标是指社会及生态系统当前的状态，表征系统的健康状态；响应（R）指标是指在系统面临风险压力时所采取的所有的对策与措施（Joana *et al.*，2012）。该模型清晰地阐释了社会-生态系统可持续变化的因果关系，即自然及人为因素对复合系统造成压力，导致社会-生态系统状态发生变化，社会系统通过采取一系列具有适应性、预防性和缓解性的措施来回应这些变化，以维持系统原有的状态（彭建等，2012）。

在涉及社会-生态系统风险评估的研究中，PSR 模型因具有很强的灵活性和实用性，并且能够综合社会、生态多方面的评估指标，可全面评估国家公园综合灾害风险的实际情况。另外，该模型在自然保护地区域生态风险和区域旅游综合风险评估中被广泛应用，可作为国家公园综合灾害风险评估的基础，为衡量国家公园这一社会-生态系统所面临的多元风险提供了有益的思路。

（二）基于 PSR 模型的国家公园灾害风险评估思路

国家公园灾害风险管理是一个面向社会-生态系统的灾害风险管理，各系统之间相互关联。PSR 模型指标间清晰的逻辑关系和框架结构可以很好地反映风险系统间的相互关系。同时该模型从管理者的角度出发，对社会-生态系统的状态、改变的原因以及管理者所采取的措施进行评估，可以帮助管理者不断改进和调整管理措施，对灾害风险进行更好的管理。因此，我们从灾害风险评估入手，首先阐释 PSR 模型框架在国家公园灾害风险评估的适应性。

　　灾害风险评估是指通过采用适当的科学方法，对灾害致灾的可能性及受灾对象可能遭受的损失进行综合评价和科学估算的过程。关于灾害风险的定量评估，国内外学者对联合国国际减灾战略给出的表达式，即灾害风险度（risk）=致灾因子（hazard）×脆弱性（vulnerability）的认可度最高（廖永丰等，2012），其中脆弱性具体包括承灾体的物理暴露性、敏感性以及适应性（即抗灾减灾能力）。

　　基于前述国家公园综合灾害风险的概念，国家公园灾害风险评估是对国家公园范围内自然灾害或人为灾害风险源的危险性，以及区域内灾害所危及的对象所固有的脆弱性进行综合评估，是国家公园灾害风险管理的重要基础。多样化的承灾体和致灾因子决定了国家公园灾害风险的特点为多风险源、多受体的灾害风险体系，因此，首先针对其灾害风险的特点，划分灾害风险受体，确定其关键风险源，然后参照灾害风险评估的方法，界定国家公园灾害风险受体的脆弱性及关键风险源的危险性（图3-6）。

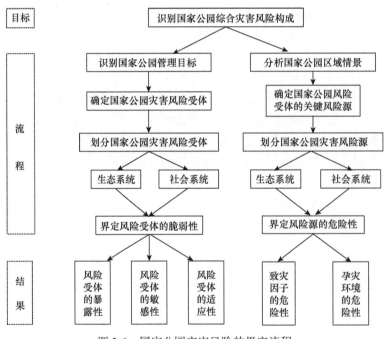

图 3-6　国家公园灾害风险的界定流程

（三）基于 PSR 模型的国家公园综合灾害风险评估概念框架内容

　　在界定国家公园灾害风险的基础上，将 PSR 模型与国家公园灾害风险受体的脆弱性和风险源的危险性结合，从而构建基于 PSR 模型的国家公园综合灾害风险评估概念框架（图3-7）。

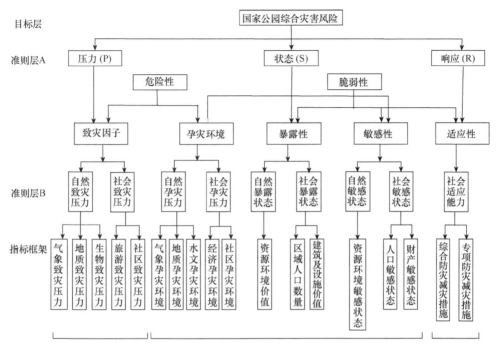

图 3-7　基于 PSR 模型的国家公园综合灾害风险评估概念框架

　　国家公园灾害风险的危险性主要指致灾因子和孕灾环境状态的危险性。致灾因子的危险性主要指致灾因子活动的频率以及历史强度，强调致灾因子给系统带来的干扰及风险，因此视其为致灾压力，构成该评估体系的压力指标。考虑到国家公园灾害风险源主要可分为自然和社会两大类型，因此将致灾压力分别进一步分为自然致灾压力、社会致灾压力两类压力指标，两类指标再进一步通过细分致灾因子类型，结合国家公园区域情景，确定自然致灾压力进一步分为气象类、地质类和生物类 3 类致灾压力。

　　孕灾环境的危险性主要指致灾因子形成的环境条件，强调灾害形成的环境状态，同承灾体脆弱性中的物理暴露性、承灾体的敏感性共同构成评估体系中的状态指标。其中，承灾体的物理暴露性是指暴露在危险因素影响范围内的承灾体数目及价值；承灾体的敏感性是指由承灾体本身的物理特性决定的抵御致灾因子打击的能力。三大类状态指标通过进一步细分归类，共划分为 11 个状态指标亚类。

　　承灾体的适应性主要指区域内人类社会为各种承灾体所配备的综合措施力度及特定灾害的专项措施力度（颜峻和左哲，2010），为社会面对灾害及其风险时的主动回应，也即社会适应能力，视其为响应指标。

二、基于 PSR 模型的国家公园灾害风险评估指标体系与评估方法

（一）评估指标体系构建

1. 指标体系构建原则

通过利用 PSR 模型对国家公园灾害风险评估进行诠释，在构建其综合评估指标体系时，我们从灾害风险动态性过程与多元致灾因子-多元承灾体的成灾机制入手，充分体现环境、生物、人群、设备设施等社会-生态系统中的子系统在国家公园中的相互作用，形成国家公园灾害风险综合评估指标体系构建的原则。

1）科学性原则：指标体系构建基于科学依据，指标选取基于可信的研究成果，遵循科学的研究方法。

2）全面性原则：指标选取全面涵盖国家公园园区内的风险受体，包括生态系统、社会、经济等方面。

3）代表性原则：指标选取在考虑全面性的同时考虑其代表性，针对不同的风险受体选取最具代表性的指标。

4）可操作性原则：评估指标应易于采集且信息可靠，易于处理从而用于对比和评价，增加指标体系的可操作性。

5）独立性原则：选取的各指标间应相互独立，无重复。

2. 指标体系构建思路

首先，评估指标的选取以国家公园管理目标为导向，由此确定国家公园的主要灾害风险受体即生态系统和区域内的社会系统。

其次，针对这两大类灾害风险受体，确定生态系统灾害风险评估的具体指标选取以区域生态风险评估指标为依据。社会系统灾害风险评估指标的选取以旅游地生态风险综合评估指标为依据，这是因为在承担游憩功能的其他类型保护地研究中，从旅游地的角度出发，能很好地体现社会系统及其组分（社区、游客、设施等）作为承载体的综合性。

最后，基于已构建的国家公园综合灾害风险评估概念框架，借鉴文献综述和相关研究成果，选择具有典型性和代表性的指标反映国家公园综合灾害风险，构建国家公园灾害风险综合评估指标体系。

3. 基于 PSR 模型的国家公园综合灾害风险评估指标体系的构成

依据以上思路，我们构建了多层次的指标体系（表 3-6）。该指标体系分为目标层、准则层 A、准则层 B 以及指标层。目标层以国家公园综合灾害风险指数为总目标，表征国家公园综合灾害风险。准则层是影响国家公园灾害风险程度的主要

表 3-6　国家公园灾害风险综合评估指标体系

目标层	准则层 A	准则层 B	指标层	正负性
国家公园综合灾害风险指数	压力（P）指标	自然致灾压力	地震频度 P1	正
			极端气候频率 P2	正
			地质灾害频率 P3	正
			生物入侵度 P4	正
			生物疫病虫害度 P5	正
		社会致灾压力	环境污染程度 P6	正
			火灾频度 P7	正
			人为干扰强度 P8	正
	状态（S）指标	自然孕灾状态	年均降水量 S1	正
			年均气温 S2	正
			风力等级 S3	正
			陡坡面积比 S4	正
			水质等级 S5	正
		社会孕灾状态	人口压力 S6	正
			高干扰土地占比 S7	正
			一二产业占比 S8	正
			旅游开发强度 S9	正
		自然暴露状态	水资源量 S10	正
			土地资源量 S11	正
			生物丰度指数 S12	正
		社会暴露状态	人口密度 S13	正
			建筑设施量 S14	正
			耕地面积比例 S15	正
			文化遗迹价值 S16	正
		自然敏感状态	植被盖度 S17	负
			敏感物种丰度 S18	负
			土地退化程度 S19	正
			景观破碎度 S20	正
		社会敏感状态	农业 GDP 贡献率 S21	正
			老幼龄人口占比 S22	正
			建筑老化程度 S23	正
			人口文盲率 S24	正
	响应（R）指标	社会适应能力	生态保护资金占比 R1	负
			应急救援人力指数 R2	负
			每千人病床数 R3	负
			交通可达性 R4	负
			电话普及率 R5	负
			专项防灾措施 R6	负
			人均 GDP R7	负

因素类别，分为三大类，即压力、状态、响应，为准则层 A。准则层 A 经进一步细分和归类形成准则层 B，包括自然致灾压力、社会致灾压力、自然孕灾状态、社会孕灾状态、自然暴露状态、社会暴露状态、自然敏感状态、社会敏感状态、社会适应能力 9 个类别，准则层 B 可视为准则层 A 的亚类。指标层由可直接度量的指标构成，共计 39 个指标，是该指标体系最基本的层面。国家公园综合灾害风险指数由各个指标值通过一定的算法而得到。

4. 基于 PSR 模型的国家公园综合灾害风险评估指标介绍

1）压力指标。分为自然致灾压力指标、社会致灾压力指标。其中自然致灾压力指标表征灾害风险受体所承受的来自自然致灾因子的风险压力，社会致灾压力指标表征灾害风险受体所承受的来自社会致灾因子的风险压力。通过对生态风险以及旅游综合风险致灾因子的细分和归类，自然致灾压力以气象、地质和生物类致灾因子作为主要灾害风险源，社会致灾压力综合社区及旅游致灾压力，最终选择 8 个代表性指标来表征压力（表 3-7）。

表 3-7　国家公园灾害风险压力评估指标及其含义

类别	压力指标	指标解释
自然致灾压力	地震频度	评估区域近 30 年来出现 5 级以上地震的频率
	极端气候频率	30 年内极端高/低温日数，极端强/弱降水日数、冰雹日数频率的高低
	地质灾害频度	区域内滑坡和泥石流灾害的历史危险性，通过 30 年内发生的频度值来估算
	生物入侵度	以外来物种入侵的数量和入侵面积估算
	生物疫病虫害度	以生物病虫害和生物疫病的暴发率及传播面积来综合评估风险的大小
社会致灾压力	环境污染程度	区域内水污染、土壤污染、旅游白色垃圾污染等环境污染的程度
	人为干扰强度	森林砍伐、土地围垦、捕捞、游牧的强度大小
	火灾频度	以 10 年内每 1000km² 内森林、草原及社区火灾次数，游客数量以及旅游设施分布范围大小来估算
	旅游开发强度	

2）状态指标。状态指标包括孕灾环境状态指标，暴露性状态指标，敏感性状态指标。其中孕灾环境状态指标分为自然孕灾状态和社会孕灾状态，自然孕灾状态表示灾害风险受体所处的自然孕灾环境状态的危险性，社会孕灾状态表示灾害风险受体所处的社会孕灾环境状态的危险性。暴露性主要指暴露在危险因素影响范围内的承灾体的数目和价值，根据承灾体类型的不同，暴露性状态指标划分为自然暴露状态和社会暴露状态，自然暴露状态主要指自然资源及环境的价值，社会暴露状态主要指社会人口、基础设施、财产等社会要素的数目及价值量。敏感性也即承灾体在接受一定强度的打击后受到损失的容易程度，也即抵御致灾因子打击的能力，根据承灾体类型的不同，敏感性状态指标主要可划分为两大类，即自然敏感状态和社会敏感状态，自然敏感状态主要指生态系统抵御致灾因子打击

的能力状态，社会敏感状态主要指社会系统中人口、财产及设施抵御致灾因子打击的能力状态。具体指标的选取分别以区域生态风险和旅游综合风险指标为来源，选择 24 个代表性指标表征状态（表 3-8）。

表 3-8　国家公园灾害风险状态评估指标及其含义

类别	状态指标	指标解释
自然孕灾状态	年均降水量	生物病虫害、火灾等的重要孕灾环境要素
	年均气温	气温和降水决定区域土壤的发育状况，进而决定区域植被景观类型，是重要的生态环境的状态指标，可通过气象部分的统计数据获得
	陡坡面积比	区域内坡度大于 25° 的面积比例，表征地质灾害危险状态
	风力等级	年内 8 级及以上大风次数
	水质等级	区域内水质等级
社会孕灾状态	人口压力	以人口的基数及其年平均增长率来确定
	高干扰土地占比	耕地、人工林、城镇村、工矿及交通用地占评价区域面积的比例
	旅游开发强度	以游客数量以及旅游设施分布范围大小来估算
	一二产业占比	一二产业占地区总产业的比值
自然暴露状态	土地资源量	耕地、林地、草地的资源价值量
	水资源量	河流、湖泊、冰川的资源价值量
	生物丰富指数	潜在的受威胁的野生高等植物和高等动物种数
社会暴露状态	人口密度	单位土地面积上居住的人口数。表示人口密集程度对生态环境的压力，低：$D \leqslant 50$；较低：$50 < D \leqslant 100$；中等：$100 < D \leqslant 400$；较高：$400 < D \leqslant 800$；高：$D > 800$
	建筑设施量	区域建设施用地占区域总面积的百分比
	文化遗迹价值	区域内文化遗产、遗迹价值的大小
	耕地面积比例	区域耕地面积占区域总土地面积的比例。低：$D \leqslant 10\%$；较低：$10\% < D \leqslant 20\%$；中等：$20\% < D \leqslant 30\%$；较高：$30\% < D \leqslant 40\%$；高：$D > 50\%$
自然敏感状态	敏感物种丰度	主要指的是区域内特有物种丰富度以及国家级重点保护野生动植物丰富度
	植被盖度	区域内年平均植被覆盖的比例
	土地退化程度	区域内土地沙化、盐碱化、石漠化、水土流失严重区域的土地面积占区域土地总面积的比例
	景观破碎度	以平均斑块面积表征，平均斑块面积就是某类型斑块的面积占该类型斑块总面积的比值，是反映景观性质改变的关键性指标。计算公式为 $MPS = \dfrac{S_i}{N_i}$，式中，S_i 是第 i 种景观类型的总面积；N_i 是第 i 种景观类型的斑块数目
社会敏感状态	老幼龄人口占比	老人（大于 65 岁）和儿童（小于 14 岁）人口占区域总人口数的比例
	农业 GDP 贡献率	区域农业（包括种植业、畜牧业、渔业）产值占地区 GDP 的比例
	建筑老化程度	建筑物已使用年限，按年份长短划分不同等级，可通过区域抽样调查获得相关数据，按照 0～10 年、11～20 年、21～30 年、31～40 年、41～50 年划分为不同敏感等级
	人口文盲率	区域内文盲人口占区域总人口的比例

3）响应指标。响应指标对应承灾体的适应性，指区域内人类社会为各种承灾体所配备的综合及专项措施力度，每类措施主要从人力、财力和物力三方面选择代表性指标，共选择 7 个指标表征响应能力（表 3-9）。

表 3-9　国家公园灾害风险响应能力评估指标及其含义

响应指标	指标解释
生态保护资金占比	区域投入生态保护、建设的资金占区域 GDP 的比例
应急救援人力指数	由每百人医生人数和每百人消防员人数构成，抽样调查（位/100 人）
每千人病床数	每千人拥有的区域医院病床数（个/1000 人）
电话普及率	每百人手机持有率（部/100 人）
交通可达性	以离管理部门驻地的交通时长（h）来评价
专项防灾措施	以火灾、地震、洪水等区域常见灾害的专项应急预案齐备程度来表示
人均 GDP	相关数据可从国民经济和社会发展报告中获得（元/人）

（二）国家公园综合灾害风险评估标准及方法

1. 国家公园综合灾害风险评估的初步标准

灾害风险评估标准来源于以下 3 个方面：国家、行业和地方规定的标准，如水质等级；类比标准，以未受灾害干扰的相似生态环境和社会环境为类比标准，如植被覆盖率、生物多样性等；参考类似的科学研究中已有的划分标准。

2. 国家公园综合灾害风险初步评估方法

因评估指标体系中各指标的量纲不统一，可采用极差法和专家分级对指标进行标准化处理，将其量化到 0～5，以消除指标量纲不统一给综合评价带来的影响。

其中，极差标准化的量化公式为

$$\text{赋值} = (X_i - X_{\min}) / (X_{\max} - X_{\min}) \times 5 \tag{3-1}$$

$$\text{赋值} = 5 - (X_i - X_{\min}) / (X_{\max} - X_{\min}) \times 5 \tag{3-2}$$

式中，X_i 为实际统计值；$X_{\min}$ 为统计最小值；$X_{\max}$ 为统计最大值（左伟等，2002）。当评估指标为正向指标，即其与灾害风险呈正相关性时，如坡度条件值越高，则灾害风险越高，使用公式（3-1）归一化；当评估指标为负向指标，即其与灾害风险呈负相关性时使用公式（3-2）归一化，如电话普及率，其值越高，则灾害风险越低，指标正负性参见表 3-10。

根据各个单项指标的评价值，采用综合指数法计算基于多风险源的综合灾害风险指数：

$$R = \frac{1}{n} \sum_{i=1}^{n} X_i \tag{3-3}$$

式中，R 为国家公园综合灾害风险指数；n 为指标总数；X_i 为各指标的标准值，$i=1$, $2, 3, \cdots, n$。

表 3-10　国家公园综合灾害风险评估指标数值来源及赋值方法

指标名称	数据来源	赋值方法	正负性	指标名称	数据来源	赋值方法	正负性
地震频度	地质部门统计数据	极差标准化0~5分	正	人口密度	统计部门数据	专家分级0~5分	正
极端气候频率	气象部门统计数据	极差标准化0~5分	正	建筑设施量	城建部门统计数据	专家分级0~5分	正
地质灾害频率	地质部门统计数据	极差标准化0~5分	正	耕地面积比例	农业部门统计数据	专家分级0~5分	正
生物入侵度	林业部门统计数据	极差标准化0~5分	正	文化遗迹价值	统计资料及经验	专家分级0~5分	正
生物疫病虫害度	林业部门统计数据	极差标准化0~5分	正	植被盖度	遥感解译	极差标准化0~5分	负
环境污染程度	环保部门统计数据	专家分级0~5分	正	敏感物种丰度	保护区统计资料	专家分级0~5分	正
火灾频度	林业部门统计数据	极差标准化0~5分	正	土地退化程度	统计部门数据	专家分级0~5分	正
人为干扰强度	地方统计部门数据	专家分级0~5分	正	景观破碎度	遥感解译	极差标准化0~5分	正
年均降水量	气象部门统计数据	极差标准化0~5分	正	农业 GDP 贡献率	农业部门统计数据	极差标准化0~5分	正
年均气温	气象部门统计数据	极差标准化0~5分	正	老幼龄人口占比	民政部门统计数据	极差标准化0~5分	正
风力等级	气象部门统计数据	极差标准化0~5分	正	建筑老化程度	统计部门数据	专家分级0~5分	正
水质等级	水利部门统计数据	专家分级0~5分	正	人口文盲率	统计部门数据	极差标准化0~5分	正
陡坡面积比	DEM 数据	极差标准化0~5分	正	生态保护资金占比	国家公园管理部门	极差标准化0~5分	负
人口压力	统计部门数据	极差标准化0~5分	正	应急救援人力指数	统计部门数据	极差标准化0~5分	负
高干扰土地占比	统计部门数据	专家分级0~5分	正	每千人病床数	统计部门数据	极差标准化0~5分	负
一二产业占比	统计部门数据	专家分级0~5分	正	交通可达性	交通部门数据	专家分级0~5分	负
旅游开发强度	地方统计部门数据	专家分级0~5分	正	电话普及率	民政部门统计数据	专家分级0~5分	负
土地资源量	统计资料及经验	专家分级0~5分	正	专项防灾措施	地方统计部门数据	专家分级0~5分	负
水资源量	统计资料及经验	专家分级0~5分	正	人均 GDP	财政部门统计数据	极差标准化法0~5分	负
生物丰度指数	保护区统计资料	专家分级0~5分	正				

根据计算的综合风险指数的大小，可将国家公园综合灾害风险划分为 5 个等级（表 3-11）。

表 3-11　国家公园综合灾害风险评价等级

灾害风险等级	I 级（高风险）	II 级（风险较高）	III 级（中等风险）	IV 级（风险较低）	V 级（低风险）
灾害风险指数值	≥4.5	4.0~4.5（不包含）	3.0~4.0（不包含）	2.0~3.0（不包含）	<2.0

三、案例：神农架国家公园综合灾害风险评价体系构建

（一）国家公园综合灾害风险评估指标体系的细化路径

单个国家公园实体可以根据地方灾害风险源的实际情况，针对其区域内的主要灾种，有侧重地选取评估指标体系中的相应指标，进行基于本地实际情况的国家公园灾害风险评估。该体系的评估结果也可以分别以压力指标、状态指标、响应指标的形式单独计算和呈现，可直观地反映承灾体所面临的来自外部危险性的大小，以及承灾体本身承灾能力的强弱以及应灾能力的大小；对于不同类指标所反映的问题，国家公园管理者可有针对性地采取相应措施进行灾害风险管理，降低承灾体所面临的风险。

在特定国家公园进行综合灾害风险评价时，需要依据管理对象和目标进行指标体系的细化与筛选，具体路径说明如下。

首先，细化神农架国家公园具体的管理目标和保护重点，明确神农架国家公园灾害风险管理中需要被关注的目标主体即灾害风险受体。其次，从目标主体出发，根据神农架国家公园所在区域内灾害的历史数据及实地调研，明确其区域内存在的威胁目标主体及其管理目标实现的关键灾害风险源。再次，根据以上所确定的神农架国家公园具体的灾害风险源，对以上评估指标体系中的压力指标进行适当的筛选和进一步的细化；根据神农架国家公园具体的灾害风险管理目标主体（也即灾害风险受体）的暴露性、敏感性，对已有评估指标体系中的状态指标进行适当的筛选和进一步的细化，并在综合考虑数据可得性的基础上，构建基于 PSR 模型的神农架国家公园综合灾害风险评估标体系（图 3-8）。

（二）神农架国家公园综合灾害风险评估指标体系的确定

1. 细化管理目标和保护重点，明确需要重点管理的潜在灾害风险受体

基于神农架国家公园自然生态特征，根据对《神农架国家公园条例》《神农架国家公园总体规划》等相关法规条例的分析解读，结合对神农架国家公园管理人员的访谈和社区调研，确定神农架国家公园的保护与管理目标（表 3-12），并根据具

体管理目标，确定神农架国家公园灾害风险管理中需关注的灾害风险受体。

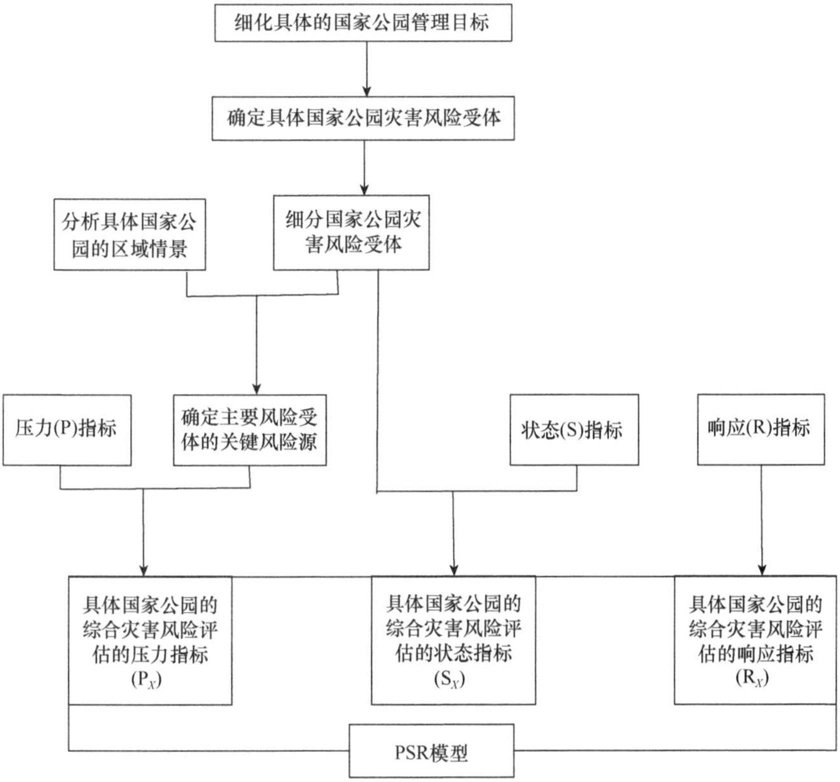

图 3-8　国家公园综合灾害风险评估指标体系的细化路径流程图

表 3-12　神农架国家公园保护与管理目标及其灾害风险受体

保护与管理目标	保护与管理目标细化	潜在灾害风险受体类型
生态系统保育	北亚热带原始森林、常绿落叶阔叶混交林、亚高山泥炭藓湿地生态系统的保育	森林生态系统、湿地生态系统
生物多样性保护	珍稀动植物保护[旗舰物种神农架川金丝猴、孑遗植物（如冷杉、珙桐）]及其种群的恢复	动物种、植物种
自然与文化景观保护	川鄂古盐道、南方哺乳动物群化石、远古人类旧石器遗址等的保护	地质遗址、自然遗迹
水资源保护	对堵河、南河、沿渡河、香溪河流域水质、关键水文过程、水源涵养功能的保护	河流水质、水文过程
社区发展	社区居民及其生产经营中的违法违规活动的管理、社区生计与国家公园保护的协调发展	社区居民及其生计（以农业为主）
游憩与教育	访客流量控制得当，访客满意度高，景观原真性保护	访客及景观（包括自然和人文景观）

2. 确定神农架国家公园主要灾害风险受体的关键风险源

通过管理目标的细化，确定神农架国家公园主要的灾害风险受体分别为重要生态系统、关键物种、自然与人文景观、水资源、社区及游客，其中，将地质遗迹、文化遗迹、自然遗迹归入自然与人文景观中，社区居民及生计简称为社区。根据以上神农架国家公园主要的灾害风险受体，通过文献查阅、区域历史灾害数据查询以及实地调研，确定神农架主要的灾害风险受体所面临的常规关键风险源（表3-13）。

表3-13　神农架国家公园主要的灾害风险受体及其常规关键风险源

主要风险受体类型		常规关键风险源	
		自然风险源	人为风险源
重要生态系统	森林	林火、病虫害	林木采伐
	湿地	干旱、洪涝、冷冻害	农药和化肥
关键物种	关键动物物种	动物疫病、林火	偷猎、旅游设施建设、旅游活动、社区居民生产
	关键植物物种	林火、病虫害、生物入侵	盗采盗伐、旅游污染
自然与人文景观	文化遗迹、地质遗迹、自然遗迹	滑坡、泥石流、地震	旅游活动
水资源	流域水文过程、水质	地震、泥石流	河道采挖、小水电站数量、农业生产
社区	人口、农田、财产及设施	滑坡、泥石流、地震、野生动物肇事	流行病
游客	游客	滑坡、泥石流、地震、野生动物肇事	流行病

根据具体的关键风险源，细化和筛选压力指标及其表征（表3-14，表3-15）。极端气候频率主要以干旱（极端弱降水日数）和暴雨（极端强降水日数）来表征。地质灾害频率主要以区域滑坡和泥石流常发点的数量分布水平来表征。环境污染

表3-14　神农架国家公园压力指标与常规关键风险源的匹配

压力指标	林火	虫害	干旱	动物疫病	生物入侵	滑坡	泥石流	地震	野生动物肇事	林木采伐量	农业污染	小水电站数量	非法捕猎	游客量	路网密度
极端气候频率			√			√	√								
地震频度								√√							
地质灾害频率						√√	√√								
生物入侵度					√										
生物疫病虫害度		√√		√											
火灾频度	√√√														
环境污染程度												√			
人为干扰强度									√		√		√		√
旅游开发强度														√√	√

表 3-15　神农架国家公园综合灾害风险压力评估指标及其含义

类别	压力指标	指标表征及含义
自然致灾压力	极端气候频度	区域 30 年内极端高温、冰冻灾害次数，用以表征区域发生极端气候的可能性
	极端降水频度	区域 30 年内干旱、洪涝次数，用以表征区域发生极端降水的可能性
	地震频度	区域 30 年内 5 级以上地震次数，用历史数据表征区域发生地震的可能性
	区域内滑坡点数	区域内大中型滑坡点的数量
	区域泥石流频度	30 年内区域内泥石流次数
	生物入侵度	10 年内生物入侵的数量及面积
	生物疫病虫害度	10 年内生物疫病虫害暴发率及传播面积
	森林火灾频度	30 年内区域森林火灾次数
社会致灾压力	区域小水电数量	区域内小水电站的数量
	区域非法捕猎量	区域内查获非法捕猎事件的次数

程度考虑到区域内以农业污染为主，因此用区域内农田面积来表征。人为干扰强度主要以区域内游客量、小水电站的数量、路网密度等来表征。

3. 根据主要的风险受体类型，细化和筛选状态指标

通过文献及调查确定研究区域不涉及风灾，因此删除风力等级指标，土地退化程度主要根据区域内进行生态修复的区域面积来进行表征（表 3-16）。

表 3-16　神农架国家公园综合灾害风险状态评估指标及其含义

类别	状态指标	指标含义
自然孕灾状态	年均降水量	区域 10 年内年均降水量，是生物病虫害、火灾等的重要孕灾环境要素
	陡坡面积比	区域内坡度大于 30° 的面积比例，是地质灾害的孕灾环境
	水质等级	区域内水质等级，是湿地、河流的孕灾环境
社会孕灾状态	人口压力	区域近 5 年人口年平均增长率
	高干扰土地占比	城镇、社区、耕地及道路占评价区域面积的比例
	旅游开发强度	区域内近 5 年年均游客数量
	一二产业占比	区域内近 5 年一二产业占地区总产业的比例
自然暴露状态	土地资源量	区域内林地的资源量
	水资源量	区域内河流、湖泊的资源量
	生物丰度指数	区域内高等动植物种数
社会暴露状态	人口密度	区域内单位土地面积上居住的人口数
	建筑设施量	区域建筑设施用地占区域总面积的比例
	文化遗迹价值	区域内文化遗产、地质遗迹价值的大小
	耕地面积比例	区域耕地面积占区域总土地面积的比例

续表

类别	状态指标	指标含义
自然敏感状态	敏感物种丰富度	主要指区域内国家级重点保护野生动植物物种数
	植被盖度	区域内年平均植被覆盖的比例
	水土流失面积占比	区域内生态修复的区域面积占比
社会敏感状态	老幼龄人口占比	老人（大于 65 岁）和儿童（小于 14 岁）人口数占区域总人口数的比例
	农业 GDP 贡献率	区域农业产值占地区 GDP 的比例
	建筑老化程度	区域建筑物已使用年限，按年份长短划分不同等级
	人口文盲率	区域内文盲人口占区域总人口的比例

4. 细化和筛选响应指标

响应指标对应承灾体的适应性，指区域内人类社会为各种承灾体所配备的综合及专项措施力度，主要从人力、财力和物力三方面选择代表性指标，共选择 7 个指标表征响应能力（表 3-17）。

表 3-17　神农架国家公园综合灾害风险响应能力评估指标及其含义

响应指标	指标解释
生态保护资金占比	区域投入生态保护、修复的资金占区域 GDP 的比例
应急救援人力指数	由每百人医生人数和每百人消防员人数构成（位/100 人）
每千人病床数	区域每千人拥有的医院病床数（个/1000 人）
电话普及率	每百人手机持有率（部/100 人）
交通可达性	以离管理部门驻地的交通时长（h）来评估
专项防灾措施	以火灾、地震等区域重大灾害的专项应急预案齐备程度来表示
人均 GDP	神农架统计年鉴（元/人）

（三）神农架国家公园灾害风险评估指标核算方法

1. 区分指标正负性

根据指标值与综合灾害风险指数之间的相互关系，将指标分为正向指标和负向指标。正向指标的指标值与综合灾害风险值呈正相关，即指标值越高，风险度越高，如生物入侵度、极端降水频度等。负向指标的指标值与综合灾害风险值呈负相关，即指标值越高，综合灾害风险值越低，如植被盖度、交通可达性等。

2. 评估指标数据标准化的方法

因评估指标体系中各指标的量纲不统一，因此可采用极差标准化法和专家分级对指标进行标准化处理（表 3-18），将其量化到 0～5 分，以消除指标量纲不统一给综合评价带来的影响。

表 3-18　神农架国家公园综合灾害风险响应能力评估指标及其含义

目标层	准则层 A	准则层 B	指标层	正负性	数据来源	标准化方法
神农架国家公园综合灾害风险指数	压力指标	自然致灾压力	地震频度 P1	正	神农架林区国土资源局统计公报	极差标准化法
			极端气候频度 P2	正	神农架林区气象局统计数据	极差标准化法
			极端降水频度 P3	正	神农架林区气象局统计数据	极差标准化法
			区域内滑坡点数 P4	正	神农架林区国土资源局统计数据	极差标准化法
			区域内泥石流次数 P5	正	神农架林区国土资源局统计数据	极差标准化法
			生物入侵度 P6	正	神农架国家公园管理局调查资料	极差标准化法
			生物疫病虫害度 P7	正	神农架国家公园管理局调查资料	极差标准化法
		社会致灾压力	森林火灾频度 P8	正	神农架国家公园管理局调查资料	极差标准化法
			区域小水电站数量 P9	正	神农架国家公园管理局调查资料	极差标准化法
			区域非法捕猎量 P10	正	神农架森林公安局统计数据	极差标准化法
	状态指标	自然孕灾状态	年均降水量 S1	正	神农架林区气象局统计数据	极差标准化法
			陡坡面积比 S2	正	文献数据	极差标准化法
			水质等级 S3	正	神农架国家公园管理局调查资料	专家分级
		社会孕灾状态	人口压力 S4	正	神农架国家公园管理局调查资料	极差标准化法
			高干扰土地占比 S5	正	神农架国家公园管理局调查资料	极差标准化法
			一二产业占比 S6	正	统计年鉴	极差标准化法
			旅游开发强度 S7	正	神农架神旅集团统计数据	极差标准化法
		自然暴露状态	水资源量 S8	正	神农架国家公园管理局统计资料	极差标准化法
			林地资源量 S9	正	神农架国家公园管理局统计资料	极差标准化法
			生物丰度指数 S10	正	文献资料	极差标准化法
		社会暴露状态	人口密度 S11	正	神农架国家公园管理局统计资料	极差标准化法
			建筑设施量 S12	正	统计年鉴	专家分级
			耕地面积比例 S13	正	神农架国家公园管理局统计资料	极差标准化法
			文化遗迹价值 S14	正	神农架国家公园管理局统计资料	专家分级
		自然敏感状态	植被盖度 S15	负	神农架国家公园管理局统计资料	极差标准化法
			敏感物种丰度 S16	正	神农架国家公园管理局统计资料	专家分级
			区域水土流失面积 S17	正	神农架国家公园管理局统计资料	专家分级
		社会敏感状态	农业 GDP 贡献率 S18	正	农业部门统计数据	极差标准化法
			老幼龄人口占比 S19	正	社区实地调查数据	极差标准化法
			建筑老化程度 S20	正	实地调查数据	专家分级
			人口文盲率 S21	正	社区实地调查数据	极差标准化法
	响应指标	社会适应能力	生态保护资金占比 R1	正	神农架国家公园管理局统计资料	极差标准化法
			应急救援人力指数 R2	负	实地调查数据	极差标准化法
			每千人病床数 R3	负	实地调查数据	极差标准化法
			交通可达性 R4	负	社区实地调查数据	极差标准化法
			电话普及率 R5	负	社区实地调查数据	极差标准化法
			专项防灾措施 R6	负	部门访谈	专家分级
			人均 GDP R7	负	神农架林区统计年鉴	极差标准化法

3. 综合灾害风险度的计算

根据灾害风险的定义即风险度=危险度×脆弱性，基于各个单项指标的评估值，采用综合指数法计算基于多风险源的综合灾害风险指数，即

$$R = D \times V \tag{3-4}$$

其中

$$D = \frac{1}{10} \sum_{i=1}^{10} P_i + \frac{1}{7} \sum_{i=1}^{7} S_i \tag{3-5}$$

$$V = \frac{1}{14} \sum_{i=8}^{21} S_i - \frac{1}{7} \sum_{i=1}^{7} R_i \tag{3-6}$$

式中，R 为国家公园综合灾害风险指数；D 为危险度指数；V 为脆弱性指数；P_i、S_i、R_i 分别为压力指标、状态指标、响应指标的评估值。

第四节　国家公园灾害监测预警与人为胁迫管理

一、国家公园灾害监测预警体系构建原则与基础

（一）国家公园灾害监测预警体系构建的必要性与原则

国家公园灾害监测预警体系是指在国家公园管理范围内由灾害监测、灾害预警、灾害信息发布与接收、预警响应、运行保障等相互联系而构成的整体。国家公园的灾害监测预警体系的完善必须考虑国家公园综合灾害风险管理需求，作为"最严格保护"国家重要生态系统和生态过程的区域，国家公园管理需要减少不必要的人为胁迫和自然灾害等的干扰。因此国家公园灾害监测预警体系的构建需要综合考虑国家公园内可能出现的灾害类型，并且保护生态系统完整性和国家公园社区发展。

结合我国多类型自然保护地、行业部门的灾害风险监测预警体系现状、国家公园综合灾害风险管理需求和国家公园管理体制运行，研究提出建立国家公园灾害风险监测预警体系的指导原则。

一是科学性原则。国家公园灾害监测预警体系的建立要以国家公园功能区划和综合灾害风险评价为基础。功能区划反映对关键物种、生态系统、生态系统服务的保护和对人为活动的限制，不同功能区的自然、生态风险与人为胁迫因子不同，因此要监测的因子不同。灾害风险评价进行单一或综合灾害风险大小的评估，通过空间分析得到具有不同灾害风险的空间区域，对监测因子的选择也有影响。

二是综合性原则。国家公园灾害监测预警体系的构建除了考虑社区、游客遭受的自然灾害、重大事故、公共卫生及社会安全事件外，还需把生态系统中的关

键物种，国家公园保护的关键对象及关键过程纳入国家公园灾害监测预警体系中，兼顾保护目标和社区、游客的安全。

三是经济性原则。从区域灾害风险管理与国家公园管理目标来看，国家公园管理主体不需要建立完全独立的综合灾害监测预警平台，对其管理范围内发生的自然灾害的数据需求一般是依托区域灾害监测平台进行的，更倾向于将监测管理重点置于火灾、病虫害与人为胁迫等生态系统干扰上。国家公园可以根据管理目标，考虑实际开展的保护管理工作的有效性以及所消耗的财力和人力，把灾害监测预警平台建设作为保护地管理规划的一部分纳入国家公园管理规划中。

（二）国家公园灾害监测预警体系的建立基础和优化路径

从国家公园灾害风险监测预警体系的科学性、综合性与经济性原则出发，国家公园综合灾害风险管理需要切实依托现有的多部门、多类型灾害监测预警体系，根据国家公园管理目标予以整合、优化和提升。为此，从行业部门灾害监测预警体系现状、与自然保护地体系的对接状况以及与国家公园需求融合三方面分析国家公园灾害监测预警体系的现有基础和优化路径。

1. 行业部门的灾害监测预警体系

目前，国家已经建成多种数据信息类国家科技平台来整合数据资源，其中灾害监测预警及其数据集成是一个重要组成部分，既包括以致灾因子体现的地质、气象等灾害风险管理，也包括以人类社会经济为承灾体的综合灾害风险管理，还包括以自然资源或生态系统为承灾体的灾害风险监测预警体系。国家公园管理机构开展灾害监测预警，通过考虑现有的监测预警体系，基于当前各行业与多层级灾害监测平台，可以结合管理目标和灾害现状进行对接、融合与补充，能够避免重复监测，节省监测成本。

2. 行业部门灾害监测预警体系与自然保护地体系的关联性

行业部门主导的灾害监测预警平台与数据是由不同科研单位或行政管理部门的二级单位进行研发和集成的。目前，由于自然资源管理和自然生态保护部门并没有相应的专业技术与业务范围，与灾害风险管理有关的监测预警系统，如大气、水、土壤等环境监测体系，以及林业监测、环境监测等多由科研单位主导进行，没有针对所管辖的自然保护地建立独立的灾害风险监测预警体系。尽管现有国家灾害信息平台的建设目的并不是服务于自然保护地灾害管理，但是可以通过这些数据平台的免费或付费开放，支持国家公园管理需求。

在灾害监测和预警方面，现有的行业部门主导的灾害监测预警平台和数据主要从监测站网建设及监测信息共享两个方面影响当前自然保护地体系灾害监测预警平台的建设。

在灾害监测站网建设方面，自然保护地灾害监测站网建设需要从生态系统管理和访客安全等角度，补充现有灾害风险监测网点。除了综合考虑灾害敏感区、人口密集区、易发多发区以及监测设施稀疏区外，还要考虑重点物种分布、生态廊道等。灾害监测站网建设除了保障生态保护需要外，还要考虑游客的服务保障需要，建立大气电场、能见度、大气成分、酸雨、气溶胶、负氧离子等的监测设施。这些通常是现有灾害监测预警平台缺乏的。

在监测信息共享方面，自然保护地的灾害监测需要统筹不同灾害监测信息共享网络平台，或者与其他部门共建监测数据云平台，介入并共享气象、水利、应急管理、自然资源、民政、交通运输、环保、电力、旅游等重点行业的灾害监测及次生灾害监测信息。

研究将自然保护地灾害风险监测预警平台建设能够依托的行业部门与自然保护地现有监测预警平台划分为三级，即国家级平台、地方平台以及自建平台，这3种平台各有特点，根据不同灾害类型，由不同部门在不同空间尺度下进行部署。这些监测预警平台是国家公园灾害风险监测预警平台建立的基础和数据共享的来源（表3-19）。

表3-19　自然保护地各类型灾害监测预警平台的建设基础

灾害监测预警分类	具体灾害类型	国家级监测预警平台	地方监测预警平台	自建平台
自然灾害监测预警	地质灾害	国土资源主管部门会同气象主管部门机构建立的中国地质环境信息网	省级地质灾害监测、预警与决策系统	商业化地质灾害的局地小尺度监测预警
	气象灾害	国家气象信息中心	县级以上气象灾害监测预警系统	各市县区域加密自动气象站
	水文灾害		流域尺度或水利设施等的独立监测	地方水文监测预警系统
	生物灾害	国家林业有害生物中心测报点、国家森林和草原有害生物灾害监测预报预警中心	省、县三级森防站	局地农林病虫害监控物联网及绿色防控系统
	海洋自然灾害	自然资源部海洋预警监测司	省海洋监测预报中心	科研单位主持的海啸传递预警系统
重大事故监测预警	交通事故	交通部门联合气象部门	地方交通预警联动	局地指挥交通系统
	园区设施损毁事故			保护地自建视频、值班人员现场勘测等监测体系
社会安全事件监测预警	群体性踩踏、重大安全治安事件			自然保护地管理主体采用红外热传感器等

续表

灾害监测预警分类	具体灾害类型	国家级监测预警平台	地方监测预警平台	自建平台
生态环境灾害监测预警	大气污染	中国环境监测总站		自然保护地大气污染自动监测平台
	水污染	中国环境监测总站	省级环境监测中心	自然保护地废水监测系统
	土壤污染	土壤环境监测网		自然保护地土壤污染自动化和人为监测
	固体废弃物			自然保护地视频监测
	水土流失	水利部水土保持监测中心		
	森林火灾	国家减灾中心中国气象局	省级林区立体林火监测网络	自然保护地林火实时监测

二、国家公园灾害监测预警体系构建与运行

（一）面向管理目标的灾害风险监测内容

考虑到国家公园综合灾害风险的致灾因子和承灾体的复杂关系，研究将国家公园灾害风险监测主要归纳为自然灾害监测与人为胁迫监测两部分。其中，自然灾害监测既服务于国家公园关键物种、生态系统及其过程的保护，也服务于基础设施、各类人群的生命财产安全管理。人为胁迫管理被单独列出，主要服务于国家公园"最严格保护"，面向自然生态系统保护。此外，从访客管理需求出发，访客安全风险需要被纳入灾害风险监测。

因此，基于对国家公园灾害类型的研究，考虑国家公园管理目标，国家公园灾害风险监测内容判定如下。

1）自然灾害监测。主要对象包括地质灾害、气象灾害、水文灾害、生物灾害和海洋自然灾害等类型。

2）重大事故灾害监测。主要对象包括交通事故、火灾、电气事故、危化品事故、园区设施损毁事故等类型。

3）公共卫生事件监测。主要对象包括传染病疫情、食品安全事故、中毒事件、群体性不明原因疾病等。

4）社会安全事件监测。主要对象包括群体性踩踏事故、重大社会治安事件等类型。

5）生活服务系统故障监测。主要包括交通、通信、供水、供电、供气工程等故障。

6）生态环境事件监测。主要针对各种直接环境污染和衍生污染的安全监测，

以避免环境污染造成的公众身体损害。生态环境事件监测包括大气、水浸、土壤、文物建筑防雷、文物建筑防震、室外陈设病害、动物疫病、植物病虫害、温湿度等监测类型。

（二）国家公园灾害风险监测需求的识别

国家公园灾害风险监测需求的识别通过一个监测预警平台建设评价框架来实施。国家公园灾害监测预警体系建设需要全面结合管理需求，自然灾害风险监测预警需求和人为胁迫监测预警需求都是基于国家公园管理现状的，所以园区内的管理人员、利益相关者都可以作为监测预警数据的潜在需求方，他们的知识对于判断监测预警需求、时间管理上的经济性极为重要。因此，需求评价框架由来自国家公园的工作人员、项目人员或其他机构人员使用，如有可能，外部专家、当地社区或其他对这一地区及其管理有一定了解和兴趣的人也应该参与。这一评价框架能够帮助回顾现存的监测结果，引导受访者讨论接受监测预警管理的每个方面，从而分析国家公园现实与潜在的灾害监测预警平台建设需求。

国家公园灾害监测需求量表的使用方法是请参与调查的人判断所有相关的现有威胁，在高、中、低级别中选择一个打钩。高级别的威胁导致严重的问题；中级别的威胁具有一些消极影响；低级别的威胁影响不大；N/A 是指该威胁类型不存在。需要特别指出的是，具体国家公园的需求分析，必须结合现有的自然保护地灾害监测预警平台，国家和地方政府等建立的平台信息，综合判断是否应当以及如何改善监测的手段、监测的频率和范围等。针对国家公园综合灾害风险，这一量表可分为灾害监测需求识别、人为胁迫监测需求识别和访客安全监测需求识别三部分。

1. 灾害监测需求识别

一是对国家公园内点源污染或非点源污染带来的威胁进行识别（表 3-20）。

表 3-20　国家公园内各类污染源登记表

高	中	低	N/A	是否应当以及如何改善监测手段、范围	相关问题
					1.1.1a 生活污水和城市废水
					1.1.1b 保护区设施（如卫生间、酒店）产生的污水和废水
					1.1.2 工业、矿业、军事废水和排放物（如大坝排放的水质差、非自然温度的水和其他污染物）
					1.1.3 农林业废水（如过量的肥料或杀虫剂）
					1.1.4 垃圾和固体废弃物
					1.1.5 大气污染
					1.1.6 能源污染（如热污染、光污染等）

二是对地质灾害进行识别（表 3-21）。地质灾害是很多生态系统中自然干扰因素的一部分，本质是中性的，但如果物种和生境遭到破坏且不能恢复，则被视为威胁。

表 3-21　国家公园内各类地质灾害登记表

高	中	低	N/A	是否应当以及如何改善监测手段、范围	相关问题
					1.2.1　火山
					1.2.2　地震和海啸
					1.2.3　雪崩和山体滑坡
					1.2.4　侵蚀和淤积/沉积（如海岸线或河床的变化）

三是对气象灾害进行识别（表 3-22）。气象灾害因其影响范围和干扰强度不同会直接导致物种死亡、生境破坏以及次生影响，被视为一种威胁。

表 3-22　国家公园内各类气象灾害登记表

高	中	低	N/A	是否应当以及如何改善监测手段、范围	相关问题
					1.3.1　干旱
					1.3.2　雪灾
					1.3.3　暴雨
					1.3.4　低温冷害

四是对生物灾害进行识别（表 3-23）。

表 3-23　国家公园内各类生物灾害登记表

高	中	低	N/A	是否应当以及如何改善监测手段、范围	相关问题
					1.4.1　物种入侵
					1.4.2　病害
					1.4.3　虫害
					1.4.4　动物灾害

五是对水文及海洋灾害进行识别（表 3-24）。

表 3-24　国家公园内各类水文及海洋灾害登记表

高	中	低	N/A	是否应当以及如何改善监测手段、范围	相关问题
					1.5.1　风暴潮
					1.5.2　海啸
					1.5.3　洪涝
					1.5.4　水生保护动物逃逸

六是对外来的及其他有问题的物种和基因材料进行识别（表 3-25）。陆生和水生的本土或外来植物、动物、病原体/微生物或基因材料在引进、传播和/或增加后会对生物多样性产生有害影响，被视为一种威胁。

表 3-25　国家公园内各类外来物种和基因材料登记表

高　中　低　N/A	是否应当改善监测现状以及如何应对	相关问题
	1.6.1 入侵植物（杂草）	
	1.6.2 入侵动物	
	1.6.3 病原体（非土生或土生并且导致产生新的或不断增多的问题）	
	1.6.4 引进基因材料（如遗传改良生物）	

2. 人为胁迫监测需求识别

一是国家公园边界内外土地利用方式的转变（表 3-26），以判断人类居住或其他有显著生态影响的非农业土地利用所带来的威胁。

表 3-26　国家公园内土地利用方式变化登记表

高　中　低　N/A	是否应当改善监测现状以及如何应对	相关问题
	2.1.1 保护用地变为居民点	
	2.1.2 保护用地变为道路	
	2.1.3 保护用地变为农业用地	
	2.1.4 保护用地变为工矿用地	
	2.1.5 保护用地变为养殖场	
	2.1.6 保护用地变为单一经济林	

二是国家公园边界内外能源生产和矿业发展情况（表 3-27），以确定生产非生物资源所带来的威胁。

表 3-27　国家公园内能源与矿产登记表

高　中　低　N/A	是否应当改善监测现状以及如何应对	相关问题
	2.2.1 石油和天然气开采	
	2.2.2 采矿和采石工程	
	2.2.3 能源生产（包括水利大坝）	
	2.2.4 能源设施建设	

三是国家公园边界内外农业、畜牧和水产业发展情况（表 3-28），以评判农业扩张和集约化等由种植业及畜牧业带来的威胁，以及海洋生物养殖和水产业等威胁。

表 3-28　国家公园内农牧渔业发展登记表

高	中	低	N/A	是否应当改善监测现状以及如何应对	相关问题
					2.3.1a　一年一度和四季不断的非木材作物种植
					2.3.1b　药物种植
					2.3.2　木材和纸浆林种植
					2.3.3　牲畜耕作和放牧
					2.3.4　海洋和淡水产业
					2.3.5　开垦荒地
					2.3.6　湿地围垦
					2.3.7　秸秆焚烧
					2.3.8　薪柴砍伐
					2.3.9　机动车放牧碾压
					2.3.10　饲草收集

四是国家公园内外交通和服务设施建设情况（表 3-29），以评判交通通道和交通工具给物种及生境带来的威胁。

表 3-29　国家公园内交通与服务设施登记表

高	中	低	N/A	是否应当改善监测现状以及如何应对	相关问题
					2.4.1　公路和铁路（包括因交通造成的动物死亡）
					2.4.2　公共设施和服务线路（如电缆、电话线）
					2.4.3　轮船航线和运河
					2.4.4　飞机航线

五是国家公园内生物资源的使用和危害（表 3-30），包括消耗性使用野生生物资源、有意或无意收割产生的影响所带来的威胁，以及捕杀或控制某个物种所带来的威胁。

表 3-30　国家公园内生物资源使用情况登记表

高	中	低	N/A	是否应当改善监测现状以及如何应对	相关问题
					2.5.1　狩猎、捕杀和收购陆生动物（包括人类和动物产生冲突造成的对动物的捕杀）
					2.5.2　采集陆生植物或植物产品（非木制林产品）
					2.5.3　伐木和收割木材
					2.5.4　捕杀和收获水生资源

六是国家公园内外直接人类活动干扰情况（表 3-31），包括人类活动改变、破坏或干扰生境，以及非消耗性地使用生物资源所带来的威胁。

表 3-31　国家公园内直接人类活动干扰登记表

高	中	低	N/A	是否应当改善监测 现状以及如何应对	相关问题
					2.6.1　娱乐活动和旅游业
					2.6.2　战争、军事演习和民间争端
					2.6.3　国家公园内研究、教育和其他有关活动
					2.6.4　国家公园管理者的活动（如建设或使用交通工具等）
					2.6.5　威胁国家公园工作人员和访客的破坏性活动

七是自然系统的改变（表 3-32），包括退化生境或改变生态系统功能的行为所带来的威胁。

表 3-32　国家公园内自然系统变化登记表

高	中	低	N/A	是否应当改善监测 现状以及如何应对	相关问题
					2.7.1　火灾（包括纵火）
					2.7.2　水坝带来的水文学的改变和水资源管理/使用
					2.7.3a　国家公园生境的破碎化
					2.7.3b　国家公园生境的"岛屿化"（如砍伐森林、无有效水生动物通道的大坝）
					2.7.3c　影响国家公园价值的其他"边缘效应"
					2.7.3d　失去关键物种（如最高级的捕食者、授粉者等）

八是特殊的文化和社会威胁（表 3-33）。

表 3-33　国家公园内特殊文化和社会威胁登记表

高	中	低	N/A	是否应当改善监测 现状以及如何应对	相关问题
					2.8.1　传统文化、知识和/或管理实践的丢失
					2.8.2　重要文化价值的自然衰败
					2.8.3　文化遗产建筑、园林、景点等的破坏

3. 访客安全监测需求识别

国家公园对外开放游憩、研学等各种形式的旅游活动势必增加，访客的影响是一个需要高度关注的方面（表 3-34）。

（三）国家公园灾害风险监测指标的选取

在灾害风险监测内容范围内，依据具体国家公园监测平台建设需求识别结果，国家公园管理部门选取必要的监测指标。国家公园综合灾害风险监测能够采用的主要指标见表3-35。这一选取过程可以遵照"层级式"综合灾害风险管理过程，会同行业部门，对接相关监测平台，形成自身监测网点。

表3-34　国家公园访客登记表

高	中	低	N/A	是否应当改善监测现状以及如何应对	相关问题
					3.1　访客流量监测
					3.2　危险区域警示
					3.3　游客危险行为监测
					3.4　紧急情况撤离集合点指示
					3.5　访客位置管理
					3.6　访客服务需求监测

表3-35　国家公园常见灾害类型及其监测范围与指标

灾害类型	致灾因子监测及直接指标	孕灾环境监测及直接指标
干旱	降水量、温度、湿度、连续无雨日数、土壤相对湿度、作物受害面积、作物成灾面积、积雪、牧草返青面积、饮水困难人数、气温、蒸散量、水库蓄水量、河道来水量或径流量、地下水埋深、湖泊水量等	以致灾因子监测为主
洪涝	洪水水位、滞洪时间、蓄洪量、流速、上游来水量、降水量等	高程、河流级别、过境洪水、土地利用等
台风	范围、风力、降水量等次生灾害风险	高程、河水水位等
暴雨	风向、风速、温度、相对湿度、露点温度、降水、暴雨持续时间、蒸散发、渗漏、径流	河网等级、河网密度、湖泊大小、土地利用、地形特征等
大风	极大风速、持续时间（日数）	海拔、河网密度、森林覆盖率
冰雹	冰雹粒径大小、冰雹持续时间、冰雹发生频率以及冰雹覆盖区域面积	积雨云厚度、风切变、海拔、地形起伏
雷电	雷电次数、时间、经纬度、强度、陡度，地闪回击的时间、位置、峰值强度、放电电荷量、峰值辐射功率	暴雨、冰雹、龙卷风、台风等
低温冷害	降温幅度、低温强度、低温持续日数、积温、有害积寒等	以致灾因子监测为主
冰雪	积雪面积、积雪深度、积雪日数、气温、降水	入冬前枯草群高度、家畜掉膘期负积温、草场利用强度、草场退化面积比例、雪草高度比等
高温	温度、风速、湿度、强高温过程持续天数和强度、强高温过程期间日平均风速变化和日平均相对湿度变化	地形、水系、地表覆盖类型
沙尘暴	瞬间极大风速、最小能见度	地表质地类型、植被覆盖状况、土地资源利用方式、水土流失状况和沙漠化状况等
大雾	能见度、大雾范围	湿度（场）、温度（场）、风场
地震	地震频次、地震波形、形变观测、流体观测（气体释放、水化）、重力观测、红外观测等	风速

续表

灾害类型	致灾因子监测及直接指标	孕灾环境监测及直接指标
火山	岩浆房位置、岩浆活动、火山地震的位置和类型、地震频率、岩浆囊的形变（膨胀与收缩）、火山气体组分、火山气体扩散速率、火山气体丰度变化、熔岩流流动速率、喷发时间、火山灰体积、喷发柱高度、地震波速、热流值、地壳构造应力场	
塌陷	地下水动态监测、黄土的含水量和饱水性	以孕灾环境监测为主，包括地质、水文、工程等
滑坡泥石流	深部监测、地表变形监测、地下变形监测、次声报警仪监测、地下水动态监测、地声监测、地应力监测等	高程、坡度、剖面曲率、平面曲率、地形起伏度、地层岩性、构造、植被覆盖、水系、人类工程活动、降雨
风暴潮	潮水增水水位和持续时间，台风（成灾台风）的空间、强度、时间特征	热带气旋（台风、飓风）、温带气旋、强冷空气、海域和防域地形环境
海浪	波长、波高、波速	海域和防御地形环境
海冰	流冰范围、冰期、海冰返冻、单层冰厚、海冰外缘线	大气环流形势、气温、冷空气活动、海水温度、盐度、海流
赤潮	赤潮生物的种类、生物密度、发生范围、持续时间、水色	营养盐（主要是氮和磷）、微量元素（如铁和锰等）、特殊有机物（如维生素、蛋白质等）、海水的温度、盐度、日照强度、径流、涌升流、海流、溶解氧（DO）、化学耗氧量、pH、微量重金属铁和锰、叶绿素 a
病害和虫害	分布面积、发生面积、受灾面积、成灾面积、种群特征	天敌数量、气温、降水
鼠害	越冬基数、开春密度、繁殖强度、不同时期年龄组成	气候变化、食物条件、天敌数量、农事活动和是否灭鼠
森林/草原火灾	森林或人工林（草地）面积、森林覆盖率等	枯草期可燃物量（含水率）、人工林面积、气温、降雨量、历史森林火灾发生次数、火场面积等
水土流失	坡长、坡度、坡向、风力等级、风速、表土湿度、植被盖度等	各类气候因素
盐渍化	地下水埋深、地下水矿化度、地形因子、土壤温度、土壤水分、地表阻抗、土壤母质以及植被类型	植被特征
石漠化	以孕灾环境监测为主	气象要素、土壤要素、水文要素、生物要素

（四）国家公园灾害风险预警信息发布与应急响应

1. 国家公园灾害风险预警阈值的设定与预警信息发布

灾害风险监测预警系统的有效运作，需要有风险知识、监测预警服务、信息发布和沟通与应急响应 4 个方面来支持。其中，灾害风险预警能否有效支持国家公园管理目标的一个关键因素在于监测指标是否形成预警阈值。对于国家公园综合灾害风险管理而言，针对不同灾害风险、致灾因子和承灾环境的监测指标，需要形成不同灾害风险的预警阈值，最终形成预警信息（图3-9）。

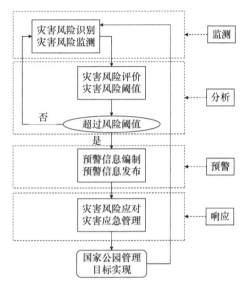

图3-9　国家公园灾害风险预警系统的运行模式

针对国家公园综合灾害风险特征和多元管理目标，研究提出国家公园灾害监测预警体系中的灾害风险预警阈值的设定和信息发布原则如下。

一是基于标准制定预警阈值。区域自然灾害风险预警阈值参照国家、地方和行业标准、指南设定不同级别，并联动区域自然灾害风险预警发布平台进行信息发布。

二是根据国家公园管理目标设定预警阈值。在参照标准的基础上，根据国家公园管理目标，为同一灾害风险的不同受体设定不同（或相同）阈值，为不同受体或其管理者发布差异化的预警信息。

三是根据国家公园管理过程调整预警阈值。根据国家公园管理对象的历史和实时受灾状况，判断是否根据管理目标调整预警阈值，提高灾害风险管理意识或者节约灾害风险管理成本。

四是针对不同的预警信息接收者采用区别化语言。区分专业管理者、社区居民、国家公园访客等不同群体，确保预警信息内容明确、指令清晰、语言适宜。

2. 国家公园灾害应急响应机构与流程

研究已经发现，当前在国家公园体制建设进程中，访客安全风险管理的主体责任还没有明确落实，其应急管理机制还在完善之中。研究表明，对于国家公园自身的自然特征、突发的自然灾害、群体与个体等人为社会因素等风险因素的监测和预警本身是多部门协调的适应性管理，因此，在进行应急响应，特别是开展安全事故救援时，国家公园管理部门也需要与多部门协作。

首先，国家公园管理部门必须针对国家公园的自然特征、灾害风险和访客行为规律制定访客风险管理应急预案，不仅考虑相关功能区的自然风险和环境容量等客观情况，而且要考虑相应区域游客群体的心理承受能力、心理体验等方面的潜在风险，形成完整的应急预案。这一应急预案，需依照国家、地方和行业相关法律和法规，并根据国家公园管理局、地方国家公园管理局等各层级的其他注意事项制定。

其次，应急预案需要具有可操作性，针对预警信息划分响应等级，确定责任主体，落实具体措施和人员安排，确保旅游安全风险事件的应急处置及时、迅速、精准。

最后，基于灾害风险管理的周期性，应重视日常应急培训和应急预案演练，特别重视国家公园管理部门与其他相关部门的协同配合，全面提高风险意识和应急处置能力，并根据应急预案演练情况和国家公园运行动态修订及调整应急预案。

基于自然保护地灾害风险管理研究进程与国家公园体制试点区综合灾害风险管理现状，作者提出了国家公园游客安全风险管理的技术框架（图 3-10）。这一框架构建的主要目标是：第一，为国家公园层级的突发事件提供指南，并为超出国家公园范围以外的紧急事件和活动提供管理及救援指导；第二，确保地方、区域乃至国家层面能够应对重大事件；第三，体现公共服务、市场机制和社会组织的资源配置与高效运作。

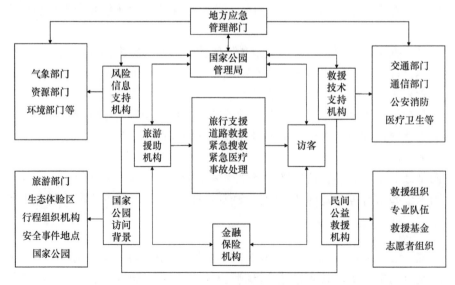

图 3-10　国家公园游客安全风险管理技术框架

三、国家公园人为胁迫监测与管理

（一）国家公园人为胁迫监测技术

基于国家公园的管理目标，对国家公园内部及其边界周围的人类活动进行监测，并对可能影响国家公园生态环境安全的相关胁迫性因素给予重点关注。目前主要可参考的监测技术手段有以下 4 种：基于卫星遥感的土地利用监测、基于无人机的低空监测、基于红外相机与视频探头的地面监测以及巡护监测。

1. 基于卫星遥感的土地利用监测

土地利用监测是立足于现代计算机软、硬件之上，充分利用不同时间的卫星遥感资料对土地利用变化情况进行动态分析，利用影像对土地利用变化做到及时、有效的动态监测，为土地管理提供快速、准确、可靠的资料。

2. 基于无人机的低空监测

低空监测主要应用无人机遥感技术，它是利用先进的无人驾驶飞行器技术、遥感传感器技术、遥测遥控技术、通信技术、GPS 差分定位技术和遥感应用技术，具有自动化、专用化、智能化快速获取国土、环境和资源等空间遥感信息，完成遥感数据处理、建模和应用分析的一门应用技术。

3. 基于红外相机与视频探头的地面监测

按照工作原理的不同，红外相机主要分为主动式和被动式两种。主动式红外触发相机感受移动物体阻隔发射器与接收器之间光束而进行拍摄，被动式红外触发相机则由物体引起环境热量变化而进行拍摄。近年来，红外相机监测技术逐渐由野生动物活动监测发展为旅游景区的游客容量监测。

视频探头监测目前广泛应用于社会治安监测。对国家公园而言，应在功能区入口与主要人流集散地布设视频探头，监测园区内的人为活动情况。

4. 巡护监测

巡护通常分为日常巡护与稽查巡护。日常巡护指生态管护员等工作人员规律性地对个人负责的巡护区域按照一定路线进行监测巡护的过程。稽查巡护指面向某一特定的稽查目标，对负责区域内的相关负面行为进行监测排查的过程。

（二）国家公园人为胁迫监测指标体系

能够对国家公园生态系统产生影响的人群主要是国家公园内及其周边存在的

社区居民，以及进入国家公园相应规划范围内的各类型访客。他们进行的生产、生活等各类活动具有一定规模，会对环境产生一定的影响，因此，对人类活动开展必要的监测，及时发现人为胁迫的生态影响，是国家公园综合灾害风险管理的必要手段。

依照人为胁迫因素分类和人为胁迫监测技术支持，结合国家公园综合灾害风险特征，重点研究国家公园人为活动的遥感监测、地面监测和巡护监测，并提出相应的监测指标体系。

1. 人为胁迫遥感监测指标体系的构建与应用

遥感监测主要针对国家公园范围内及其周边地区社区人口生产和生活的土地利用以及设备设施的景观尺度状态与变化。在确定人为胁迫分类的基础上，参考原自然保护区人类活动遥感监测，将适于遥感监测的人类活动进行进一步分类，形成监测指标基础（表3-36）。

表3-36 适于遥感监测的国家公园人类活动分类

一类指标	定义	二类指标
农业用地	直接或间接为农业生产所利用的土地	旱地
		水田
		草场
		林场
		水产养殖场
居民点	因生产和生活需要而形成的集聚定居地点	城镇
		农村居民点
		加工作坊
工矿用地	独立设置的工厂、车间、建筑安装的生产场地等以及在矿产资源开发利用基础上形成和发展起来的工业区、矿业区	工厂
		矿山
		油罐
		油井
		工业园区
采石场	开采建筑石（矿）料的场所	采石场
		采砂场
能源设施	利用各种能源产生和传输电能的设施	风力发电场
		水利站
		太阳能电站
		变电站

续表

一类指标	定义	二类指标
交通设施	从事货物和游客运送的工具与设施	公路
		铁路
		机场
		码头
		港口
旅游设施	用于开展商业、旅游、娱乐活动所占用的场所	旅游用地
		度假村
		寺庙
其他人工设施	无法准确划分到以上7种人类活动类别中的设施	其他人工设施

在对遥感影像进行数据处理的基础上，采用遥感分类解译的方法，提取国家公园内及其周边的各种人类活动信息，通过多年、年际、年内等不同时段的遥感解译，对国家公园人类活动的面积、数量和百分比进行统计。遥感监测指标需要匹配相应的人类活动实地核查，通过遥感监测提取的人类活动斑块的经纬度信息，到实地进行定位、验证，并记录其所在的国家公园功能分区和管理分区、用地类型、建成时间、设施现状、相关审批手续、相关问题。通过遥感解译、统计分析与实地定位相结合，评价国家公园人为胁迫的空间分布状况、类型和程度（表3-37）。

表3-37 国家公园人类活动遥感监测与评价指标表

内容	指标	数据源
国家公园人类活动遥感解译	各类人类活动面积/数量/百分比	解译矢量
	不同功能分区/管理分区人类活动空间分布	解译矢量
	不同功能分区/管理分区人类活动面积/数量/百分比	解译矢量
国家公园人类活动实地核查	敏感人类活动经纬度	实地核查
	土地利用类型	实地核查
	设施名称	实地核查
	建成时间	实地核查
	设施现状	实地核查
	相关审批手续	实地核查
	存在的问题	实地核查
（单个）国家公园人类活动分析	国家公园人类活动的总面积/总数量/百分比	解译矢量、实地核查
	不同功能分区/管理分区人类活动的总面积/总数量/百分比	解译矢量、实地核查
（单个）国家公园人类活动影响评价	国家公园不同类型人类活动空间分布状况	解译矢量、实地核查
	国家公园人类活动干扰程度	解译矢量、实地核查

基于遥感监测结果，可以计算国家公园人为胁迫指数，并进行分级。研究提出国家公园人为胁迫指数：$NPHI=(a_1b_1x_1+a_2b_2x_2+\cdots+a_ib_ix_i)/x$。其中，$NPHI$ 为基于遥感监测的国家公园人为胁迫指数；x_i 为人类活动类型的面积；x 为国家公园人为胁迫监测总面积。a_i 和 b_i 为权重，其中 a_i 根据每一类人类活动斑块所在的功能区/管理区来确定，b_i 根据不同人类活动类型对国家公园的影响程度来确定。a_i 的权重根据国家公园功能区划的要求，将严格保护区与一般控制区的人类活动影响权重依次确定为 0.8 和 0.2，其管理分区主要针对一般控制区来划分，可以根据情况进一步设定权重。人类活动类型对国家公园的影响权重依照当前国家公园管理目标初步进行设定（表 3-38）。

表 3-38   人类活动类型对国家公园的影响权重

序号	类型	对国家公园的影响程度	影响权重
1	工矿用地	100	0.22
2	采石场	90	0.20
3	能源设施	80	0.18
4	旅游用地	80	0.18
5	交通设施	50	0.11
6	其他人工设施	30	0.07
7	农业用地	10	0.02
8	居民点	10	0.02

从人类活动对生态系统影响的空间范围、作用强度和持久性 3 个方面出发，将国家公园人为胁迫程度分为 4 级。第一级为没有或轻微，人为活动仅在国家公园局部（面积小于 5%）开展，主要是居民点、农业生产和普通道路，所影响的生态系统短期内（小于 5 年）可以自然恢复。第二级为一般，人为活动在国家公园内零星分布（面积为 5%～15%），对生态系统的影响明显可见但尚不显著，以农田、居民点、道路为主，能源、旅游等人工设施有所发展，所影响的生态系统在中期（5～20 年）可以恢复；第三级为明显，人为活动在国家公园内广泛分布（面积为 15%～50%），对生态系统的影响较为显著，人为活动类型较多，开发建设活动明显，所影响的生态系统长期（20～100 年）有可能恢复。第四级为剧烈，人为活动遍及国家公园内，导致严重的生态系统后果，人为活动类型多，以开发建设活动为主，导致生态系统的永久损害。不同国家公园可以根据人为活动类型、数量来确定适宜的人为胁迫指标分级范围。

2. 人为胁迫地面监测指标与应用

红外相机与视频探头监测主要用于国家公园的访客容量和活动监测。国家公园访客容量、园内人类活动的地面监测主要分为两方面：一方面是访客容量监测，监测指标包括但不限于国家公园及其分区的访客人数、交通工具流量、访客停留时间等，监测指标用于反映访客群体对国家公园及其不同功能和管理分区的分时、分区压力；另一方面是访客与社区行为监测，监测指标为人类胁迫行为类型，监测指标用于反映社区、访客等所有相关人群与生态系统及其组分间、人与人之间的相互影响，即生态风险和访客风险。因此，行为监测指标应对照国家公园人为胁迫类型、国家公园管理所制定和实施的产业、活动正负面清单进行设计。

人为胁迫的地面监测需要选择合适的位置和时间，以支持国家公园人为胁迫管理目标。根据国家公园综合灾害风险成灾机制中人与生态系统的相互作用，以及国家公园多元管理目标，规划人为胁迫地面监测位置时，应从两方面进行考虑：一是人类活动相对密集、频繁区域；二是生态敏感、脆弱和具有安全风险的区域。同时，除上述客观标准外，国家公园管理者、多类型访客基于经历、经验而提出的区域也是人为胁迫地面监测点设置需要考虑的地方。

因此，将国家公园人为胁迫地面监测点分为 5 类：①存在环境容量饱和风险的区域，如入口、人群集散地等；②生态系统及其组分具有重要价值，容易或已经受到威胁的区域，如公路上的生物廊道；③自然条件复杂多变，具有不确定性和缺乏本底信息的区域，如高山地形区；④实施特定管理措施、开展新管理措施的区域，如仅供特定活动、人员进入的地区、新开放的游步道等；⑤人类活动已经进行，但生态系统影响尚不明确的区域，如长期用于宿营的地区。以上 5 类监测地点，在实际监测中存在重合，可以根据管理目标和实际条件进行统一规划。

人为胁迫指标的监测时间，即周期和频率，取决于具体的监测指标，其基本的选择依据一般源自访客行为影响研究。

3. 人为胁迫巡护监测指标与实施

日常巡护监测指标与国家公园管理目标直接相关，从有效降低人为胁迫对生态系统及其组分影响的角度来看，日常巡护的主要目标是发现国家公园周边社区和相关访客的活动对自然资源、生态系统、自然景观造成的影响；同时，也能够发现自然灾害风险，包括对生态系统自身具有重大威胁的气候、地质、生物等风险，以及对社区、访客具有潜在威胁的火灾、野生动物及其他自然风险。

具体而言，巡护监测的主要内容包括：①违背国家公园相关准入产业、活动清单的非法行为，如偷砍盗伐、偷捕盗猎等；②国家公园周边社区生产、生活的潜在隐患，如不当的生活用火、牲畜进入保护区域等；③国家公园访客及其他外来人员违反国家公园行为规范、进入非准入区域或处于安全风险中；④生态系统及其组分状况，以及其面临的其他自然风险。

相应的，巡护监测路线、具体监测指标根据监测内容进行规划。其中，巡护监测的固定路线在设计中应确保能够覆盖国家公园的绝大部分区域；能够覆盖历史数据中识别的人为胁迫风险热点区域；能够做到巡护监测当天往返驻地或夜宿哨卡；能够通过两个或两个以上巡护片区交汇地点；能够形成闭合回路；能够具有可观测的视线角度。巡护监测的机动路线应根据固定路线覆盖区域内的地形、资源、人为活动、生态系统季节性等情况进行布设。

巡护监测指标主要包括如下几方面。

1）环境状况：环境常规与自然灾害风险。包括气温、降水等天气指标，水位等水文指标，地质、水文、干旱、林火等灾害风险痕迹指标。

2）人类活动：主要是非法活动。包括盗牧、盗伐、偷猎、偷采、开荒、采矿、用火、修路、在非合法区域或在合法区域采用非合法手段的旅游等人为干扰的种类、地点、人数、工具、设备、涉及野生动植物种类等；放牧等活动中的相关动物种类、数量、地点、受影响植物等；生境破坏程度与隐患。

3）生态状况：野生动物偶遇与生态系统异常情况。偶遇动物种类、数量、痕迹、尸体、幼仔数量与身体状况；野生动物肇事情况；病害、虫害、冻害等迹象的位置、范围；倒伏、死亡等状况。

此外，监测的具体指标可以根据实际需求在巡护中以备注等形式增加。日常巡护监测的频率相对固定，根据生态系统特征和巡护条件进行确定。稽查巡护根据国家公园管理目标和人类活动特征，在旅游旺季、生产季节、防火季节等特定时段予以开展。

（三）面向国家公园管理目标的人为胁迫管理

基于国家公园管理目标与前述的人为胁迫分类，应遵循"预防为主、恢复为辅"的原则，在制度建设、资金保障与宣传教育等方面进行预防性管理，在游客监管、生态抚育等方面进行恢复性管理。重点管控国家公园区域内的内生性行为，对于外生性行为则进行区域性管控。具体管理措施如下。

一是加强法制建设。建立健全生产和生活用水与排放标准、本地居民生育措施等法律法规体系，严格执行规章制度，加大执法检查力度。

二是加强行政监管。加强巡护队伍建设，建立巡护工作激励机制与信息共享机制，建立综合性巡护监测体系（生物多样性、生态环境、人为活动等），落实退牧退田还林还草政策，严密监控人为因素导致的林火、病虫害等灾害。

三是加强制度建设。促进保护地和地区进行联防巡护与联合执法、跨行政区域保护和资源利用的协商管理与协作联防，与科研院所联合进行科研监测，建立问责与奖惩制度，优化国土空间开发格局、规划生态保护红线、编制主体功能区划、指导保护规划的分区管理。

四是做好资金保障。设立专项科研资金，设立野生动物损害补偿基金，设立污染防治与生态修复专项资金，增加监测巡护资金投入，改善基础设施、巡护设备。

五是加强资源管护。进行国家公园范围内的自然资源确权登记，实施封山禁牧、封育轮牧、退耕还林、封山育林、植树造林等政策，确保工程性资源利用实行统一调度，确保资源本底质量，科学匹配本地资源特征与国家公园周边区域产业发展优势。

六是加强生态保育。进行自然修复、人为修复（湿地修复、荒漠化修复、人工封育、坡耕地治理、生态工程治水、灌木治沙、建立防护林）等生境修复与创造，进行环境污染评价、污水治理等企业污染评价与治理，对企业事故进行及时控制与响应。

七是做好社区动员。建立生态产业与特色农业，开展生态旅游特许经营等生计转型，促进社区居民通过社区共管、传统知识应用、社区生态保护项目等方式参与保护管理，对严格保育区内的居民进行生态补偿与生态移民，调整社区能源结构，防治农村环境污染（化肥、农药管控，垃圾分类管理，开展社区扶贫工作）。

八是加强游客管理。宣传生态旅游管理理念与方式，对游客的休憩空间与游览模式进行限制，通过承载力测算、进入登记政策、人车分流等方式严格管控游客容量。

九是加强科普宣教。面向公众与社区开展环境科普教育，面向公众与社区的生态管理教育，推广与应用相关科学研究成果。

第四章　国家公园社区管理*

与许多西方国家不同，我国国家公园建设必须面对的现实问题是，不少国家公园内及其周边地区有着数量庞大的人口规模和相对复杂的土地权属，使得国家公园的建设不仅需要关注生态系统和生物多样性保护，而且要关注长期生活在那里、与当地自然生态环境和资源相生相伴、融为一体的当地居民的生存与发展。国家公园试点区内的居民与大自然相依共存、协同演化，是一个有机整体。他们在脆弱的环境里形成了敬畏自然、保护生态的自然观，形成了固有的生态保护理念，创造出充满生态智慧的生产和生活方式（闵庆文和何思源，2020）。

目前国家公园试点区内的居民生计来源仍然大多依赖于对当地自然资源的传统利用（臧振华等，2020），这注定了我们的国家公园不可能建在无人区，不可能采用"荒野式"的保护方式，更不能像一些国家那样将当地居民"简单驱逐"了事。社区居民是国家公园建设管理中的重要利益相关者，在国家公园的发展进程中必须要处理好与当地社区发展的关系，社区管理也成为国家公园综合管控的组成部分。

在国家公园社区管理中，社区参与国家公园管理作为一种可持续发展的有效途径，是平衡社区权、责、利的管理模式，也是解决社区生计发展与国家公园生态保护目标之间冲突和摩擦的有效方式（高燕等，2017）。社区作为利益相关方之一，在参与国家公园管理的过程中，可以与其他利益相关方进行协商，在寻求自己利益的同时，及时掌握园区保护需求，规范自身的生计行为。本章重点探讨了基于地役权的社区土地管理方法与应用、基于保护兼容性原则的社区生计保障与产业发展和社区参与模式与实践等问题。

第一节　基于地役权的社区土地管理方法与应用

一、国家公园空间管控需求与地役权

（一）面向生态保护管理的国家公园空间管控

全球 50% 以上的国家公园和保护地都是建立在乡村社区土地上，社区所依托的土地承载着生态保护、农业生产、居住、社会文化属性以及为公众提供游憩服

---

*本章由何思源、闵庆文、杨晓执笔。

务的多重功能（肖练练等，2020）。对于实现国家公园保护生态系统原真性、完整性的目标而言，国家公园空间管控应当从资源导向向管理目标转变（朱里莹等，2017；何思源等，2019d）。

在传统功能区划基础上，考虑保护地内及其周边长期以来的人地关系所体现的资源利用的空间差异性，国家公园空间管控应考虑以下3个层面。

第一层面是针对生态系统，面向保护对象，识别保护目标空间差异性，确定生态边界。国家公园的首要管理目标是生态保护，因此，实施空间管控的前提是识别具有空间差异的保护目标，即针对保护对象现状来确定保护管理所期望达到的成效。

第二层面为经济社会管理，面向保护需求判断社区行为的保护兼容性，确定生产边界内国家公园的保护管理需要，设定空间上多样化的保护目标，而其空间差异化的保护需求的实现受到社区生产、生活空间边界与活动方式的影响，存在自然保护与社区生产的权衡。

第三层面为社会-生态系统管理，面向国家公园多重管理目标开展系统性空间管控，确定管理边界在"人、地"约束下，中国的国家公园管理必然是一个面向社会-生态系统的管理（何思源等，2019d），需要将基于生态学所确定的保护需求与现有土地利用方式、程度等进行比较，根据保护目标与社区生计发展诉求匹配具有空间差异化的约束与激励性政策。

（二）地役权的类型与特征

地役权起源于罗马法。基于土地自然属性，在单块土地私有时，行使诸如通行、汲水等功能时必须借助相邻地块，即为了更有效地实现土地的整体效益，需要在自己占有的土地上同时存在他人支配。这种情形导致的直接结果就是地役权观念的形成。

1. 大陆法系的地役权及其特征

在大陆法系中，地役权（servitude）的概念在表述时，不同国家因国情不同其定义切入点有所区别，从先行立法看，有两种表述。一是从需役地角度出发，视地役权为一种权利，包括《德国民法典》《日本民法典》《意大利民法典》等；二是从供役地角度出发，视其为一种负担或义务，包括《法国民法典》《瑞士民法典》《荷兰民法典·物权编》。两种视角的表述都揭示了地役权实现的主体双方就同一土地上的利用需要进行调和而使得利益共存，并因此增加需役地的利用价值。

地役权的效力主要体现于地役权人和供役地人的权利及义务两个方面。地役权人主要享有对供役地的使用权以及为达到设定地役权目的或实现其权利内容而在供役地上设置的必要附属行为要求和附属设施。其义务是尽可能保全供役地人的利益，维持附属设施。供役地人的权利则是在不妨碍地役权行使的条件下，在其所有的土地上行使土地所有人的一切权利，其义务主要在于容忍和不作为。

2. 英美法系的地役权及其特征

在英美法系中，地役权和收益权（profit）大致相当于大陆法系的地役权概念。英美法系的地役权是指为实现自己土地的利益而使用他人土地的权利。英美两国地役权内涵基本相似，都是从需役地人角度表述地役权。然而英国地役权包括消极地役权，美国地役权仅指积极地役权；英国地役权只能为土地便利而存在，不能为了某人利益而存在，美国地役权可以为某人利益而存在，形成独立地役权（张鹤，2014）。

与大陆法系相比，英美法系的地役权种类更为丰富，分配标准复杂。英美法系的地役权具有几个特征：一是具有非占有性，有些地役权的产生不以需役地存在为条件；二是具有普通法与衡平法的差异，普通法地役权是为了某一特定目的、有效目的而使用他人土地或限制他人使用土地的权利，而衡平法地役权是地役权人限制义务人及其土地继承人在自己的土地上作一定用途的权利。

（三）基于保护地役权的土地管理制度

地役权能够用于实现公共利益。无论是大陆法系还是英美法系，都存在为实现公共利益而设置的地役权，使得地役权具有一定的公法属性。此类地役权具有公共地役权、行政地役权或法定地役权等不同名称。

根据《中华人民共和国物权法》（以下简称《物权法》）第156条规定，地役权是指不动产权利人按照合同约定利用他人不动产以提高自己不动产的效益的权利。从生态学角度看，地役权客体要求的土地本身并不是单一要素，而是含有生态系统有机生命与无机环境多元要素的整体，因此土地利益不仅包含经济效益，也包含精神文化价值。从生态系统服务概念与生态经济角度看，土地的多功能性所具有的利益能够进行货币化，成为地役权利益协商的基础；土地利益的整体提升不仅限于经济利益，还包括广泛的社会和生态效益。从地役权要件构成看，生态环境保护的地役权可以将受到环境污染、生态退化现实或潜在影响区域作为需役地，政府和相关公共机构代表广大社会成员成为地役权人，供役地则是具有现实或潜在生态环境影响的区域，供役地人则是可能因其土地利用造成现实或潜在影响的人群。在法律承认和支持的环境保护、自然保育标准和目标内，地役权双方协商约定可以接受的权利、义务，设定补偿标准，平衡经济利益驱动下的区域土地利用与实现更广泛的生态安全与可持续发展的公共利益需求。

美国在环境地役权制度的建立年限和法律体系的完备上有值得借鉴之处。美国的保护地役权有两类：历史文化遗产保护地役权（preservation easement）和自然保护地役权（conservation easement），统称保护地役权（conservation easement）。其设立目的是实现特定的保护目的而限制包括土地开发在内承载于土地所有权上的相关权利。这种保护地役权的设立，反映了地役权的内容在现代社会的不断丰富，从地役权产生伊始所强调的不动产经济效益优化的"便宜"，逐渐扩展到精神满足的"便宜"，甚至从提高经济利益到基于非经济目的的限制开发（耿卓，2017）。因此，美国的保护地役权有其独特之处，反映了环境生态保护领域地役权制度建立的基础和优越性。

二、以地役权实现国家公园社区土地统一管理

（一）国家公园内土地权属特点与土地管理原则

1. 国家公园内土地权属特点

国家公园内及其周边居民的集体土地权属问题，是在中国国情下建立和管理国家公园所必须要面临与应对的核心议题。土地权属直接关系到生态系统服务需求的实现，影响到原住民福祉和保护生态的积极性。土地管理权本质上是一种政府行政权力，对如何保障保护地体系内居民的基本生产，有学者提出政府的义务应当包括：保障其已经取得的土地使用权的义务；减免自然保护区内居民税费的义务；收购自然保护区内居民生产的农牧产品并支付合理价格的义务；为后代人维持现有农用地数量和质量的义务等。在保障土地所有权和使用权的情况下进行自然保护，应给予相应补偿，以国家为代表进行资金投入以保障居民依赖土地的生存权。还有学者提出了自然保护区管理契约制度和农民经济权利限制与补偿制度（周莉，2007），并提出建立资源可持续利用的社区共管模式（潘景璐，2008）。

在自然保护地建立与管理中，通过限制土地所有者或使用者的某些土地经营权或收益权从而达到保护目标，并给予利益受损者相应补偿，是一个学界共识，也是对当前以征地为主的土地权属转化、割裂人地关系的保护管理所显现出的弊端的回应。从历史与现实来看，确保社区居民依赖土地的生存权具有重要意义（魏钰等，2019）。

2. 国家公园社区土地管理原则

国家公园体制建立过程中需要探索社区土地管理的新视角，寻求社区生计与生态保护协同发展的土地管理方式的制度化途径。因此，保护地役权制度因其"非占有性"，逐渐进入学者和保护实践者的视野（何思源等，2017）。地役权本质是地役权人持有者对土地施加限制或积极义务的非占有性利益，其目的是实现具体的保护需求。在实践中，非占有性使得土地所有权不变，并且必须有针对性地

为了达成保护目标而限制具体的活动，尽量避免对其他利用活动的干扰。因此，地役权可以对生态和景观上连续的土地资源因为权属不一造成的破碎化进行统筹，确定具体的公共利益保护需求，明确权利人可以继续享有的权利，建立补偿机制并测度补偿标准。

（二）保护地役权制度在国家公园管理中的适用性

保护地役权制度特征从三方面契合了面向生态保护管理的国家公园空间管控需求。

一是保护地役权契合生态系统的保护管理需求。因为保护地役权以实现公共利益为目的而建立，不以需役地（传统地役权中因使用他人土地而获得便利的自己的土地）的存在为必要，而国家公园以保护生态系统原真性、完整性为首要目标，生态保护是维护公共利益的重要组成部分，这一公共利益可能无法通过具体需役地来承载。

二是保护地役权契合社区合理、可持续的生计发展诉求。因为保护地役权合同的实施不改变土地权属，在具体地块上对土地实益拥有者的土地利用开展管理，其作为用益物权的使用权和收益权不会丧失，而国家公园内及其周边社区与自然生态系统协同演化，其生计发展依托集体土地权属的稳定和公平合理的收益，且社区发展是国家公园全民公益性的重要体现之一。

三是保护地役权契合国家公园在统一制度下开展差异化管理的目标。因为保护地役权继承地役权物尽其用的原则，只对土地使用权进行有限限制，可以灵活调整使用权的限制范围和程度以达到降低补偿成本、满足多种诉求的目标，而国家公园旨在对自然资源进行统一管理，社区必然采取不同的土地利用方式、强度、类型。

（三）国家公园建设中保护地役权的实现路径

将保护地役权特征与面向生态保护管理的国家公园空间管控框架相结合，可以得到国家公园空间管控的保护地役权实现路径（图4-1）。

第一，依据保护地役权设立的公益性前提与设立目的，进行保护对象识别与保护目标设定，以保护目标的空间差异性作为土地利用限制的依据，确定生态边界。

第二，虽然可以不存在需役地，但代表公共利益的需役地人（政府相关机构和公益机构）存在。

第三，根据需役地人提出的保护需求，分析具有资源利用诉求的供役地人（社区集体以及集体土地承包经营权人）的生计活动的保护兼容性，确定生产边界。

第四，在识别与匹配生态边界和生产边界的基础上，经平等协商，以管控规则确立供役地人的权利与义务，形成合同，从而构成管理边界。

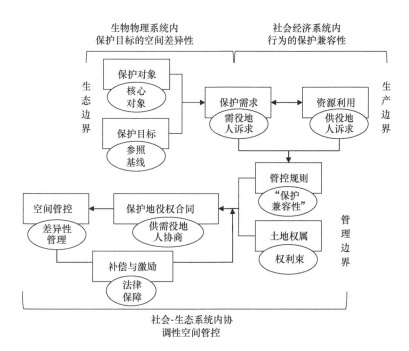

图 4-1 国家公园多层面空间管控的保护地役权实现路径及其特征

第五，供役地人权利主要在于保留具有保护兼容性的生产活动以获得适度经济收益，并获得一定补偿，其义务包括不作为义务与作为义务，分别是限制与保护不相兼容的生产活动和鼓励生态保护行为。

第六，政府或公益机构则享有监督合同执行情况和制止其违反约定使用土地的权利，并履行激励机制，依托多元力量完善保障制度。

保护地役权的公益性、非占有性和灵活性有利于国家公园解决原有自然保护地管理时的土地破碎化、权属多样化和社区发展受限问题，实现国家公园国有土地实际控制意义上的主体地位与统一管理（秦天宝，2019）。较之空间上的封闭式保护与区域同质的标准化生态补偿，保护地役权带来空间差异化管理的可能，根据供役地的位置、分布、生态特征和生计需求等异质性分别与供役地权利人约定具有针对性的合同，明确供役地权利人的权责，从而同时增强生态完整性与保障社区收益权，从生态系统、社会经济系统与社会-生态系统 3 个层面落实国家公园空间管控。

（四）国家公园建设中保护地役权制度建设

保护地役权理念在我国自然保护地领域已经得到认同并开展了一些实践，但其法律支撑尚显不足。我国现行的《物权法》的地役权制度是传统地役权，要求需役地和供役地同存；但是地役权本身随着社会发展规则和功能产生变化，人们对其体系进行了现代解读。美国的保护地役权作为一种公共地役权淡化了需役地的实体性。

在我国，公共地役权目前仍处于法律缺失状态，而短期内修改《物权法》的可能性微弱，因此相关学者提出可以对地役权进行司法解释，扩大其内涵，将其定义为减弱需役地实体性的一种独立地役权，将需役地取得"便宜"的目标和程度更多地放在对供役地权利人的作为和不作为上，需要更多地考虑如何充分调动供役地权利人通过合理利用土地，在获得经济利益的同时也达到需役地所期待的生态效益（张红霄和杨萍，2012）。这一方面需要对供役地权利人的权利和义务进行清晰界定，另一方面需要需役地权利人代表构成的多样化，以便对供役地权利人的负担进行合理补偿。因此，应该把握地役权对供役地权利人的有限限制、尊重其保留多样化利用的权利来设计合理的地役权合同，在土地资源的稀缺性、多样性及其生态整体性上进行协调。

当前保护地役权实践多以协议形式开展，缺乏法定约束力。在这一方面，钱江源国家公园集体林地地役权改革尝试进行了地役权主体双方签订设定合同到完成保护地役权登记，形成了完整闭环，通过一张林地地役权登记证书，实现了集体林地不动产统一登记全业务。因此，针对我国生态环境公共利益的保护需求，应当尽快确定保护地役权的立法模式、内部构造与配套制度（秦天宝，2019），为国家公园空间管控提供创新、规范的路径，这样才能在"人、地"约束下真正实现中国国家公园以"生态保护第一、全民公益性"为特征的统一、规范的空间管理。

三、案例：武夷山国家公园保护地役权设计

（一）研究区概况

武夷山国家公园体制试点区主要保护对象是亚热带常绿阔叶林，同时也是社区生产、生活集中分布区域。实现国家公园管理目标所面临的主要矛盾之一是获取森林资源、茶叶种植及大众旅游活动与维持森林生态系统稳定并发挥其生态公益性功能的矛盾（He et al.，2018b）。对社区而言，山权和林权经历了多次变化，因多类型保护地的建立而实施了征地政策和保护管理，与土地利用的空间管控直接相关的问题主要有五方面：①多类型保护地封闭式保护与社区传统资源获得权丧失的矛盾；②生态公益林禁伐政策与林地经营权、收益权完全丧失的矛盾；③土地征收后农民生计转型困难；④农民生产、生活需要进行土地利用类型转变、空间扩张；⑤各类补偿不足。

针对上述问题，武夷山已经开展的山林"两权分离"的管理模式在不改变土地所有权的情况下将其与经营权分离（何思源等，2017）。然而对于实现保护目

标与发展社区生计而言，"两权分离"未能针对具体保护目标，无法满足社区土地收益需求。武夷山国家公园集体土地占比在70%以上，在绝对意义上实现国家公园以国有土地为主体的统一管理并不现实。在已经使用的方式中，征收与赎买容易引发社区负面情绪并产生巨大的经济成本；土地租赁则不利于提高居民参与国家公园保护与管理；从本质上来说，这些方式都会切断农民与土地的关联，中止业已形成的有利的人地关系，也不利于地域文化的传承。相对的，保护地役权理论上能够规避上述方式带来的社会不稳定因素与高额经济成本，以差异化管理提高农民参与国家公园管理的积极性。

（二）武夷山保护地役权设计

1. 确定多层面空间边界

依照国家公园空间管控的三层面框架，根据已有研究成果、实地调查与专家讨论，确定亚热带常绿阔叶林生态系统作为主体保护对象，具体保护对象、保护目标及其评估依据见表4-1。

表4-1 基于武夷山国家公园体制试点区森林生态系统的保护需求（何思源等，2020a）

保护对象	保护目标	监测指标	保护需求	
			鼓励行为	限制行为
亚热带常绿阔叶林生态系统；地带性优良树种；垂直带谱	砍伐迹地经多年逐渐恢复为典型常绿阔叶林；维持群落正常更新；促进群落正向演替	建群种动态；物种丰富度；演替阶段；植被生产力；土壤理化性质等	适当人工干预促进林下更新；封山育林；防治病虫害；气候变化预警	引入外来物种；采伐和采摘；捕杀；道路、建筑、工程建设

一是确定生态边界。在生态系统空间管控层面上，核心保护对象具有一定的空间分布特征，赋予保护目标以空间特性。研究区范围内林种区域划分差异明显，东、西自然保护区与风景名胜区以特用林为主，保护等级较高；中部九曲溪生态保护区林种丰富且分布细碎，以用材林为主。优势树种空间分布可见阔叶林生态系统中有大量马尾松林与杉木林。马尾松林多为阔叶林遭受人为强度破坏之后出现的。结合森林起源图，杉木林多为人工种植，林种单一。

二是确定生产边界。在社会经济空间管控层面上，根据保护目标，对于具有上述空间分布特征的常绿阔叶林生态系统，其保护需求可以从鼓励行为与限制行为两方面进行界定（表4-1）。社区生计方式研究发现，社区生计策略中影响生态系统动态的一个主要因素为茶树种植；茶树种植、采摘、制茶承载着武夷山几百年来的文化，也是茶农重要的经济收入来源（何思源等，2019c）。对社区茶树种植土地利用分布的空间分析发现，茶树分布范围广，斑块细碎。从"保护兼容性"原则上分析（表4-2），茶树种植属于生态系统产品和非物质产品利用，但其具体方式产生的生态后果由于地块所处的空间位置不同而存在差异；对于上述分析发现的茶树细碎化、伴随式的空间分布方式，需要对其土地利用诉求的合理性进行进一步的空间分析。

表 4-2　武夷山国家公园"保护兼容性"行为总体清单（何思源等，2020a）

保护类型	行为举例	利用类型	行为举例
监测性保护	设置环境监测设备	生态系统产品和非物质产品利用	木、竹纤维产品
	设置生态监测设备		茶叶、笋、食用菌
干预性保护	病虫害控制		粮油作物
	森林防火		药材
	外来物种控制		取水
	引种		自然风光和文物古迹
	控制杀虫剂和农用化肥使用	环境资源/能源利用	开矿
	林下更新		水电开发
	封育		采石
	幼林、成林抚育		挖沙
工程性保护	生态廊道建设		取土
	造林	建设开发利用	交通道路设施
			建筑
			通信设施

根据"保护兼容性"原则，研究在地理信息系统软件界面下分析茶山土地利用的生态合理性。首先，明确森林群落种类和演替的空间分布、茶树分布以及地形、土壤类型分布。其次，根据演替现状、珍贵树种分布建立空间缓冲区，根据地形和土质确定土壤易侵蚀区。最后，根据保护对象分布与地形条件，使用空间叠加方法，分析现有茶树空间分布的合理性。分析使用的主要数据来源为森林资源二类调查数据、武夷山市土地利用规划、SRTM 数字地形高程模型。

为了分析土壤易侵蚀区，根据数字地形高程模型，提取坡度和坡向，这是山区植被生长影响到水热分配的直接地形要素。其中，坡度分为 6 级，微坡为小于5°，较缓坡为 5°～8°，缓坡为 8°～15°，较陡坡为 15°～25°，陡坡为 25°～35°，急陡坡为大于35°。坡度分级图可以直观反映研究区山地、丘陵的坡度陡峭程度。坡向图以 0°～360°划分 8 个坡向，同时还有平地，用来反映研究区山区地形明显的坡向分异。

为了确定茶山空间分布合理性，需要设定其判断的生物与非生物因素标准。研究区由于原生地带性植被多已被破坏，目前各种植被均属于次生类型，处于不同的动态演替阶段。陆生森林系统的顺向演替一般经历地衣—草本—灌木—

森林。在中亚热带常绿阔叶林地带，由于历史上人为不断干扰并破坏，森林群落因退化发生逆向演替：常绿阔叶林—常绿落叶阔叶混交林—落叶阔叶林—荒山灌丛。目前研究区内的保护目标为保障以杉木、马尾松为优势树种的群落在自然发展下正向演替，避免再次经人类活动干扰后成为次生灌丛。因此，茶山分布合理性的生物因素标准为林班 50m 内不宜种植茶树。由于土质区分度不大，茶山生产控制的非生物因素主要根据限制水热因子的地形因素，将海拔 800m 以上、30°以上的陡坡或者处于北坡这 3 个条件之一作为茶树生长不适宜区（何思源等，2019b）。

研究区内有茶山面积 4198.8hm^2，将其与海拔、坡度、坡向图进行叠加分析后，有 2700hm^2 属于地形限制区；其余地形适宜区为 1498.8hm^2，将其与生物限制条件，即旨在保障生态演替目标而制定的缓冲区进行叠加分析发现，其中 1400.8hm^2 处于缓冲区内，属于生态限制区，其余 98hm^2 满足"保护兼容性"，具有种植的合理性。

三是确定管理边界。在社会-生态系统空间管控层面上，从山林权属空间分析可知，林地 94% 为集体所有，所有权变更成本高，并且在空间上茶山分布与集体林权分布高度一致，因此，在空间上改变权属可能从经济上并不可行。从保护需求可行性分析来看，生态限制区茶树种植在控制其空间扩大趋势和生产强度的前提下，可以考虑保留；从确保社区茶树种植具有"保护兼容性"出发，需要针对不同空间的人工干预，包括：茶树拔除，即需要根据地形位置和周边植被条件恢复本地树种；茶山控制，即需要禁止对乔木树皮环切造成枯树，使土壤养分流向林下茶树；茶山管理，即需要以立体式复合生态茶园为目标，保水、保土、保肥。具体方式包括地被植物防风，合理间作，优化茶树品种和群体结构，以有机肥代替化肥等。

2. 开展统一管理

武夷山国家公园保护地役权是基于上述空间分析得到的不同地块的具体管控方式，其空间管控路径如下。

一是确定保护地役权主体与客体范围。就武夷山国家公园体制试点阶段情况而言，作为保护地役权主体的供役地人是茶农集体与集体土地承包经营权人，需役地权利人为国家公园管理局。客体中的需役地实体是基于国家公园"生态保护第一、国家代表性、全民公益性"理念的维护公共利益的虚化的土地权利，供役地实体为集体山林以及对其使用权的有限限制。

二是确定保护地役权内容。首先是对上述分析得到的需要进行空间管控的供役地具体情况进行登记，确定土地权属、利用方式、范围和权限；然后通过国家公园管理局与茶农的平等自由协商，明确供役地人的权利和义务，其义务主要为茶树拔除、控制与生态化管理，配合国家公园管理局进行监督、检查，其权利一方面为继续从事合理的茶树种植等生产经营活动，另一方面是因让渡部分土地使用权而获得补偿。相应的，国家公园管理局的权利与义务也得到明确。

保护地役权制度实施的关键在于供役地人自愿出让部分土地收益权用于满足公共利益需求，因此多元长效且有针对性的激励机制是实现非占有性、针对细化保护需求的空间管控的前提。参考武夷山的自然保护地管理经验，可以考虑双方协商确定货币补偿与非货币补偿两种补偿方式。在补偿资金核算时，以成本-收益法初步测度因茶山空间管控而导致的茶叶年净损失约为 1.28 亿元，考虑到品牌效应与生态化管理增产效应，空间管控下茶山年净收益为 1.07 亿～1.49 亿元，总体补偿上限约为每年 2100 万元。非货币补偿需要重视文化、生态价值向经济价值转变，还需要从促进社区参与森林保护管理出发，从管护岗位、本土环境教育等角度出发为社区提供多元化生计（何思源等，2019b）。

三是当事人双方需要签订地役权合同。保护地役权合同的订立与执行是国家公园管理局与社区农户协同开展国家公园空间管控的具体方式，也是协调公共利益与社区利益的主要手段。当前，我国《物权法》对地役权的取得采取登记对抗主义，即登记并非强制，但为保证国家公园所保护的公共利益的有效实现与自然资源确权，建议采用登记生效主义，让登记成为必需步骤。一般而言，保护地役权因公共利益的相对恒定而具有永久性，但这一特征已经被认为限制了其解决实际保护需求的能力，应当在订立时考虑保护需求变动、不可抗力等情况而设置附加条件对地役权合同进行变更与终止。

第二节　基于保护兼容性原则的社区生计保障与产业发展

一、社区居民生计及利益诉求

（一）基于价值认知的国家公园社区利益诉求

公平和可持续的利益分享是自然资源管理的关键目标，如何实现这一目标需要通过资源使用规则来引导使用者行为（Smith *et al.*，2001；Brock and Carpenter，2007），Van Wyk 等（2014）将影响资源使用者对规则的态度与相应行为的关键因素总结为以下两个方面。

在个体层面上，关键因素是资源使用者如何评估资源。在一个社会-生态系统中，资源的价值高低受到意义和情境的影响：如果资源使用者赋予生态系统某项服务以积极意义，表明他们觉得这是一项利益，因此在利益分享方案中是否纳入这种"利益",将影响资源使用者个体对规则采取支持或反对立场。

在群体层面上,关键因素在于不同利益群体间对资源价值评估差异是否理解与达成共识。在对意义认知产生共识的基础上来推动协商和调和认知差异,以集体行动的方式形成规则,可以促进规则被多方接受,系统维持稳定。

资源价值的界定从根本上来说取决于利益相关者在一定的情境中赋予生态系统的意义,这个价值的界定过程和结果,即哪些生态服务和产品带来利益,决定了利益相关者对利益分享规则的态度和相应的行为,体现了他们对规则公平和可持续的认可与否。这一认知过程体现了自然生态系统与社会经济系统的互动,而社会-生态系统框架能够更全面地反映生态系统、资源使用者以及制度因素等要素的相互关系。

（二）影响国家公园内社区利益诉求的因素

国家公园是一类重要自然保护地,是边界清晰的地理空间,也保有提供多样化生态系统服务的自然资本。建立在原有保护地空间整合和管理统筹上的功能区划,涉及调整原有和设计新的利益分享方案来管理各类资源使用者（何思源等,2017;黄宝荣等,2018）。依赖于自然资源开展生计的社区是一个关键利益相关者,只有理解其对资源的价值界定,才能形成和实施能够让社区资源使用者乐于进行行为调整的规则,使社区行为与其他利益相关方相协调,维持国家公园这一社会-生态系统的稳健性（Castonguay et al.,2016）,使其能够在保护生态系统的基础上,实现社区的生计发展。

采用一个简化的社会-生态系统分析框架,可以分析社区居民这一资源使用者如何界定资源价值和看待利益分享规则,从而厘清社区居民的行为对系统稳健性造成影响的机制（Anderies et al.,2007;Janssen et al.,2007）（图4-2）。

框架的一部分显示,资源使用者（B）的行为（g）基于其对感知利益和实现利益（a,b）的比较。其中感知利益来自人们在特定情境（c）中赋予资源（A）的意义（d）,如果人们认为生态系统某个或某些生态服务对他们有意义（d）,这些服务就是利益所在（a）（Van Wyk et al.,2014）,这种意义认知过程受到他们所处的自然和社会环境,即情境（c）的影响（Gobster et al.,2007）。

现实利益受到资源使用规则的影响,如果现实利益与感知利益趋于一致,资源使用者就会对规则较为认可,反之,资源使用者就倾向于违背规则或要求新规则,影响社会-生态系统稳健性。框架的另一部分显示,规则制定者（D）需要协调不同资源使用者的利益诉求背后所认知的意义的优先次序（e）,确保重要的意义得到认可,必要的利益得到分配（f）,从而促进正式或非正式的利益分享机制形成管理工具（C）,推动资源使用者合法的资源使用行为（g）带来持续的利益流（h）。

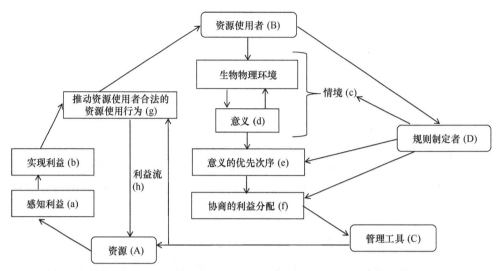

图 4-2　基于生态系统意义认知的资源使用社会-生态系统分析框架（何思源等，2020b）

二、国家公园社区生计保障与产业发展路径

（一）利益相关方"协商空间"的构建和实现

国家公园设立的宗旨是为全民及后世保护生态系统的完整性，因此，国家公园管理在管理中需要确定以政府为代表的全民利益与保护地社区居民个人利益的分配，为了使利益分配方式可以积极影响资源使用者行为，避免因对规则频繁质疑而导致资源使用行为影响社会-生态系统稳健性，可以采用"协商空间"来促进合理的利益分配机制的形成。

"协商空间"定义为可以对生态系统的意义进行探讨和排序的一组信息，通过对这组信息的分析，寻找让认知意义趋同或不同利益相关方相互妥协的管理方式。信息源自两类认知：一是与实现生态系统完整性等保护目标一致的认知；二是与实现自身利益最大化一致的认知。协商就是要将与生态系统保护认知一致的目标形成具体的行为引导，将单一资源使用者利益最大化的认知向全民利益最大化的认知引导，形成具体的行为限制。

在保护地设定和管理中，本地社区往往难以参与。而国家公园主要功能的实现需要依托协同功能的实现（表 4-3），才能保证社会-生态系统的稳健性不会受到资源掠夺式使用方式的影响（陈传明，2011）。"协商空间"的设定，在于充分了解社会情境，尊重资源使用者的价值判断，同时从实现生态系统价值最大化予以平衡，保证社会-生态系统平稳。

表 4-3　国家公园资源使用者的协商空间（何思源等，2020b）

意义认知		协商方向
保护目标一致性	保护对象	利益相关者了解具体保护对象和保护原因
	保护效果	对现有保护管理规则和执行成效查漏补缺，进行信息共享
	保护参与	志愿者机制探索，生态补偿多元机制建立
经济利益最大化	政策保障	探讨社区可持续生产的标准化方法
	市场管理	促进生态价值向经济价值转变
	产品服务	对旅游经营的空间范围、方式和强度进行调整

在协商方向中（表 4-3），需要指出的是，随着经济价值意义凸显，如何回归文化价值和精神价值是社会-生态系统管理的一个难点；市场价格的升高可能导致资源依赖者竭尽全力使用资源，因此，在行为引导和限制时如何使得市场价格稳定成为更高尺度管理的关键问题。同时，尽管协商空间的重点在于对生态系统本身能够产生的利益进行认知，但是本地居民会将社会发展和社会福利等并非源自生态系统的公共管理期望带入生态系统管理中，这也是在进行管理工具构建时需要区别对待的。

（二）基于"保护兼容性"原则的传统产业转型方向

产业作为社区生计来源中最重要的一种形式，对于协调国家公园保护生态系统完整性的管理目标和当地社区居民的生计发展之间的矛盾具有重大意义。从目前国家公园体制试点的产业发展情况来看，当地居民重要的生计来源还是主要依赖于国家公园内的自然文化资源，形式上以传统产业为主，主要包括种养殖业、畜牧业、林业、渔业、采集、狩猎、初级加工业和家庭手工业。这些产业虽然具有较长的发展历程，承载着一定的文化内涵，人们对机械化、规模化及市场化的引导也在一定程度上是认可的，但是其产业规模一般较小，并且多数是劳动、自然资本密集型产业，产业系统与国家公园的生态系统之间存在大量的物质、能量流动，对于国家公园的生态系统稳定具有较为明显的影响。通过对已经批准的 10 个国家公园体制试点的产业类型和主要存在的问题进行系统梳理（表 4-4），目前国家公园内的传统产业呈现出以下特征。

表 4-4　国家公园体制试点区主导产业现状

国家公园	产业类型	问题
东北虎豹	种植业 非木质林产品生产	未发挥种植业多功能性； 种植业产品品牌化有限，经济价值转化弱； 松子采摘活动取消或另行安排区域； 木耳菌类培植所需菌袋、木材成本上升

续表

国家公园	产业类型	问题
祁连山	畜牧业 种植业 养殖业	农牧产品品牌弱、附加值低、市场竞争力弱； 生态搬迁下传统产业难以为继且转型困难； 新兴产业培育难，缺乏龙头企业、特色经济带动就业
大熊猫	种植业 非木质林产品生产	种植业并非传统生计，收入低； 旅游业发展不完善，社区基本无法反哺受益； 商品林所有权、狩猎权等资源使用权完全丧失
三江源	畜牧业	草场压力增加； 禁牧限畜与生态移民后牧民转岗就业困难； 产业功能拓展不足，多元价值的经济转化能力低
海南热带雨林	粮食、经济作物种植业 养殖业	世居民族生态红利获得感不强； 经济结构较为单一，传统利用破坏生物多样性； 不同社区间产业融合弱，缺乏相互支持
武夷山	以茶为主的种植业	产业功能向旅游业拓展，茶旅融合不紧密； 生态旅游产品开发滞后
神农架	苗木产业、生态农业	农业扩展受限，补偿力度不足，利益分配不公； 生态农业种植结构不合理、商品化程度低； 生态旅游层次低，产业融合不足，居民能力有限
普达措	种植业 畜牧业 林下采集业	农牧业功能向旅游服务拓展，但相关技能缺失； 社区产业经营落后
钱江源	林下种养殖业	传统产业效益不足
南山	蔬果种植业 畜牧业	产业功能向旅游业拓展，但缺乏政策和管理统筹； 生态旅游缺乏科学规划和特许经营

1）规模小，以散户为主。国家公园内社区居民的生产经营活动往往是围绕家庭居住地及其周边区域开展，其经营主体也大多以家庭为单位，专业化程度都较低，而且由于自身的文化知识水平、获取信息的条件等方面的限制，农户经营理念落后，对抗市场风险的能力差。

2）传统产业生产标准化程度低，产品产量和质量都难以保障。国家公园内的传统产业大多是当地社区经过千百年历史发展传承下来的，其生产过程、技术等大多是在实践中不断流传的。由于其生产主体大多是当地的社区居民，组织化程度较低，缺乏质量监测和管控体系，难以像现代企业一样实现标准化的生产流程、统一化的质量标准，对于未来的品牌建设具有较为不利的影响。

3）资源依赖性强，大多属于资源密集型产业。这些传统产业主要以种植业、养殖业、畜牧业、林业、渔业、家庭手工业为主，对于土地、森林、草地、水源等自然资源的依赖性非常突出。受到现代农业发展的影响后，不少社区对于化肥、农药等投入也具有较强的依赖性。国家公园理念建立之后，这些传统的作业方式与生态保护目标之间产生了较多冲突，若不能采取合理的引导措施，可能会对保护目标产生负面影响。

4）产业结构单一，融合程度低，产业链条较短，附加值低。国家公园内的产业以种养殖业、畜牧业、林下采集等第一产业为主，工业、服务业等二三产业产值占比较小，产业结构单一。近年来，随着旅游业的兴起，虽然也有不少旅游业态进入，但是这些新兴产业与传统产业之间的融合程度较低，当地社区居民的参与程度也普遍不高，未能实现对当地传统产业的带动作用。此外，这也导致传统产业普遍存在产业链条延伸度不够、附加值偏低等现象。

基于此，未来国家公园内的传统产业应该向与生态保护目标兼容的方向进行转变和拓展，可以采取转变生产经营理念和充分发挥农业多功能性两种主要方式实现。其中，在空间适宜的地方，社区生态旅游是一种可行的发展方式，不少国家公园内的社区都可以尝试向这一方式转型。例如，在钱江源国家公园长虹乡内的社区可与试点区游憩项目联合推出社区旅游特色项目，在土地流转后集中开发大片油菜花观赏区，开发采摘类体验项目，从而形成空间集聚优势，拓展传统农业功能，构筑创意农业产业链，形成良性互动的产业体系；何田乡则将乡村庭院式清水鱼养殖作为龙头，将"清水鱼"品牌作为试点区一大文化承载物，形成以渔业养殖、庭院观光、休闲垂钓、餐饮娱乐、农事博览为主题的生态农业休闲旅游区（钟林生和周睿，2017）。

（三）构建完善的制度，促进社区参与经营和管理

《建立国家公园体制总体方案》把"鼓励当地居民或其举办的企业参与国家公园内特许经营项目"列为完善社会参与机制的方式之一。国家公园内的特许经营是指国家公园管理机构依法授权特定主体在国家公园范围内开展的经营活动，属于政府特许经营（陈涵子和吴承照，2019），它代表了生态保护市场化融资的主要手段之一（吴健等，2018），是兼顾资源利用效率和生态保护目标的特殊商业活动，是一种结合市场机制与行政监管的特殊机制。

社区参与国家公园特许经营是国家公园带动社区发展、社区分享国家公园红利的途径。社区通过特许经营的方式参与国家公园内资源的统一管理和利用，不仅可以直接实现"造血式"的产业发展，还能在自然和文化的双重作用下，持续助力国家公园内保护目标的实现，并且成为环境解说窗口，活态展示国家公园内独特的人地关系。目前大部分国家公园内并未全面实现完善的特许经营制度，基于风景名胜区等自然保护地经验，可以概括为 3 种模式（表 4-5）：一是社区居民受雇于特许经营企业；二是社区居民以个体工商户形式经营摊位；三是社区集体开办企业参与特许经营（陈涵子和吴承照，2019）。

这 3 种特许经营模式可谓各有利弊，但是从土地所有权来看，因为土地征收（流转）前，国家公园管理机构不能实施"特许"，因此，这 3 种模式都不适用于土地所有权为集体所有的社区和项目。为了解决这一问题，针对土地所有权是集

体所有，可与国家公园管理局签订合同，让集体土地的所有权主体——社区与国家公园管理局共同行使土地的经营权。这样可以让社区直接参与特许经营活动，社区居民成为特许经营活动的利益相关方，可以提高社区居民的积极性，也有助于居民进一步理解生态环境保护与经济发展之间的内在关系，促进社区生计公平和可持续发展。

表4-5　社区参与国家公园特许经营的模式比较（陈涵子和吴承照，2019）

模式	类型	参与层次	特许经营权	投入要素	参与周期	优势	弊端
现有模式	社区居民直接受雇于特许经营商	低	未获得	劳力（技术）	取决于受雇时间	低风险、易于实施	收益有限、依赖性强
	以个体工商户的形式参与特许经营	中	获得	资金、劳力（技术）等	取决于与管理机构签订的特许经营合同，一般≤5年	形势灵活、较易实施	风险加大，管理机构需要管理更多的特许经营合同
	个人或集体开办企业参与特许经营	高	获得	资金、技术、管理等	取决于与管理机构签订的特许经营合同，一般≤20年	产生规模效应、影响力提高	风险更大，对社区能力要求高，初期可能需要不同形式的外部支持
创新模式	委托管理机构共同行使经营权	高	成为特许经营权的授权主体	权力的部分让渡	取决于与管理机构签订的委托合同，一般大于等于拟授权的特许经营项目周期	参与相关决策有助于提高主人翁意识	依赖制度保障，对社区能力要求更高

（四）构建品牌增值体系，促进国家公园产业的标准化生产

国家公园通过构建品牌增值体系，不仅可以助力形成具有国家公园特色的绿色发展体系，还能及时地应对细分的市场需求，生产出符合市场标准的产品，获得统一和专业的市场营销，极大地提升产品的附加值。国外不少国家公园的经营措施都涵盖了这一重要机制。例如，法国的国家公园，借助国家公园品牌这一工具，定位国家公园管理局和社区的利益共同点，从而以规范化、精细化且能增值的特许经营实现了最大范围吸纳地方企业和个体自愿加盟、最大程度实现保护发展共赢的目标（陈叙图等，2017）。

第一，应根据不同行业的特点，制定不同的"行业准入规则"。这些"行业准入规则"不仅包括企业的规模条件，还要面向公园内社区发展的需求，设置能够引领社区经济发展、带动环境保护、减少污染、促进游客绿色游览等的标准。另外，面向的行业不仅包括种养殖业、畜牧业、手工业等传统行业，还包括旅游业、民宿酒店业、餐饮业、农产品加工业等，涵盖国家公园内的所有产业类型。

第二，由国家公园管理局制定不同行业的质量标准体系，定期全面地对已经入驻的产业进行长期监管和评测，对使用了国家公园品牌但质量未达标的企业，应及时指出并责令其改进。

第三，国家公园管理局应对加盟国家公园产品品牌增值体系平台的企业实施统一管理。在系统维护平台品牌和价值的基础上，为加盟企业提供统一的营销服务，包括制定独特的宣传工具，如产品标签、宣传册设计、营销网站，并统一签约媒体平台，进行国家公园品牌的总体宣传和不同区域的特色宣传。

第四，国家公园管理局还应该适时地邀请科研人员、市场人员为加盟者提供专业的培训和技术指导，最终实现社区生计发展和环境保护目标的双赢。

（五）构建多元长效的生态补偿制度，提升社区居民的生活水平

国家公园内的社区居民目前主要的生计来源，在很大程度上仍然依赖于国家公园内的自然文化资源。建立国家公园的主要目标是保护生态系统的完整性、原真性，这些追求生态环境保护的措施和制度，与当地社区居民赖以为生的传统生计活动产生了一定的冲突，阻碍了社区居民对于其合法的土地、森林、草场等的使用权、经营权的正常行使，传统的采集、伐木、采薪等活动也难以为继，直接提高了当地社区居民的生活成本。

另外，随着国家公园试点工作的深入开展，目前在已经建立的 10 个国家公园试点区内，经过一系列的管理手段推动其生态环境质量正在不断好转，生物多样性逐渐丰富，野生动物数量明显增加。在这种新形势下，当地社区居民的农田、牲畜、房屋等经常遭遇不同程度的野兽袭击，人兽冲突矛盾日益加剧，使得公园内社区居民本就艰难的生活状况雪上加霜。如果对这些情况坐视不理，不仅当地社区居民的基本生活难以保障，还会激发社区居民的不满心理，促进其破坏生态环境行为的发生。为了避免这种情况，减少当地社区居民的经济收入损失，理应对其进行合理的生态补偿。

根据《建立国家公园体制总体方案》对"健全生态保护补偿制度"的要求，建立国家公园生态保护补偿的整体思路应包括以下内容：一是建立健全森林、草原、湿地、荒漠、海洋、水流、耕地等领域生态保护补偿机制，整合补偿资金，探索综合性补偿办法；二是鼓励受益地区与国家公园所在地区通过资金补偿等方式建立横向补偿关系，同时加大重点生态功能区转移支付力度，拓展保护补偿的融资渠道；三是协调保护与发展的关系，对国家公园内或周边发展受限制的社区就其发展的机会成本给予生态保护补偿，同时对特许经营的主体根据其对资源、景观等的利用方式和占有程度收取补偿资金；四是加强生态保护补偿效益评价，完善生态保护成效与资金分配挂钩的激励约束机制，加强对生态保护补偿资金使用的监督管理。

需要注意的是，从社区生计公平和社区发展与保护协调的角度来讲，决定生态补偿成效的并非只有投入资金量，而是这些投入能否促使当地居民发自内心地认同自然保护，并主动参与到保护行动中。在居民明确了保护行动的目标、好处，

哪些群体做了哪些事情能够得到补贴，能够将补偿与自然保护的目标和行为联系在一起的情况下，补偿才可以与社会规范有机结合，由外部激励转变为内部激励，从而更有效地改变居民的行为。

三、案例：武夷山国家公园社区生计保障与产业发展

（一）社区居民对武夷山国家公园的认知

武夷山国家公园体制试点区在建立时对现有自然保护地整合，涉及国家级自然保护区（1979 年批准）、国家级风景名胜区（1994 年批准）和世界自然与文化双遗产（1999 年批准）。本地居民已经经历了各种类型保护地的规划和管理，这成为他们赋予同一生态系统以"意义"的社会情境，保护管理的多方面结果也成为他们继续形成意义认知的自然环境和社会经济基础。

1. 社区居民对于保护地和保护对象的认识

在对 372 名农户深入访谈的基础上分析发现，对于"是否知道武夷山有什么保护地和保护对象"以及"是否知道自己的生产用地在不在保护地内"这两个问题，从事不同生计的居民认知程度具有显著差异。其中，水稻-烟叶种植者只有 68% 表示知道保护地名称和作用，其他产业从事者回答"知道"的比例都在 80% 以上；而对于保护地与自家用地的关系，茶农和林农表示"不知道"的最少（约 7%），其他种养殖业从业者该比例达 29%。

从 98 名对保护地名称与保护对象进行了具体描述的受访者话语中可以抽象出两个特征：①保护地特殊名称或关键地段敏感性，表现为对"风景名胜区"这一名称陈述最多且准确，对自然保护区在空间上比较明确，但多以"桐木""黄岗山"等关键地带代指；②保护对象认知的尺度和功能多样性。

在所列举的 114 种保护对象中，认知多样性表现在空间尺度和认知逻辑上，涵盖了从生态系统/抽象概念到具体遗产位置/保护对象名称的 4 类 3 个层次（图 4-3）。总体而言，受访者对植被保护认知的一致性很高（44%），反映了保护以阔叶林为本底的森林生态系统在保护地的建立和运行中得到了社区居民的关注。

2. 社区居民对保护地管理的认知

针对是否保护好、经营好和服务好 3 个方面，半数以上受访者认为保护成效很好（图 4-4），回答"不清楚"的多以保护地外围受访者为主。从给出具体评价的 135 名受访者话语中，可以提炼出其对保护成效的两个评价标准，即以生态环境变化为标准，包含生物、环境和自然灾害 3 个方面；以管理动态为标准，包含资金和人员、规则制定和规则执行 3 个方面。

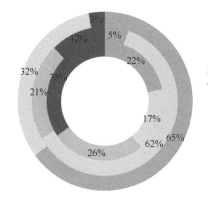

26% 动物—鱼类—猴子
44% 植物—原始林—松树
16% 非生物环境—水系—九曲溪
14% 朱子文化—遗迹—明代水井

■ 动物　■ 植物　■ 环境　■ 文化

图 4-3　4 类保护对象（每环）及每类的 3 个认知层次（何思源等，2020b）

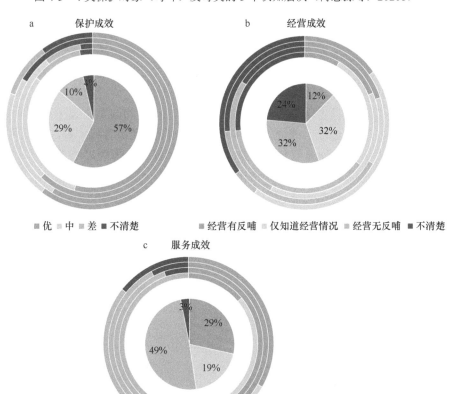

图 4-4　本地居民对保护地保护成效、经营成效和服务成效的认知（何思源等，2020b）
受访者由内环向外环远离保护地，中心为样本总体

近 1/4 受访者表示不清楚保护地的营利性经营情况（图 4-5），特别是保护地外围受访者。对给出具体评价的 82 名受访者的话语进行提炼，可以发现社区认为保护地经营是通过门票、讲解等带来旅游收入；设施完善、毗邻完整保护地的景点收入更多。然而，这类经济效益不是受访者评价"经营"成效的标准，保护地继续存在并带动社区生计才是评价标准，包括保护地规划建设是否给予社区配套建设、保护地管理是否给予社区（生态）补偿、保护地经营能否带动社区生计、保护地经营能否形成公开管理规范等。

不到 1/3 的受访者认为保护地有非营利公益功能，从具体叙述评价标准的 160 名受访者的回答中可以发现，判断保护地"服务"成效标准除了景区、保护区和博物馆等限时凭证免费游览外，多以社区整体社会福利的实现进行判断，与前述对保护经营成效的判断标准类似：如保护地能否提供公益服务；保护地能否带动政府提高社会整体福利；保护地能否带来（生态）补偿；保护地能否带动生计，特别是维护传统生计下的森林资源利用。

因此，在保护地长期管理中，武夷山当地社区对于保护地、保护对象和保护管理成效形成了具体的认知，这些认知基于长期的自然资源使用历史，受到保护地建立和管理的外部政策约束，成为影响他们对未来预期与行动的基础。

在对现有保护地管理认知的基础上，受访者对列出的国家公园主要功能（虚线右边）和协同功能进行了评价（图 4-5）。半数以上受访者将"提高居民收入"排在首位（56%），其次是"保护生态系统"（13%）；半数以上受访者将"开展科学研究"放在末位（51%）。将国家公园视为收入带动的考虑优先于保护，对涉及更广泛人群的公益功能排位靠后。

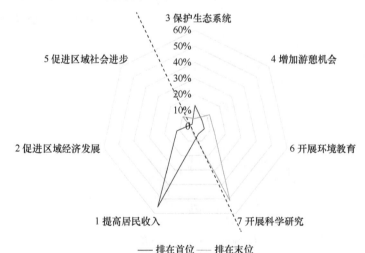

图 4-5　受访者对国家公园功能的排序（1～7）和
选择不同功能排在首末位的比例（何思源等，2020b）

3. 社区居民的基本诉求分析

对约三成受访者具体阐述的国家公园功能理解进行归纳发现，对国家公园的预期受到对以往保护地管理认知的影响，从强化与规范保护、扶持相关产业以及完善社会管理 3 个方面反映了对保护地保护成效、经营成效和服务成效的诉求。

一是强化和规范保护。包括在生态保护方面继续进行生态系统和野生动植物保护，在生态修复方面用本地植被土壤解决水土流失问题，在保护管理方面匹配管理人员、明确岗位权责、建立垂直管理机构，改变封闭式管理，开展生态保护教育。

二是扶持相关产业。以生态旅游为核心，发展附加值高的产业，规范社区参与生态旅游的途径；加强种植业科技含量、规模生产和标准化；对林木实施村民自治，分林到户，有序利用。

三是完善社会管理。借助国家公园体制试点建设加强政府和民众沟通，构建民众发声渠道，帮助居民参与保护和建设，完善搬迁安置；进一步向社区普及法律知识，完善教育、文体设施。

因此，武夷山国家公园试点区社区对于新保护地的预期延续了对原有保护地管理评价的标准，这将会影响他们对未来资源使用和利益分享规则的态度及行为。

（二）社区居民对生态系统价值和潜在管理规则的认知

1. 社区居民对生态系统价值的认知

保护地的长期存在和管理是社区民众生产、生活的特定情境，保护成效并非受访者考量保护地管理成效的唯一方面。对在地理空间上与保护地最为接近的茶农的受访结果进行分析发现，他们赋予武夷山生态系统与"保护为主"所含有的"生态系统完整性"不同的意义来定义"利益"。

生态系统首先被视为重要的生计来源。对于个人和家庭，它提供基本收入或成为增收途径；对于社区，它提供就业机会，带动社区经济。其次，人与生态系统互动存在文化传承。在良好生境中管理茶山、制作好茶，可以修身养性、带来社区和谐；在技术交流和市场扩展中可以加强人际关系、开阔视野、推广文化。当代茶山的精神价值很大程度上建立在承受价格波动风险的经济效益上，经济价值带来的满足感与文化自觉相融合。对于形成经济价值的物质供给所需的资本投入，受访者将生态系统及其要素视为富有关键意义的生产投入，可以辨识出自然生态本底，即"山场"，包括岩石、土壤、海拔、地形位置等立地条件；天气，包括阳光、水源（雨水）等；森林生态系统完整功能，最终形成茶叶生长的"小气候"。

因此，受访者赋予武夷山生态系统明确的意义，既有物质和精神的积极意义，也有因收益损失而形成的消极意义；既对理想收益和实际收益及其波动原因有所了解，又在对生产要素投入的认知上与国家公园"保护为主"的意义有所关联，表达了富有逻辑的利益诉求。

2. 社区居民对国家公园潜在管理规则的认知

研究设计了 15 条可能影响现实利益的管理规则（表 4-6），考察受访者对新规则下资源利用与利益共享的态度。研究发现，受访者对制约范围广、限制全体公众利益的条款态度较为一致（2～6 条）；对限制空间范围具有人员针对性、涉及生态系统服务的条款态度具有差异性（12～15 条）（图 4-6）。50%以上保护地内

表 4-6　国家公园体制试点区的可能限制

限制条款	
1. 禁止机动车进入国家公园核心保护区	9. 控制茶树种植中使用杀虫剂和农用化肥
2. 禁止污染水体、空气和环境	10. 控制果树等经济林木种植中使用杀虫剂和农用化肥
3. 禁止采摘花木、采集生物和矿物等标本	11. 控制农田使用杀虫剂和农用化肥
4. 禁止随意进行野餐、垂钓、游泳、攀爬、引火	12. 控制采集时间、限制采集地点来采集蘑菇
5. 禁止喂养野生动物、放生外来物种、弃养家养动物	13. 控制采集时间、限制采集地点来采集药材
6. 禁止污染、破坏各种标志	14. 控制采集时间、限制采集地点来采集竹产品
7. 禁止无序扩张茶树种植范围	15. 控制采集时间、限制采集地点取用生活和生产用水
8. 禁止无序扩张果树等经济林木种植	

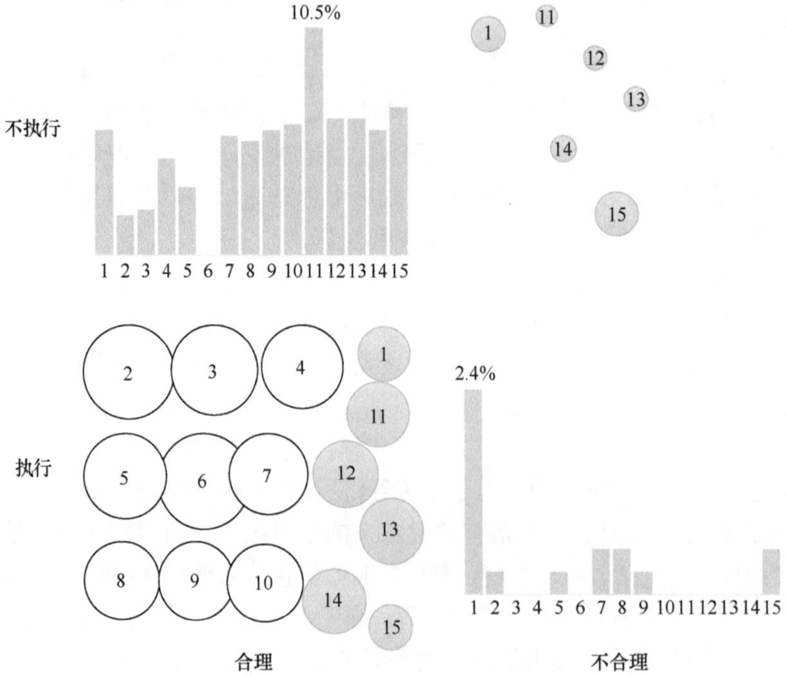

图 4-6　受访者对限制条款的 4 种态度组合的选择比例
白色圆表示 75%以上；灰色圆表示 25%～75%；半径与选择比例一致

受访者认为条款 1 不应限制进入茶山作业的居民。在与生产、生活相关的条款中，7～10 条被普遍认为合理且愿意执行，但对 11～15 条的认识存在两极分化。受访者认为 7～10 条已经在现有保护措施中得到有效执行，感知的理想收益与规则下的现实收益存在可以接受的偏差；11 条在认为合理却不愿执行中达到 10.5% 这一相对最高比例，随着受访者远离现有保护地，认为不合理的比例攀升至最外围的 43.5%，可能与生计严重依赖水稻直接相关。12～15 条的意见分歧主要在于认为行为高发且日常化，难以约束，如用水；或者依据生态规律不需要进行限制，如毛竹间伐。

（三）引导社区传统产业转型政策与措施

武夷山国家公园茶产业是当地的主导产业。目前，武夷山国家公园范围内共有茶园种植面积 51 817 亩[①]。据统计，国家公园内有工商登记在册的茶企 98 家，茶叶合作社 23 家，涉及茶农家庭累计 700 余户。

总体来看，武夷山国家公园内的茶产业还存在一些问题：一是茶叶制作单位以当地的社区农户家庭为主，规模小，经营分散；二是茶叶生产标准化程度不高，监管缺失，市场假冒伪劣现象丛生，茶叶品质参差不齐；三是茶叶产业链总体较短，深加工产品少，附加值低；四是随着旅游产业的崛起，茶叶虽然作为旅游产品出售，但茶旅之间融合明显不紧密，缺乏专业文旅服务支撑；五是茶叶生产主体和当地政府尚未找到自然资产价值转化为茶叶经济价值的品牌管理方法，存在市场驱动下的盲目开发。

目前武夷山国家公园管理局联合地方政府，提出一系列产业政策，推动生计发展，符合人类活动的保护兼容性原则，有利于实现各利益相关方利益的合理分配。

首先，引导资源使用者了解具体保护对象和保护原因，发展生态产业，保证生态产业发展的环境基底。武夷山国家公园制定了《武夷山国家公园集体毛竹林地役权改革实施方案》，规定"村民不能够对毛竹林地或林木进行任何形式的经营利用，包括挖竹笋、砍伐毛竹，如有上述行为，分别扣除补偿金 100 元和 200 元"。

其次，为了确保茶产业的健康发展，国家公园管理局在野生动物损害方面设置了生态补偿，对于造成的农作物或者经济林木损失经管理局生态保护部核实并提请第三方机构认定后，予以 50% 补偿，帮助居民抵御风险。

再次，管理者对茶山面积、作业方式、产销渠道的标准化方法也给出了相关指示，《武夷山国家公园周边社区产业正面清单（试行）》中明确提出引入产业准入认证机制和国家公园产品标识认证体系，在《武夷山国家公园产业引导机制》

---

① 1 亩≈666.7m²。

中，支持创办茶叶合作社，以"合作社+茶农+互联网"的运作模式，促进分散农户与市场紧密对接，实现标准化生产、规模化经营。

同时，武夷山国家公园管理局还对"利用"属于市场驱动的资源开发还是传统生计进行了判断，先后出台了《关于加强全市生态茶园建设与管理意见的通知》《开展违规违法开垦茶山专项整治行动方案》《关于加强农药化肥监管促进茶叶品质提升的工作措施》等规定，2018 年和 2019 年两年整治 4678 亩违规种植茶山，包括毁林种茶、林下套种、无林地种茶等。

最后，在旅游经营的空间范围、方式和强度的判断上，福建省人民政府办公厅颁布了《武夷山国家公园特许经营管理暂行办法》，将九曲溪竹筏游览、环保观光车、漂流等 3 类经营纳入特许经营；在相关乡村规划和乡村产业发展规划方面，积极引导茶叶种植的有机智慧化、茶叶生产场地的集中化和标准化。

第三节　国家公园建设的社区参与模式与实践

一、社区在自然保护中的作用

随着社区在自然保护中的作用日益引起全球相关人士的关注，相关研究一直在探索能够平衡保护生物多样性、自然遗产的公共需求以及维持居民基本生计和延续其文化的适当方法（Lele *et al.*，2010；Brooks *et al.*，2013）。在目前的国家公园建设和自然保护地体系改革过程中，中国也在寻求协调社区生计和自然保护的方法（He *et al.*，2018a）。

对社会-生态系统的研究表明，资源管理是乡村社区与自然互动的主要途径（Ostrom，1990）。自然资源是社会-经济发展的基础，也是生物多样性和生态系统的重要组成部分，因此，社会和生态系统是紧密相连的。全球发展中国家和发达国家的经验都证实，社区参与保护区管理可以适应不同的社会-生态条件和不同的保护目标（Brooks *et al.*，2013；李晟之，2014；Selfa and Endter-Wada，2008）。

中国乡村社会存在几个影响自然资源利用的显著特征。一般来说，人类与自然的长期相互作用使生态知识得以积累，从而实现资源的可持续利用（傅晓莉，2005；张晓妮，2012）。具体来说，主要受地缘和血缘约束的社区居民逐渐形成了集体管理自然资源的社会规则（张晓妮，2012）。虽然这种社会纽带在土地改革、户籍制度（李晟之，2009）等制度变迁下有所松动，但在应对土地之外的风险时，基于亲属、熟人社会的共同利益仍然作为社会资本存在，尽管乡村社区相对追求短期经济效益，但其在多目标决策时也会规避短期风险（何思源等，2019d）。

然而，在自然保护的早期，我们在很大程度上忽视了乡村社区知识积累、社会纽带、集体行动以及风险规避决策的特征。一是传统生态知识（traditional ecological knowledge，TEK）作为一种人们通过世代与土地的亲密接触而发展起来的理性、可靠的知识形式以及在其指导下适应性的土地利用方式，并未被了解和广泛接受（徐桐，2016）；二是在建立自然保护区的过程中，集体土地转为国有土地、社区居民搬迁等土地所有权和使用权的变化，使人们的地缘纽带被切断（He et al.，2018b）；三是命令-控制的方式抑制了社区表达需求的可能性，打破了公共池塘资源治理中基于人际关系的集体行动。此外，管理者对保护区能为社区提供的潜在利益，如工作岗位和生态友好型品牌体系等不够了解和重视（陈叙图等，2017）。

自20世纪80年代以来，随着全球保护重心从单纯关注生物多样性转向关注协调社区发展，社区在保护中的作用逐渐引起了国内相关人士的关注。当时国内的社会背景正处在由经济结构改革所产生的国家权力下放的改革进程，政府欢迎具有保护理念的国际非政府组织的加入，如将当地的生计与生物多样性保护联系起来的社区保护倡议（王昌海等，2010）。

根据乡村社区的特点，在规范资源利用和利益共享的过程中，保护被认为是一种平衡人与自然关系的手段，而不是目的。这一视角下，乡村社区的作用脱颖而出：社区居民可以通过遵守社会规范和实践传统生态知识，以合理的方式管理他们的土地。其中，最为突出的是少数民族，他们的传统生态知识丰富，受到了决策者的重点关注（赵鸭桥，2006；刘静等，2008）。

在自然保护中权利和义务的转换，通常伴随着社区的自我激励和社区赋权。前者是利用集体意识的觉醒来规范个人对自然资源的破坏性使用；后者则是能够促使居民对可持续资源利用的态度更加开放，逐渐意识到生态系统服务的经济价值，促使社区在生态补偿谈判中能够获得更好的地位（赵俊臣，2007）。在中央政府和非政府组织的推动下，许多以社区参与为途径的保护项目正在向中国乡村延伸。从治理改革的层面上看，社区参与作为对政府自上而下和社区自下而上的方法的补充，是一种提高保护有效性的可行方式（闫水玉等，2016）。

二、社区参与国家公园建设的原则与途径

（一）社区参与国家公园建设的经验原则

中国自然保护地与社区居民关系的历史变迁揭示了社区参与保护的若干经验法则。

1. 重新发现传统生态知识中的保护性知识

传统生态知识是一个在人类与自然共同进化过程中整合了知识、信仰和实践形式的系统。中国的许多少数民族聚居区和其他乡村社区，道德判断和社会准则规范着人们对资源可持续利用的行为（廖凌云等，2017）。这种自我组织的集体行动能够导向资源保护，而其原理则能够用现代生态学解释。这种解释过程可以看作现代生态科学与传统生态知识相结合的新知识协同生产过程（何思源等，2019c）。在推动社区参与的视角下，深入挖掘传统生态知识在促进国家公园生态系统保护、灾害应急处理、引导游客绿色环保行为等方面的作用具有重要意义。

2. 承认乡村居民是生态系统中合法的资源使用者

在中国，对自然资源的获取是以土地所有权和使用权来界定的。因此，土地权属制度的稳定性和灵活性是保护的首要制度激励。目前的土地制度基本保障了集体所有土地和（或）农户承包土地在划定保护地期间不被征收。灵活性则首先是指土地承包权的合法转让，同时，将产权作为权利束的概念变得越来越重要。权利束可以用来解释一定的收益权与土地使用权分离，这样可以避免社区居民丧失土地使用权，又可以从具有保护兼容性的土地管理方式中获益，如保护地役权的转让（何思源等，2019d）。农民作为持有农村土地承包经营权证书的合法资源使用者，只要其活动符合保护目标，就应该从自然资源中受益，这已被目前的国家公园试点所接受（魏钰和雷光春，2019）。

3. 采取多元补偿形式，尽量减少对社会经济系统的损害

资源使用的限制和文化丧失都被证实会对农村人口的保护态度和参与积极性产生负面影响（赵翔等，2018）。不少案例表明，除了货币补偿外，还有很多方式可以促进社区和其他利益相关方以适应性方式建立信任关系并带来收益，如将农产品和手工艺产品引入市场、提供生态旅游服务、雇佣当地居民作为国家公园管护员等。这些方法使人们留在当地保护自己的文化，也通过保证社区长期利益来解决自然保护正外部性问题。

（二）社区参与国家公园建设的主要模式

根据治理主导角色和管理目标的不同，可以将中国自然保护实践中的社区参与模式划分为 3 种：一是以生物多样性和生态系统保护为主要目标的社区参与式管理（community participatory management）；二是协调自然资源使用，以达到保育目标的社区共同管理（community co-management）；三是基于多目标集体行动的社区主导型管理（community dominant management）。表4-7总结了3种模式在制度安排上的特征，这些特征源自对具体案例的总结，3种模式的核心保护

理念阐述如下。

表 4-7 社区参与模式及特点（He *et al.*, 2020）

模式	区域	目标	管理主体	合作方	监管方	资金来源	激励措施	保障措施
社区参与式管理	现存自然保护区	生物多样性	政府	无/非政府组织（NGO）	政府	政府部门/NGO/利益机构	设置生态保护岗位；促进生计发展；提供生态补偿和公共福利	自然保护区管理规定；协议；乡村规章制度
社区共同管理	现存自然保护区	生物多样性；自然资源利用	政府和社区	NGO	政府	NGO；政府部门	设置生态保护岗位；发展替代性生计；提供替代性能源；确保土地产权	自然保护区管理规定；协议；乡村规章制度
社区主导型管理	现存自然保护区和新自然保护区	生物多样性；自然资源利用；土地景观；文化等	社区	NGO/政府/无	社区/政府/公众	社区；NGO；政府部门	提升资源利用的自我认知；宗教信仰；道义上的责任	乡村规章制度；道德义务和宗教信仰；政府认可的管理规则

1. 社区参与式管理模式

这种模式继承了源于国际扶贫项目的最初名称和概念，后来被生态保护领域所接受。最早可以追溯到 1988 年由福特基金会和中国社会科学院联合资助的中国林业项目（倪玖斌，2014）。该项目指出，乡村社区居民应成为林业的主体，并通过外部代理机构实现森林的可持续经营。在大多数情况下，社区居民是被动参与的，完全丧失了从土地中获益的权利，仅有某些个体参与保护活动（李晟之，2014；倪玖斌，2014）。然而有研究表明，在这种模式下，村民作为保护者的作用并不明确，在发展过程中失去了保护的核心任务（徐建英等，2005）。

2. 社区共同管理模式

这种模式早在 1995 年全球环境基金（GEF）资助的自然保护区管理计划（NRMP）中就有体现（国家林业局野生动物植物保护司，2002）。社区和自然保护区共同管理自然资源，其特点是共同制定资源管理计划，社区协助开展生物多样性保护工作。卧龙、长白山、九寨沟等案例都表明，在政府主导的保护区内，通过匹配利益相关者的权利和责任、共同管理，能够有效平衡公私利益（张宏等，2005；刘悦翠和唐永锋，2005）。人们越来越重视赋予社区参与决策、规划和利益分享的权利（Luo and Qin，2013），并提高他们对资源利用与生态系统完整性之间关系的认识（王海和李孝繁，2015）。

3. 社区主导型管理模式

这是一些保护地在建立时没有外部机构介入的社区保护模式，这种模式下的保护地管理除了明确的生态保护外，还包括多个目标，如环境教育、生态社区建设、社区赋权等（李晟之，2014）。这类保护地也是一个经济区域，在人与自然相互作用中，人们形成了相应的制度和文化，进行自然资源管理。这些区域逐渐开始被政府认定为是对自上而下设立的自然保护区的补充，或被纳入自然保护区。例如，有一类"圣地"保护区通常由具有特定宗教信仰的群体管理。社区居民在自然资源管理中积累了丰富的生态知识和经验，有助于生物多样性的保护（Shen *et al*.，2012），但这种以社区为主导的保护在当前自然保护地系统中没有明确的地位。

（三）社区参与国家公园建设的保障机制

第一，加强法制建设。现行《物权法》中的地役权条款没有进行法律补充或解释（魏钰等，2019），其他与社区参与有关的机制，如特许经营等，可能都需要更新现行法律内容。

第二，维持或优化利益分配制度，使其更加公平。大多数国家公园都是自然保护区、森林公园、湿地公园的优化整合，如果社区与原有保护地之间存在冲突，则这些冲突也会在国家公园中显现出来（He *et al*.，2018b）。一般来讲，典型冲突主要产生于不公平的利益分配中，这一点在旅游业尤为突出。因为许多旅游观光景区都是国家公园的一部分（He *et al*.，2018b；何思源等，2019d）。基于科学规划和社区参与的生态旅游能够有利于当地社区发展，然而在实际运行中经常存在外来投资没有给当地人带来回报或受益人群有限的问题。同时，虽然特许经营制度的设计能够推动当地社区进入相关经营领域，但旅游公司的垄断局面尚未停止。

第三，构建适用于不同社会-生态系统的多元补偿方式。大量证据表明，经济补偿是促进社区参与的动力。然而，目前许多社区居民只是在受到保护地的影响后被动地接受一些自上而下的地域性生态补偿，或者从事一些只以保护为目的而不满足发展需要的工作（潘植强等，2014）。此外，人类与野生动物的冲突也是一个重要问题。在三江源、祁连山、神农架等国家公园，对野生动物损害的一次性补偿被认为是权宜之法。

第四，完善社会参与来推动社区参与。社区参与的经验表明，外部机构，如非政府组织在建立产业链、培训自然生态向导、磋商专业合同等方面给当地社区带来了人际关系和金融资本。这些社会组织帮助当地人从以前没有明显经济价值的知识和实践中获得经济价值，使他们走向外部世界，同时获取了相关利益。在国家公园时代，随着社会网络扩展，自然保护地内社区的潜在合作伙伴增多，识别利益相关方及其共同利益更为必要，但也更为困难（赵翔等，2018）。

三、案例：三江源国家公园生态管护员制度

（一）研究区概况

三江源地处地球"第三极"青藏高原腹地，是长江、黄河、澜沧江三大江河的发源地，是我国和亚洲的重要淡水供给地，有着"高寒生物种质资源库"之称，也是全球气候变化反应最敏感的区域之一，其生态系统服务功能、自然景观、生物多样性具有全国乃至全球意义的保护价值。

三江源国家公园以长江、黄河、澜沧江三大江河源头的典型代表区域为主构架，优化整合了可可西里国家级自然保护区，三江源国家级自然保护区的扎陵湖-鄂陵湖、星星海、索加-曲麻河、果宗木查和昂赛 5 个保护分区，构成了"一园三区"格局，即长江源、黄河源、澜沧江源 3 个园区，总面积为 12.31 万 km²，占三江源地区面积（39.5 万 km²）的 31.16%。该地涉及青海省果洛玛多县，玉树杂多县、曲麻莱县、治多县，12 个乡镇，53 个村，16 793 户牧户、64 000 人，存栏各类牲畜 65.37 万头（只、匹），面临比较突出的社区管理问题。

（二）生态管护公益岗位设置及其效果

设置生态管护公益岗位是让国家公园内的社区居民参与到自然保护实践中并从自然保护中获得收益的重要方式。在这一方面，三江源国家公园可谓先行者。事实上，早在国家公园试点设置之前，三江源国家生态保护综合试验区就设置了生态公益岗位（赵翔等，2018）。2005 年，青海地方政府与山水自然保护中心等 NGO 组织合作对当地的生态本底进行监测，当时由于人手的限制，根据自愿原则招募了一批当地的牧民志愿者，培训他们学会使用红外相机、野生动物救护等相关的基础工作，使他们成为生态监测员，协助专业人员参与到生态监测工作当中。

国家公园建立之后，2016 年《中国三江源国家公园体制试点方案》将生态公益岗位和精准扶贫联系起来，规定每个牧户设置一个管护岗位，使牧民由草原利用转变为保护生态，兼顾适度利用，建立牧民群众生态保护业绩与收入挂钩机制，率先从建档立卡贫困户入手，在 4 个村实施试点，促进第一批生态管护员上岗工作。2017 年，三江源国家公园管理局颁布了《三江源国家公园生态管护员公益岗位管理办法》，设置了生态管护员岗位的具体标准、聘用程序和报酬等，实施"一户一岗"标准，由牧户选择具备所需知识技能、年龄要求、身体条件等因素的 1 位牧民申请生态管护员，并经国家公园管理机构岗前培训后上岗，随管护分队、管护大队、乡级管理站等组织共同完成生态管护工作，经国家公园管理机构验收合格后，每月获得由国家公园管理机构发放的岗位工资 1800 元。前面提到的生态监测员被率先纳入这一体系当中，而且管理当局沿用了当地社区长期以来形成的监

测员选拔制度，由社区自行选举产生，并直接跟乡级政府、村领导等对接，保持了社区内部的平衡关系。2018 年发布的《三江源国家公园总体规划》也继续采用上述办法："按照三江源国家公园园区内牧民'户均一岗'，负责对园区内的湿地、河源水源地、林地、草地、野生动物进行日常巡护，开展法律法规和政策宣传，发现报告并制止破坏生态行为，监督执行禁牧和草畜平衡情况。"

截至 2019 年 5 月，这一目标已经基本实现，"一户一岗"达到全覆盖，聘用生态管护员 17 211 名，户均年收入增加 21 600 元。对于国家公园的生态监测和巡护来讲，也实现了山、水、林、草、湖的组织化管护和网格化巡查，组织形式上形成了乡镇管护站、村级管护队和管护小分队的结构，层级清楚，上下联动。对于远距离的监测和巡查管护，既依赖于马队、摩托车队等社区人员的工作，又引进了多媒体收视系统等现代技术，构建了人机互补的远距离"点成线、网成面"的管护体系。因此，当地社区内的牧民身份发生了重大改变，实现了从传统草原利用者到现代生态管护者的转变，已经成为国家公园保护管理过程中不可或缺的一部分。

在具体的监测巡护过程中，因为当地的社区管护员大部分都是藏族人，长期受到藏文化、传统宗教信仰影响的他们，大多有着根深蒂固的生态保护思想和意识。在对当地人采访的过程中，牧民在很多事情上都非常自觉。例如，不会在源头地区发展任何工业，对于神山内丰富的矿产资源也会规定禁止开发（杨金娜，2019）。此外，不少社区生态管护员指出，守护山林是每一个藏族人应尽的职责。还有很多牧民出身的管护员因为自己长年的观察，认为"如果不好好保护这片土地，最后连牛羊都保不住"。正是因为有了这种情感的联系，使得当地居民更加认同国家公园事业的发展。经过三江源地区的实验，可以看到生态管护公益岗位的设置有助于充分调动当地社区居民的积极性，发挥当地传统生态知识在国家公园管理过程中的重要作用。

然而不可否认，生态管护公益岗位制度的发展进程中仍然存在不少问题。例如，生态管护员选聘的标准不统一、不规范，导致有些管护员的能力不符合其岗位职责和工作要求或者早就不在草原上生活了，而那些对生态管护工作有非常高的热情又长期生活在牧场的居民却无法得到这样的工作机会，不利于实现生态效益增加和环境保护目标。在未来的发展中，可以考虑在以下方面进行提升：一是明确生态管护公益岗位的职责，制定更加规范的生态管护员选拔制度；二是设置较为严格的生态管护考核标准，促进生态管护岗位起到实效；三是鼓励以社区为主体的保护与民间机构的参与，理清权、责、利关系，在自然保护中给予社区更大的空间。

第五章　国家公园文化遗产保护与利用[*]

包括国家公园在内的自然保护地，从广义上均属于自然遗产，但一个被忽视的问题是，自然遗产与文化遗产多相生相伴，许多物质文化遗产和非物质文化遗产都在自然生态保护中具有重要价值。从我国国家公园体制试点及其他类型的自然保护地来看，多分布着类型丰富的文化遗产，直接影响着国家公园建设、自然生态保护和区域内居民的生产与生活。

文化遗产，包括物质文化遗产（有形文化遗产）和非物质文化遗产（无形文化遗产）。根据联合国教科文组织的《保护世界文化和自然遗产公约》，物质文化遗产是指具有历史、艺术和科学价值的文物或有形的遗存，主要包括历史文物、历史建筑、人类文化遗址 3 类。此外，中国传统村落也可以视为一类重要的物质文化遗产。根据《中华人民共和国非物质文化遗产法》，非物质文化遗产是指各族人民世代相传并视为其文化遗产组成部分的各种传统文化表现形式，以及与传统文化表现形式相关的实物和场所。此外，一些具有重要意义的传统知识、农业文化遗产（或者农业文化景观）也应当纳入其中。

尽管国家公园建设的主要目的是保护自然生态系统，但文化也是存在于国家公园中非常重要的一方面，并在自然保护和国家公园建设中发挥着重要作用。例如，青藏高原地区拥有极具地域特色，多元、绚丽的传统宗教文化、历史文化、民族文化和民俗风情，对访客来说，能产生强大文化吸引，同时对于民族和谐、生态保护也具有积极意义。建立访客文明公约以尊重文化差异和当地风土人情，对物质文化遗产尤其是文物古迹进行监测从而提升遗产保护和管理水平，以及对物质和非物质文化遗产进行调查统计从而为保护传承和科普教育奠定基础，亦应当成为国家公园建设的重要内容（张丛林等，2021）。

薛达元和郭泺（2009）在分析相关国际公约有关传统知识概念的基础上，结合在中国民族地区的相关研究工作，将与生物资源保护和持续利用相关的传统知识分为 5 类：传统利用农业生物及遗传资源的知识；传统利用药用生物资源的知识；生物资源利用的传统技术创新与传统生产、生活方式；与生物资源保护和利用相关的传统文化及习惯法；传统地理标志产品。为了研究方便，我们基本吸纳了这一观点，但把"与生物资源保护和利用相关的传统文化及习惯法"归入传统文化中，把"生物资源利用的传统技术创新与传统生产、生活方式"和"传统地理标志产品"部分

* 本章由闵庆文、何思源、王国萍、丁陆彬、朱冠楠、王斌、张天新、于晴文执笔。

归为农业文化遗产中。根据中国国家公园以及其他自然保护地建设的实际，本章将聚焦国家公园内的传统生态文化、传统知识和农业文化遗产 3 个方面。

第一节　传统生态文化的价值及其保护与利用

一、国家公园内的传统生态文化及其自然保护价值

（一）文化与传统文化

一般认为，文化（culture）是一种社会现象，它是人类长期创造形成的产物，同时又是一种历史现象，是人类社会与历史的积淀物。确切地说，文化是凝结在物质之中又游离于物质之外的，能够被传承和传播的国家或民族的思维方式、价值观念、生活方式、行为规范、艺术文化、科学技术等，它是人类相互之间进行交流的普遍被认可的一种能够传承的意识形态，是对客观世界感性上的知识与经验的升华。文化是人类在不断认识自我、改造自我和不断认识自然、改造自然的过程中所创造的并获得人们共同认可和使用的符号（以文字为主、以图像为辅）与声音（以语言为主，以音韵、音符为辅）的体系总和（区文伟，2015）。文化可以分为物质文化和非物质文化两种形态，而且在很多情况下，两种形态是融合在一起的。

传统文化（traditional culture）是对应于当代文化和外来文化的一种统称，是文明演化而汇集成的一种反映民族特质和风貌的文化，表现为历代存在过的各种物质的、制度的和精神的文化实体和文化意识。

（二）传统生态文化

传统生态文化（traditional ecological culture, TEC）是传统文化的重要组成部分。简单而言，传统生态文化可以理解为与生物多样性和自然保护及自然资源持续利用有关的传统文化。根据薛达元和郭泺（2009）的研究，与生物多样性保护和持续利用相关的传统文化，包括传统艺术（如民间艺术、文学作品、工艺品、绘画等）、传统宗教文化（如民族图腾、宗教习俗和"神山""神林""风水地"等带有宗教色彩的环境保护意识）、习惯法（如乡规民约、氏族制度、民族风俗中的生物资源保护与利用习惯）等。

与自然保护相关的传统文化极为丰富，这在少数民族地区表现得更为突出。许再富等（2011）关于生活在热带雨林地区的西双版纳傣族等十几个少数民族的研究就是很好的证明。因为牢记着"有林才有水，有水才有田，有田才有粮，有粮才有人"的祖训，当地居民认为"森林是父亲，大地是母亲，天地间谷子至高无上"。他们秉持着"天人合一"的理念和朴素的生态观（许再富等，2010），

造就了傣族对自然的敬畏、尊重、爱护的心理和文化，形成了地域特色鲜明的宗教文化。例如，由于原始宗教和小乘佛教的宗教信仰，傣族在每个村寨和每个勐（相当于乡镇）都建有一个"竜山"（神山）和一座佛寺，把上百种植物当作"神树"或"佛树"，把一些动物当作"神兽"或"图腾"。600 多座佛寺及其附设的庭院中，栽培了上百种与佛祖和佛事活动密切相关的植物，成为被傣族自觉维护的一个个"佛教植物文化园"。通过宗教信仰和乡规民约，龙山林和佛寺庭院中的植物，以及上百种的"神树""佛树"和亚洲象（*Elephas maximus*）、印度野牛（*Bos frontalis*）、水鹿（*Rusa unicolor*）、绿孔雀（*Pavo muticus*）等"神兽"和"图腾"动植物，都成为傣族传统上的重点保护对象，其中有 8 种树木和多种图腾动物都属于国家重点保护的物种。

在青藏高原地区，藏族的神山崇拜其实是一个多重文化因素混合的崇拜（于晴文，2019）。神山观念是藏族先民融合了原始自然崇拜、灵魂崇拜、本教及藏传佛教中的生态伦理等观念而形成的自然生态观。藏族先民认为世界万物中皆有"神灵"，即"万物有灵"的思想。在古代藏族人的原始宇宙观念中，把宇宙分为天界、人间和地下 3 层，都有"神灵"居住。其中把山体当作居所的"神灵"最多，这可能与青藏高原地区地形复杂、山体众多有关。在这里，山变成了"神灵"之家。藏族人民认为这些神灵的喜怒哀乐关系到人们的生产和生活，所以应当敬畏"神灵"。因此藏族人民遵从相关规则，形成了他们的传统自然伦理。神山信仰在青藏高原地区生态环境、文化等方面有着不可替代的作用。赵海凤等（2018）通过研究青海省内 7 座神山外围 60km 内的物种丰富度得出结论：神山以及神山崇拜提高了生物多样性，宗教信仰与生物多样性之间形成了良性循环。

少数民族具有"忌伤生灵"的宗教教义，体现了人与自然、人与野生动物互相依存的思想。例如，侗族信奉"万物有灵"的原始宗教，山川、古树、风景林、巨石、土地、动物、植物等都是崇拜的对象。因此有的山岭禁止挖掘，杉树、枫香树、银杏、樟树等上百种古树在当地是不允许被砍伐的。在坟场周围不允许狩猎和采集。少数民族的狩猎禁忌在一定程度上对野生动物起到了保护作用。例如，马鹿、野牛和部分家燕等是许多氏族禁止狩猎的对象，还有许多特定地点和时间都禁止出猎。这些宗教教义和习俗看似缺乏科学性，但符合当地人的意志，客观上对当地生物多样性的保护起到了积极的作用（薛达元和郭泺，2009）。

（三）传统生态文化促进自然保护的途径

传统生态文化作为文化遗产的一种类型，包含着对自然的认识、保护和持续利用生物多样性的理念与做法。首先，传统生态文化作为一种敬畏生命的朴素的生态伦理观，在一定程度上可以保证当地生态系统的稳定性和持久性，起到保护生物多样性的作用。例如，中国南方许多自然村落附近都有一个较为完好的植物群落，称为"风水林"，得到长期保护。风水林大都群落完整成熟，物种多样、功能完善，既为村落生态系统提供水土保持、水质净化等生态服务，又常常是区域物种的避难所。

藏族传统生态文化对神林的崇拜和禁忌起到了良好的自然保护效果。杨立新等（2019）对位于滇西北白马雪山国家级自然保护区及周边的巴珠、柯功、追达3个藏族村寨的研究发现，社区保护生物多样性的主要驱动力来源于民族传统生态文化，社区生计依赖于生物多样性，保护自然圣境是在社区水平保护生物与文化多样性及社区发展的重要途径。在巴珠村"夏瓦祥姆"神山、柯功村"拉很"神山、追达村"朵就"神山，被保护的植物种类分别有34科47种、64科147种、14科22种。可以说，藏族自然圣境是基于传统信仰文化并经过长期实践建立和发展起来的有利于生物多样性保护的社区保护形式，对生物多样性保护做出了重要贡献，藏族自然圣境内较高的植被覆盖率、稳定的群落结构以及丰富的动植物，为社区水平的就地保护提供了示范性原型。

随着人们对生物多样性与文化多样性认识的加深，它们之间的概念及空间上的联系也逐渐被发现。越来越多的人认为对生物多样性和文化多样性进行共同保护可能是减缓生物多样性降低速率的有效途径，由此生物文化多样性（biocultural diversity）作为完整的概念受到关注，并且形成了生物文化视角（biocultural perspective）及应用于管理实践的生物文化途径（biocultural approach）。生物文化多样性包括生物多样性、文化多样性和二者之间的复杂联系，是保持自然界和人类社会健康的基础。生物多样性和文化多样性通过自然和社会的各种因素紧密连接在一起，表现为空间上的重合、共同的进化过程以及受到共同的威胁。对生物多样性和文化多样性进行共同保护是减缓生物多样性丧失和保护传统生态文化的有效途径（毛舒欣等，2017）。

传统生态文化促进社区自然保护主要表现在以下4个方面。

一是传统生态文化所包含的传统知识，如有选择地进行采集、狩猎、培育能够支持生物多样性保护，通过长期观察自然进行灾害防范等。

二是传统生态文化包含多种传统技术，在牧业地区，关于游牧、牲畜结构调配、放牧路线设计等技术有利于维持草原合理利用和系统稳定；在林区，关于间伐、抚育、火焚等技术有利于提高生物多样性，促进生态系统更新；农耕地区的选种、育肥、轮作套种等技术，特别是在不少农、林、牧、渔等复合生态系统中，往往贯彻"环境最小改动原则"，顺自然地势，顺应季节周期，就地取材修建相关设施，无大规模人工化土地利用，形成了能够实现自我修复的人工生态系统，为生态修复提供了借鉴。

三是拥有传统生态文化的社区往往具有集体资源管理方式，不少村规民约在水资源分配、资源利用冲突调节等方面形成习惯法，在现代林权确定后仍有约束力；非市场驱动的风俗习惯在控制资源利用，如采集、伐木等的频率、强度、方式等方面长期存在，有助于保护生物多样性（王国萍等，2019b）。

四是传统生态文化，特别是宗教与信仰的作用影响着世界观和价值观，融入了人们的道德认知、社会制度与生产、生活。对自然要素的崇拜促使人们有意识地维护山地、湿地等生态系统；一些宗教信仰和图腾崇拜禁止人们伤害生灵，或者为了获得特定资源约定时机、期限、地点、数量、工具等，客观上保护了生物多样性；神山、圣湖、风水林等社区保护空间可以被视为法定保护地的延续，也为保护物种的遗传基因多样性提供了机会（薛达元，2015）。

二、生物多样性相关传统生态文化的保护与利用

（一）加强制度建设以促进更好的保护

尽管国际社会在生物多样性保护上采取了多种行动计划，但遏制生物多样性快速丧失趋势的承诺并未实现。究其主要原因，除了没有解决好生物多样性的可持续利用外，还在于所采取的多种保护行动中忽视了文化层面，尤其是土著民族生态文化多样性的保护与利用。文化多样性是人类适应社会发展，与迥然各异的自然环境及其中的生物资源之间相互作用、协同演化的产物。越来越多的证据表明，当今生物多样性所面临的严重威胁与本土传统文化的淡化与丧失密切相关。生物多样性保护与文化多样性保护相辅相成，缺一不可（许再富，2015）。

将世界各国人民长期生产和生活实践中积累的丰富的生物多样性相关传统视为人类传统文化的重要组成部分，已经获得广泛的国际共识。1992年通过的《生物多样性公约》第8（j）条要求，各缔约方"依照国家立法，尊重、保存和维护土著及地方社区体现传统生活方式与生物多样性保护和永续利用相关的知识及做法，并促进其广泛应用"。2006年，联合国教科文组织颁布了《保护和促进文化表现形式多样性公约》，进一步指出了文化多样性和生物多样性与可持续发展之间的关系。

我国是《生物多样性公约》和《保护和促进文化表现形式多样性公约》等的缔约国，也是一个遗传资源和相关传统生态文化知识丧失的热点地区，面临着保护生物多样性及其相关传统知识、维护国家利益的紧迫任务（赵富伟等，2013）。通过颁布和修订《中华人民共和国野生动物保护法》《中华人民共和国自然保护区条例》等多项法律法规，中国各类自然保护地总面积占国土陆域面积的18%，提前实现了联合国《生物多样性公约》提出的到2020年保护地面积达到17%的目标。然而在市场经济的冲击下，传统生态文化受到很大威胁，并对生物多样性保护产生了不利影响，需要引起高度重视（吴薇等，2010）。

（二）重视合理利用以促进更好的保护

重新激发文化的内在活力是实现传统生态文化振兴的目标要求。传统生态文化的保护，重要的是挖掘其现实价值，通过活化利用实现文化权益。在传统生态文化濒临消亡的现状之下，适当的经济激励可以作为传统生态文化价值实现的源头动力和驱动（Liu *et al.*，2018）。

实施社区可持续发展项目，保护自然圣境，支持社区可持续发展，是合理利用传统文化资源的重要途径。杨立新等（2019）在滇西北藏族地区试点社区的研究表明，尽管当地有很高的森林覆盖率，巴珠村甚至高达 98.2%，但社区生存压力仍然很大，巩固脱贫成果任务依然很重，给自然圣境内的森林资源造成巨大压力，过度放牧的问题对"神山"生物多样性保护和可持续利用也十分不利。藏药植物种植、松茸可持续采集及养（蜂）殖、牧场管理等都是应用较好的社区发展项目，同时还应注意能源替代和生活取暖等民众生计需要。

旅游开发是实现传统生态文化活化利用和保护的有效途径之一。文化被视为具有一定经济价值并可供开发的旅游资源，是实现文化价值的一种方式，二者相互作用和影响，并在矛盾中不断发展。文化体验被视为旅游的重要目的之一。文化资源在旅游开发中具有显著的正向带动作用（马晓京，2000），能够为旅游地及其居民带来巨大的经济效益（艾菊红，2007）。生态文化资源的开发也为地方建立了一种文化形象，对于旅游地整体吸引力的提升具有积极作用。

三、案例：藏族神山崇拜与三江源国家公园建设

神山景观虽然并没有被政府列为文化遗产，但作为文化保护的一部分，仍然是对三江源国家公园内居民有重要意义的景观。深入了解神山的分布、规模、管理和现状，研究青海藏族传统生态文化中的神山信仰观念等与青藏高原的生态环境相符的"生态文化观"如何发挥作用，有助于更好地指导三江源国家公园的建设管理（于晴文，2019）。

（一）研究区域概况

研究地昂赛乡位于青海玉树杂多县，处于三江源国家公园澜沧江源园区内，距县府驻地 32km，2020 年全乡总人口 7963 人，以藏族为主，占总人口的 99% 以上，面积为 2412.3km^2。乡政府驻跃尼嘎，地处扎曲（河）西南岸。昂赛乡下辖热情村、年都村、苏绕村。

昂赛乡以山地、沟谷地为主。澜沧江的发源地"扎曲"源头之地——扎青乡紧邻昂赛乡，扎曲从昂赛乡穿过，昂赛乡山泉溪水几乎遍布山谷比较大的扎曲支

流，包括桑班涌、迪青涌、热青涌、扎群涌、稿涌、果茸涌、莫海、高涌等。

区域内有丰富的野生动植物资源。野生动物主要有岩羊、白唇鹿、猞猁、马麝、金钱豹、旱獭，甚至还有狼、熊以及亚洲高山地区的旗舰物种雪豹，昂赛乡也因此被誉为"雪豹之乡"。昂赛乡鸟类物种多样，代表鸟类有金雕、黑颈鹤。作为典型的高寒草甸生态系统，主要生长着莎草科的多年生草本植物。

当地牧民以畜牧业为生，牧养藏系绵羊、牦牛、马等牲畜。其中牦牛与牧民生活最为紧密，牦牛有多种用途，为玉树藏族人民不断提供生活必需品。牦牛的肉、乳以及乳产品酥油、曲拉为牧民的主要食品。此外，牧民还普遍种植芜根当作蔬菜或者饲料。

（二）神山信仰的作用机制

与青藏高原其他地区的藏族人民一样，这里的居民崇拜自然、信奉"万物有灵"，且祭祀仪式多样，包括宗教仪式和独特的生活方式、风俗习惯，在一定程度上可以反映精神世界与人们日常生活的关系。昂赛乡山脉绵延，有以乃崩、莫核拉才为代表的几十座神山，形成了关于自然、人生的基本观念以及生活方式，创造了与自然环境相适应的生态文化，也形成了他们自己的神山信仰。调查发现，神山信仰对于自然保护的作用机制包括以下几个方面（于晴文，2019）。

首先，作为当地环境孕育出的神山信仰，给当地人带来了独有的文化烙印，凝聚空间认知与群体意识。

其次，神山信仰与牧民生计联系最为紧密，通过保持传统资源利用方式，维持牧民生计。通过低耗能、低开发的耕作，夏秋冬草场轮作，养育了一方人，同时也降低了环境影响。采挖虫草给当地牧民带来巨大的收益，被他们看作神山的赏赐，更加珍惜爱护神山环境。

再次，神山信仰通过生活中祭祀仪式活动以及口口相传的传说故事、动物崇拜等，宣传"万物有灵"、保护动物的观念，是藏族人民与神山的精神连接。日积月累，祭祀变成了日常的活动，成为生活的一部分。

最后，神山作为被信仰主体，形成相应的禁忌系统。寻求神明帮助时，藏族人民需要主动虔诚，才能使神山"感受到诚意"，"帮助"自己克服困难。牧民不仅不能轻易打扰、不能破坏污染环境，还负有保护职责，希望外来人能够遵循规则，当游客有不好的行为时，他们会说明和劝诫。总体而言，外来者对环境没有造成过多影响，由此提高了生物多样性，保持生态系统完整性（图5-1）。

（三）关于神山信仰保护与国家公园建设的建议

根据调研中发现的问题，从国家公园建设和自然保护目的出发，应当关注以下两个问题。

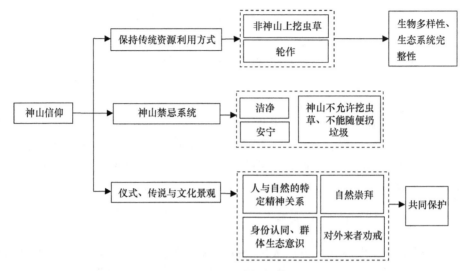

图 5-1　昂赛乡神山信仰的作用机制（于晴文，2019）

一是完善三江源国家公园功能分区。细分核心保育区等一级分区，即在国家公园一级功能分区下设文化景观保护区，出台专门的保护措施，如划分为禁止利用区和限制利用区，允许当地居民开展传统生产活动和祭祀仪式。

二是发展基于神山信仰的休闲游憩。文化景观可以与旅游休憩相结合，转山活动本身有保护公园的意义，加以利用可以起到自然巡护的作用。可以探讨将一些转山路径划归国家公园旅游系统中，作为景观观赏、旅游教育的重要基地。2019年，昂赛已经拿到了自然体验的特许经营权，为中国国家公园的首例，相应管理制度和管理措施正在摸索阶段。该试点具有示范作用，其特许经营的工作经验有望在三江源国家公园其他地方推广。

第二节　传统知识的价值及其保护与利用

一、国家公园内的传统知识及其自然保护价值

（一）知识与传统知识

一般而言，知识是符合文明发展方向的，人类对物质世界以及精神世界探索的结果总和。虽然迄今没有一个统一而明确的定义，但知识的价值判断标准在于实用性，以能否让人类创造新物质、得到力量和权力等为考量。

当前对传统知识给出定义的国际公约，主要包括世界知识产权组织（WIPO）、世界贸易组织（WTO）及《生物多样性公约》等。其中，世界知识产权组织对于传统知识的定义较为宽泛，主要突出了传统知识所具备的动态变化性。而《生物

多样性公约》和世界贸易组织在《与贸易有关的知识产权协定》中对于传统知识的概念定义，则主要体现了传统知识和生物资源之间的密切关系。相较于《生物多样性公约》而言，世界贸易组织对于传统知识的定义体现出更强的针对性，偏向于指遗传资源相关的传统知识。

2014 年，在《生物多样性公约》对传统知识定义的基础上，环境保护部（现生态环境部）将传统知识限制为生物多样性相关传统知识，并在所发布的《生物多样性相关传统知识分类、调查与编目技术规定（试行）》中明确了其定义及分类。此外，诸多学者对传统知识的定义体现出传统知识的复杂性和特殊性。但从诸多定义中可以看出，传统知识的核心特性就是传统性，即体现了当地社区及居民长期以来与自然环境相互适应过程中所积累的有利于维持居民生计、提高生活质量，并与自然和谐相处的知识（杨伦等，2019）。

传统知识是一个民族或一个社区集体多年实践的智慧积累，也是现代社会进步和知识创新的源泉（薛达元和郭泺，2009）。通过归纳分析当前相关国际公约及研究对传统知识的定义及内涵，可以将其分为生计维持类传统知识、生物多样性保护类传统知识、传统技艺类传统知识、文化类传统知识及自然资源管理类传统知识 5 类（马楠等，2018）。

传统知识研究目前已经成为生物多样性保护研究的热点领域，并对生态系统服务管理、社区可持续发展等领域产生了重要影响。通过文献调研可以发现，与生物资源管理、生物多样性保护、生态系统服务和人类福祉、政策管理等相关的传统知识研究是未来该领域的重要方向（丁陆彬等，2019a）。

（二）与自然保护相关的传统知识

薛达元和郭泺（2009）认为，传统利用药用生物资源的知识属于典型的自然保护相关的传统知识。中医药是中国最典型的传统知识，还有大量的民族医药，如藏药、苗药、侗药、彝药、傣药、蒙药等，都是经过数千年实践的知识结晶。此外，还有大量的民间草药，虽然没有系统的医药理论，但也是医药知识的累积。传统医药知识，包括传统医药理论知识（如药物理论、方剂理论、疾病与诊疗理论等）、药用生物资源（如数量众多的传统药材物种资源和基因资源）、传统药材加工炮制技术、传统药材栽培和养殖知识、传统医学方剂（如古籍中记载的 9 万余首医方）、传统诊疗技术、传统养生保健方法、传统医药特有的标记和符号等。

生态知识的内涵主要是从物质、精神与制度等多个层面出发，渗透到多个学科以及多个领域，阐述人与自然和谐共生的思维与生活方式，其蕴含着建设生态文明社会所需的文化资源和生态智慧，对于保护生物多样性、维持地区生态平衡、维护生态安全、实现人与自然和谐发展具有重要的价值和意义（成功，2014）。

传统生态知识（traditional ecological knowledge，TEK）是传统知识（traditional knowledge，TK）或本土知识（indigenous knowledge）的一个子集，是关于生物（包括人类）彼此之间及其与环境的关系的知识、实践和信仰的集合体，通过文化而代代相传（Berkes，2012）。土著居民或传统部落中"人类是自然界的组成部分"的世界观强烈地影响 TEK 系统，在这种世界观下人们通常不会将物质与精神分离，而是在一个知识、实践与信仰构成的整体 TEK 系统中开展自然资源管理实践（图 5-2）。传统生态知识是传承中华民族优秀传统文化与生态智慧的重要文化载体，在传承传统生态文化精髓的基础上，融合现代文明成果与时代精神，是促进人与自然和谐共存的重要途径（李文华等，2012）。

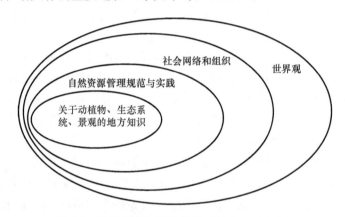

图 5-2　传统生态知识的分类（Berkes，2012）

（三）传统知识的生态价值

1. 保育生物多样性

传统生态知识形成于特定的文化与社会背景中，这一知识系统的形成是人们不断应对环境变化、调整行为并管理行为所带来的生态反馈、寻求资源可持续利用的过程（Berkes *et al.*，1995）。因此，传统知识在自然保护领域的实践应用得到了广泛关注。IUCN（1986）提出了传统生态知识在自然保护中的潜在作用，包括提供新的生物学知识与生态学见解，提供可持续的资源管理模型，开展保护地与自然保护教育，支持发展规划以及用于环境评价。

随着生态系统管理理念的发展和自然保护管理将社区作为关键利益相关方纳入，国际领域的研究开始关注传统生态知识如何支持基于社区的自然保护，提高社会-生态系统的恢复力（Ruiz-Mallén and Corbera，2013）。

许再富等（2011）归纳了傣族传统知识的生物多样性保育效果。据统计，在传统上，傣族利用了约 1200 种药用植物，约 600 种用作淀粉、蔬菜、水果、饮料等的食用植物，以及 300 多种用材树、省藤和宗教文化植物等。这些植物中，土著植物就有约 1500 种。傣族除了利用野生植物外，还在居住的"干栏式"竹楼周围都建有面积大小不一的私家庭院，他们"变野生为家栽"和"变他地为本地"，栽培了上百种的资源植物，成为一个个小的"植物资源库"，既为自家的利用提供方便，减少对森林的索取，又为其发展生产提供了种源。在村寨附近的山地上，每家每户都要栽种数十株萌发力极强的铁刀木（Senna siamea），以满足自家的薪柴所需，减少了对森林的破坏。每家每户都要栽上数丛竹子，以提供生活、生产等所需竹材。

此外，傣家人对森林和植物的利用多采用可持续利用的方式。例如，在采野菜和草药时，一般只摘其嫩尖或叶片，若需用全草或根茎时，则在一片地内仅挖、拔少数植株；采野果时要留枝条以免伤害树木，砍树木要留树桩让其再萌生；竹子只砍竹丛中的 1/4 竹竿，而且要砍老竹留新竹；需要在森林中砍薪柴时只砍死树；盖房子所需的木材均要经由村社批准，否则要受到惩罚，砍树都采用择伐，也要按规定数量分几处砍伐，以保证其自然更新。

2. 适应气候变化

少数民族传统生态知识促进气候变化适应主要表现在民族地区对气候变化的观察、诠释和适应方面。曹津永和宫珏（2014）在对云南德钦明永村的研究中发现，当地藏族人对气候变化及其影响有一整套基于神山信仰的传统知识系统内的认知和应对体系，并且基于信仰和认识，将气候变化分为"惩罚型"和"恩惠型"两种类型。

德钦果念村藏族人在对气候变化的认知与应对的研究中，将藏族人对气候变化的感知具体划分为气温变化、节气变化、雪崩变化、动植物分布变化等九大类。当地藏族人应对气候变化主要有两方面：一是设法降低气候变化的程度和危害；二是调整传统生计以适应气候变化（尹仑，2011）。

哈尼族人民在对梯田传统农业管理中，通过基于传统知识对土地资源、水资源、森林资源以及生物资源的管理而实现对气候变化以及极端干旱的应对（孙发明，2012）。广西龙脊壮族人民通过采取复合型的取食策略、实施有效的水资源利用模式以及一些乡规民约等传统生态知识来降低和应对气候变化对其带来的影响（付广华，2010）。

二、生物多样性相关传统知识的保护与利用

传统知识保护已经受到国际社会的广泛关注。国际植物新品种保护联盟、《生物多样性公约》秘书处、联合国环境规划署、联合国粮食及农业组织、联合国教科文组织等数十个国际组织都充分利用自己的职能重视对传统知识的保护。较有代表性的包括《〈生物多样性公约〉关于获取遗传资源和公正公平分享其利用所

产生惠益的名古屋议定书》《国际植物新品种保护公约》及联合国教科文组织的《保护世界文化和自然遗产公约》《保护非物质文化遗产公约》和联合国粮食及农业组织发起的全球重要农业文化遗产保护倡议。

我国目前已实行了相应的传统知识保护政策，包括《国家知识产权战略纲要》《全国生物物种资源保护与利用规划纲要》《中华人民共和国专利法》《中华人民共和国商标法》《中华人民共和国中医药法》《国务院关于加强文化遗产保护工作的通知》《关于加强农业种质资源保护与利用的意见》等，但是在传统知识的知识产权保护及惠益分享等方面的工作仍然不足。主要体现在《中华人民共和国专利法》中虽然已经设定了遗传资源的来源披露制度，但是其相关规定没有与事先知情同意的获取程序以及共同商定条件的惠益分享程序产生强制性关联，造成来源披露制度的实施效果并不显著。《中华人民共和国专利法》里的遗传资源来源披露制度缺乏对应的实施条例，专利申请方对披露信息有顾虑，专利审查员难以依法审查。

在传统知识保护方面，应该积极研究世界各国的获取与惠益分享制度，尤其是借鉴其实践经验，取长补短，去芜存菁，建设符合中国国情的生物资源及传统知识获取与惠益分享制度，并在现有的知识产权框架下，增加传统知识的来源披露要求，根据便利获取的原则，建立遗传资源及相关知识获取的事先知情同意程序（王国萍等，2018）。图 5-3 为印度传统知识惠益分享管理程序，可供参考。

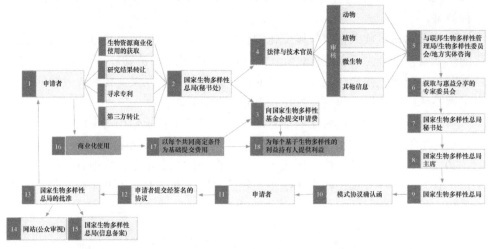

图 5-3　印度的传统知识惠益分享管理程序（王国萍等，2018）

此外，传统知识的利用，特别是发掘相关的生态保护与文化传承价值，并在此基础上，发展研学、康养、度假等旅游产业和文化产业、生物资源产业，正在成为人们关注的热点。

三、案例：云南红河哈尼梯田地区野生食用植物知识及其利用

（一）研究区域概况

红河哈尼稻作梯田系统是一个集"森林-村寨-梯田-水系"四素同构的复合生态系统。在这一系统中，村寨位于茂密森林的下方，森林为村寨提供生活用水和灌溉用水，村头一般有"寨神林"，是祭祀"昂玛突"的场所，村寨周围还会开辟出一块平坦的磨秋场，作为每年庆祝"矻扎扎"的场所，在村寨的下方通常是连绵不断的梯田。村寨与茂密的森林、四通八达的水系和逶迤壮观的梯田共同形成了"四素同构"的景观。

红河哈尼梯田是以哈尼族为主的各族人民利用"一山分四季，十里不同天""山有多高、水有多高"的特殊地理气候共同开垦创造的梯田农耕文明奇观。红河哈尼梯田先后获得了原国家林业局国家湿地公园、联合国粮食及农业组织全球重要农业文化遗产、原农业部中国重要农业文化遗产、联合国教科文组织世界文化遗产、国家文物保护单位等称号，也是有待建设的哀牢山国家公园的重要组成部分。

红河县属于哈尼梯田集中分布区，全县总面积为 $2034km^2$，地处哀牢山中山峡谷小区南部，以山地为主，占 97%。县域地势中部高，南北两翼低，可分为低山河谷区、半山区、山区 3 种地形类型，最高海拔 2745.8m，最低海拔 259m。属于亚热带季风气候，日照充足，雨量充沛，年均温为 20℃，年均降水量为 1342mm。

研究区位于红河县宝华镇的宝华村和嘎他村。宝华村是镇政府的驻地，村民主要从事旅游经营、商店经营，同时也经营香蕉林和芭蕉芋等，村内有农贸市场、小学和中学。嘎他村主要种植红米、紫米和糯米，生产的其他农产品有嘎他红心鸭蛋、田鱼和甜柿子等。嘎他村建有小学 1 所，附设幼儿园，在校学生 413 人，学生主要来自 14 个自然村寨。综合对比来看，这两个社区代表了农业文化遗产地乡村发展的不同轨迹。宝华村基本只种植经济作物，不再种植任何粮食作物。嘎他村虽然种植了 1400 亩的柿子林作为经济作物，但仍种植水稻，同时还种植其他多种农作物。

哈尼梯田是世界生物文化多样性热点地区，形成了以稻作梯田文化为核心，包含了丰富的饮食文化、摩批文化、火塘文化等一系列文化类型。在哈尼梯田，咪谷（Milguq），相当于村寨的首领，负责组织举行村社的祭祀活动，咪谷是村民选举产生的，一般是终身制的。摩批（Moqpil）在哈尼语中为具有智慧的老人，负责主持家族的祭祀和巫司等宗教职能，在哈尼族中具有较高的威望和地位。

农业文化遗产地通常具有丰富的生物多样性，包括当地人在日常生活、仪式、

节日中利用的各种生物资源。保护这些存在于当地社会-生态系统中的生物多样性是农业文化遗产设立的初衷之一。然而，在遗产地，这些与当地人息息相关的生物多样性面临着多重压力，包括市场和经济条件的改变、土地利用变化（如原生林转变为次生林，影响了野生可食用植物的生长）和传统习俗的消失等。这些压力正悄然影响着当地人采集和消费可食用植物资源的行为（如发达的农产品交易市场增加了一部分人采集售卖野生植物的行为，同时可能减少了一部分人食用野生植物的行为）。采集和消费野生可食用植物是当地人的传统和生活的重要方面，对于当地农业文化、文化景观和社会-生态系统恢复力具有重要作用（Luo *et al.*，2019）。

（二）哈尼梯田采集和消费野生食用植物资源的动机与障碍

哈尼族野生食用植物（wild edible plant，WEP）采集和消费变化的原因、动机和障碍问题分析包括 6 个方面（表 5-1）（丁陆彬，2021）。

表 5-1　哈尼族野生食用植物使用变化的原因、动机和障碍（丁陆彬，2021）

主题	过去使用野生蔬菜植物更多的原因	当前部分野生蔬菜使用不足的原因（障碍）	目前较多使用部分野生蔬菜的原因（动机）
资源可利用性	缺少其他蔬菜（+++）；容易获取（+）；庭院植物的替代（+++）；	市场化不足（++）；太耗费时间（++）；难以采集（+）；物种少了（++）	丰富性高（+++）；容易获取（+）；采集距离近（+）
生计和生活方式	有更多时间采集（++）；菜园的替代（++）；老人喜欢吃（+）	很少去森林（+）	习惯（++）；为了休闲（++）
食物和健康	基本需求（+）	难吃（+）；需求小（+）；消费少（+）	营养丰富（+）；有益健康（+++）
经济	免费（++）	现代品种替代（+）	增加收入（+）；具有较高的经济价值（+）
传统知识和技术	传统知识的失传（++）	不知如何加工（+）	
多功能性	容易加工（+）		功能多（+）

注：括号内的"+"代表 3 个焦点小组讨论中受访者提及的频次

1. 资源可利用性

哈尼族野生蔬菜植物使用变化的重要原因是野生物种的可利用性减少。森林结构在过去 20 年发生了较大变化，经济树种杉木林、香蕉林、芭蕉芋大幅度增加，同时当地采石场的建立导致森林结构发生了很大变化，阴生植物也因此减少。化肥和农药的使用使得野生蔬菜植物消失了。此外，是否能够市场化是一些野生蔬菜植物使用变化的决定性因素，不能规模化采集以及该物种在市场上不能交易导致物种的可利用性不足，野生蔬菜植物部分物种供应量的普遍减少可以归因于自然环境的变化。

2. 生计和生活方式

生计和生活方式的快速变化也是野生蔬菜与水果植物采集及消费发生变化的重要原因。过去，人们喜欢去森林里玩耍和进行采集活动，但由于生活方式的变化，去森林进行活动的次数明显减少了。对于部分人来说，田间劳动的减少也直接导致了采集和消费活动的减少。对于年轻人，他们的娱乐活动更加丰富，越来越多的人从事园艺活动，因此人们对野生水果的采集频次降低了。现在，人们普遍较忙，没有那么多时间。此外，人们的口味也发生了变化，年轻人更偏向食用园艺植物。

3. 食物和健康

几乎所有的社区都提到了野生植物的健康益处。对于老人来说，他们习惯于野生食物的口味，野生植物也成为他们生活中的常用食物。但总体来说，当地很多家庭已经不再食用野生植物，人们更多的是食用栽培植物或者购买野生植物。野生植物的消费在不同物种间有很大差异，一些植物被认为是美味、健康、天然和营养丰富的食物。当地人认为"野生蔬菜不含农药，更为健康"。消费野生蔬菜和水果的障碍因素是它们的口味不好。此外，野生植物能够为农户节省一部分生活开支，同时能为一些贫困的农户提供生计支持。在调查中，很多野生植物出现在居民的餐桌中，另外一些植物出现在餐厅中作为特色食品出售。

4. 经济

经济因素对野生食用植物的影响较为复杂，似乎并没有极大地改变野生植物的利用。在当地，一些妇女继续出售或者购买野生食用植物，但从事这种活动的人较少。同时，由于野生植物的采集是免费的，以及一些植物具有较高的经济价值，成为推动采集活动的动力。嘎他村的受访者认为，过去人们不需要在市场上购买水果和蔬菜，但现在，在市场上购买水果和蔬菜比去森林里采集更为方便。市场活动同时增加了部分野生食用植物的消费。在经济因素中，如家庭收入和支出的权衡，多数是由市场变化、生产活动以及更好的生活机会驱动的。

5. 传统知识和技术

传统知识和技术主要影响当地人食用野生蔬菜和水果的种类。当地人在进行民族植物数量调查时就反映，一些物种名称只有老人知道，很多年轻时采集的物种已经不被食用，人们甚至忘记了物种名称。尽管当地人关于野生食用植物的传统知识较为丰富，但是一些人已经不熟悉不太常见的物种的味道了。因此，传统知识和技术从采集和消费两个方面影响当地植物。另外，一些人反映他们知道一些植物是可以吃的，但自身缺乏烹饪的方法。传统知识的薄弱一方面是因为教育系统在传承方面做得不足，另一方面是由于生活和食物环境的变化导致人们对食用野生植物的知识缺乏兴趣。

6. 多功能性

当地人反映物种多功能性是维持野生蔬菜植物使用频次的动力。一些蔬菜和水果具有特殊的味道（如狗枣猕猴桃），这些水果的食用具有强烈的个人偏好。也有村民指出，物种被利用是因为该物种具有多种价值，包括保健价值和药用价值。

（三）哈尼族对于野生食用植物多功能性的感知

研究人员利用 Q 方法就哈尼族对于野生食物多功能性的感知进行了研究（Ding *et al.*，2021）（表 5-2）。考虑到 Q 样本的规模应当是可控的，长 Q 样本需要更多的时间进行分析。因此，通过删除相似的陈述并在田间进行试点，最终确定了 23 个关键陈述，涵盖了知识（A）、经济性（B）、可用性（C）、社会经济和政治（D）、文化服务（E）等 5 个主题。根据文献和实地调查，这些主题与解释农民对采集和消费 WEP 的观点最为相关。Q 分析得出 3 个主要结果：整体因子特征、被调查者的因子载荷（表 5-3）、陈述的因子和 Z 分数（表 5-2）。

表 5-2　各语句及其对应主题因子 Q 排序值（Ding *et al.*，2021）

ID	陈述语句	主题	因子1	因子 2	因子 3	因子 4
S1	WEP 一般都很好吃，所以我会采集它们	E	3	1	0	3
S2	收集 WEP 省时省力，比我自己种菜还方便	B	−2**	−1**	−3**	1**
S3	WEP 有营养，吃了对身体好	E	2	0	0	2
S4	采集 WEP 可以增加家庭收入	B	−1	0*	−2	3**
S5	闲来无事时，我会采集 WEP 来打发时间	E	0	0	−3**	−1*
S6	采集 WEP 能让我心情好，让我更开心	E	3**	−2**	0	0
S7	看着别人吃野菜，我也会吃	D	1*	−1	−1	−1
S8	吃 WEP 是哈尼族的传统	D	1	1**	3	2
S9	我有烹饪 WEP 的独特的方法	A	1	−2**	1	1
S10	政府应宣传食用 WEP 的好处，提高 WEP 的收购量和价格	D	1	0	−2	0
S11	WEP 可以出售或制作成特产卖给游客	B	2	3	0	0
S12	关于收集和烹饪 WEP 的知识很重要	A	2	1	3*	1
S13	我认为 WEP 对解决粮食短缺问题很有帮助	E	0	1	−1	1
S14	对儿时采摘 WEP 的怀念，会影响我对 WEP 的采集	E	0	2*	2	−1**
S15	吃 WEP 可以给我家省点钱	B	0	−1	1	−2*
S16	和朋友谈论 WEP 会影响到我采集 WEP	D	−1	−2	1	0

ID	陈述语句	主题	因子1	因子 2	因子 3	因子 4
S17	有一些野菜的制作需要向别人学习才能掌握	A	0	2**	0*	−1
S18	野菜是穷人吃的	D	−3*	−3	−1**	−3
S19	采集 WEP 通常是妇女（或儿童）做的事	D	−2	−3	−2	−3
S20	习惯的改变会影响到 WEP 的采集	D	−2	2	1	−2
S21	采集 WEP 的地方比以前少了很多	C	−1**	3	2	2
S22	买菜比较方便，影响了我对 WEP 的采集	D	−1	0	−1	0
S23	对我来说，采集 WEP 是不划算的	B	−3**	−1	2**	−2

注：表内−3 代表非常不同意，+3 代表非常同意。*、**表示有关语句是该组的区分语句，显著性分别为 $P<$ 0.05、$P<0.01$。关键主题：（A）知识；（B）经济性；（C）可用性；（D）社会经济和政治；（E）文化服务

表 5-3　因素载荷和标志的 Q 排序（Ding *et al.*，2021）

受访者	因子 1	因子 2	因子 3	因子 4
1	0.4057	0.6336*	0.0849	0.1884
2	−0.1317	0.8078*	0.0733	0.0526
3	−0.0864	−0.1478	0.4273	0.5793*
4	−0.1360	0.2197	−0.5378*	−0.0011
5	0.2289	0.0087	−0.2639	0.7453*
6	0.7694*	−0.0050	0.2337	−0.0723
7	0.7732*	0.1064	0.3123	0.1966
8	0.3243	−0.0130	0.5943*	0.3496
9	−0.0371	0.4983	0.7675*	0.0430
10	0.7308*	0.1296	0.0353	0.2960
11	0.4868	0.4153	0.1496	0.2135
12	0.3294	0.1486	0.0745	0.8165*
13	0.0004	0.2083	0.7218*	−0.1399
14	0.2813	0.4105	0.1552	0.4773
15	−0.0656	0.3367	−0.1335	0.5243*
16	0.3443	0.3521	0.0622	−0.1041
17	0.6488*	−0.0022	−0.2491	0.5375
18	0.1693	−0.0667	0.2656	0.5483*
19	0.3838	0.6356*	0.3008	0.3777
20	0.3936	0.4355	0.1382	0.5075
21	0.3972	0.2953	0.4229	0.2868
22	0.8119*	0.0603	−0.0596	0.2909
23	0.5862*	0.2706	0.0928	0.4858
24	0.5272*	0.0678	0.4118	0.1339

受访者	因子 1	因子 2	因子 3	因子 4
25	0.2158	0.2536	0.0679	0.7189*
26	0.3904	0.6137*	0.2413	0.2542
27	0.5788	0.5724	−0.0070	0.2558
28	0.8752*	0.0547	−0.0128	0.2208
29	−0.0765	−0.6637*	0.3834	0.0246
30	0.5128	−0.6134*	−0.0168	−0.0584
解释变异/%	21	15	10	15
定义变量的数量/个	8	6	4	6
因子得分相关性				
因子 1		0.2540	0.2172	0.5261
因子 2			0.3530	0.3301
因子 3				0.1735

1. 野生食用植物在当地食物系统中的地位

在哈尼梯田地区,几乎每家每户都会有两种主要的土地利用系统,包括水稻或旱地的粮食生产系统以及庭院种植系统,这两种土地利用系统既可以用于粮食生产,也被用于生产蔬菜,可以增加收入。当地农户食用的大部分蔬菜来自庭院,少部分来自田间地块和其他不用于生产粮食作物的土地。当地食用的水果则主要来自旱地和庭院。作物的多样性在当地普遍较高,超过 95% 的农户会饲养牲畜,主要是鸡、牛、山羊和田鱼。饮食以大米为主,包括红米线、凉卷粉、米饭等,辅以少量的蔬菜和肉类,多为干巴、熏猪肉、鲜鱼或鱼干等。当地从森林、溪流和梯田水域等自然生境中获取野生植物和动物情况相对较多,多为野菜、食用菌、田螺、泥鳅和一些无脊椎动物的幼虫。在当地消费水果因季节不同而异,主要有香蕉、芭蕉、梨等。在当地的传统饮食中,蘸水的食用非常频繁,蘸水制作过程中会使用很多香辛料(主要有木姜子、灌木状辣椒、大蒜、芫荽、薄荷)。

在食物制作方面,野果通常被用来生吃,野生蔬菜植物的制作方式较多样,可以煮熟或者生吃,还可以做成泡菜。随着当地粮食系统的转型,该地区也形成了较为完整的贸易系统,包括以小卖部和鲜活市场为主的交易场所。因此,当地居民食用的野生食物既可以从森林和水田等自然环境中获取,也可以从传统市场上购买。由于当地的庭院和水田仍在发挥重要功能,当地社区仍然喜欢自己生产的蔬菜和水果,但是一些加工食品的供应和消费正在增加。

此外,在哈尼梯田,除了当地人食用外,每年有超过 400 万的游客对当地的 WEP 有食用需求,当地的餐厅提供了许多由 WEP 制作的菜品,对当地人采集野生食用植物产生了重要影响(Luo et al., 2019)。因为它们被认为具有无农药、自然生长、营养成分高、味道新鲜等优点。在当地发展旅游业的背景下，一些WEP 物种具有巨大的市场潜力。WEP 可以成为推介当地饮食文化的载体，对于当地的旅游发展也具有重要的意义。在农业文化遗产地，可食用野生植物资源的利用是当地农户生计和文化的组成部分，了解影响农户采集和食用 WEP 的因素、动机和态度对维持社会-生态系统的稳定至关重要。

2. WEP 采集和消费的制约因素及促进因素

研究识别了市场驱动型、家庭使用驱动型、文化服务驱动型和遵循传统型等4 种主要观点类型的农民，分析了限制和促进农户 WEP 采集及消费的主要因素，包括传统知识的丧失、社会经济条件变化的负面影响，而对于 WEP 相关的文化服务需求以及强势文化的存在则减缓了饮食结构的变化，进而维持了 WEP 的采集和消费。

调查对象普遍认为可以采集 WEP 的种类变少了，说明 WEP 相关的生物多样性在下降，影响了 WEP 的可获得性。一些常用植物的供应量并没有减少（如蕨菜、羽叶金合欢、折耳根等植物在这一地区非常普遍），但不同植物的供应量变化差异较大。植物采集量的变化在研究中并没有得到验证，一些农户提出森林结构变化、采石活动等减少了 WEP，但也有一些农民认为市场环境的变化增加了WEP 的消费。有些农民提出，知识的变化导致很多野生植物不再被食用和采集。传统知识的丧失也会影响 WEP 的可获得性。一些野生植物多样性和利用的传统知识在流失，间接影响了 WEP 的可获得性。另外，缺乏如何烹饪这些食物的传统知识，很少有烹饪或加工方法的创新。因此，消除知识差距将有可能改善农民对 WEP 的认知和消费。

很多人认为 WEP 的消费和种植蔬菜的消费并没有冲突，但是 WEP 的采集仍然是低效率的工作。人们对采集 WEP 投入的减少，部分反映了 WEP 经济价值较低，可替代性大。此外，人们的口味也开始发生变化，尤其是年轻人，他们与自然的接触较少，导致对一些 WEP 的兴趣有所降低。市场上交易的水果和蔬菜越来越多，也会影响 WEP 的消费。虽然 WEP 在当地的各类餐馆中依然很常见，但物种丰富性不足。

参与者普遍否定了 WEP 是饥饿食物和给穷人吃的观点，表明当地人已经摆脱了对 WEP 作为基础性食物的依赖，转向更高的需求层次，如文化需求。休闲并不是哈尼族人采集 WEP 最为重要的原因。采集 WEP 在哈尼族人生活中是一个重要的事项，一些被调查者认为 WEP 的采集和消费能够给他们带来快乐，但把采集 WEP 作为休闲娱乐的人仍然是少数。当地人对 WEP 的采集和消费可能来自传统饮食文化的影响。当地人仍然喜食 WEP，在日常生活中也经常进行采集活动，采集 WEP 是当地的一个传统，并且形成了一种强势文化。这种强势文化的持续存在减缓了饮食结构的变化，进而维持了 WEP 的采集和消费。

3. WEP 的文化服务和市场化程度应该得到更多关注

研究表明，重视当地 WEP 相关的文化服务以及提高 WEP 的市场开发，将有利于 WEP 的保护和资源利用。WEP 的基础性作用是作为一种食物，提供供给服务。在调查中，大多数受访者不认为 WEP 是"穷人才会吃的食物"，很多人否认了野生植物的使用与食物匮乏有关。相反，多数被调查者的态度都很积极，把 WEP 和美味、营养、健康关联起来，有些人甚至认为，WEP 是富人吃的食物，因为 WEP 通常出现在餐馆中，而穷人没有时间采集它们。WEP 能够提供丰富的文化服务，当地人普遍赞同 WEP 是健康和营养的。

野生植物的食用往往在当地社区中持续存在，人们仍然喜欢和重视本民族的传统食品。哈尼族人认为食用野生植物是当地的一个传统习惯，被调查者认为 WEP 通常是美味的，这可能与植物资源的利用和食物文化有关。

在哈尼梯田，WEP 是当地人生活的一部分，因此当地人不太重视 WEP 免费这一事实，并不认为一些植物是家庭收入的来源，只有部分人认为，消费 WEP 可以节省家庭支出，间接带来益处。当地人对 WEP 经济价值的认识存在较大差异。许多农户认为 WEP 的经济价值较高，市场化程度的提高会增加他们食用 WEP 的机会。即使有较高的经济价值，多数农民也不会参与 WEP 的销售，而是出于自给自足的愿望而采集 WEP。因此，农户对政府推广 WEP 的好处、提高 WEP 的收购价格持中立态度。随着经济的发展，市场上出售或购买 WEP 的行为越来越多，部分人掌握了 WEP 驯化知识，市场化程度的提高可能将增加 WEP 的采集和消费。

（四）哈尼梯田地区野生食用植物传统知识的应用

野生食用植物传统知识是乡村生态文化系统的重要组成部分，也与当地的旅游发展、社区的可持续发展具有紧密的联系，但人们在协同保护当地文化和物种、推动旅游发展的实践中却忽略了 WEP 和传统饮食的作用。因此，保护实践应该更加重视当地与 WEP 相关的知识及实践，这样才能不断发展和适应社会-生态系统的变化。在以后的保护行动中，要把知识的传承作为教育、旅游活动的重要方面，把知识带给公众。

政府和利益相关方可以支持和激励与农业生物多样性相关的活动，如饮食文化节、产业融合规划、生态农业保护实践，以此来提高公众对 WEP 的兴趣，提高 WEP 的市场化程度。另外，植物物种的特性和关于其的使用知识也很重要，一些口感更好、更容易采集或管理、具有多种用途或者经济价值较高的物种被食用的可能性更大。因此，对本地 WEP 开展更为详细的民族植物学调查显得尤为重要。如果需要采取市场化的手段推动 WEP 的食用，要优先考虑具有更广泛食用潜力的首选物种。

第三节　农业文化遗产的价值及其保护与利用

我国国家公园试点均以自然保护地为基础，同当地居民的村落、农田、牧场以及集体山林等生产和生活空间有大量交错重叠（徐网谷等，2016），人类活动对自然资源依赖程度强，多数产业以传统的小农种植或牧业为主且会长期存在。三江源和祁连山传统草原牧业、武夷山的茶叶种植、东北虎豹的林副业、钱江源的果园茶园等，部分深入分散在核心区内；一些国家公园的传统旅游产业也利用园区内的核心景观（彭奎，2021）。

一、国家公园及其周边的农业文化遗产

（一）农业文化遗产

根据农业部于 2015 年 8 月颁布的《重要农业文化遗产管理办法》，重要农业文化遗产是指人们与所处环境长期协同发展中世代传承并具有丰富的农业生物多样性、完善的传统知识与技术体系、独特的生态与文化景观的农业生产系统，包括由联合国粮食及农业组织认定的全球重要农业文化遗产（Globally Important Agricultural Heritage Systems，GIAHS）和中国农业部认定的中国重要农业文化遗产（China Nationally Important Agricultural Heritage Systems，China-NIAHS）。为叙述方便，这里统一称为农业文化遗产。

实际上，在许多研究中所提到的传统农耕文化、传统知识中的相关内容都属于农业文化遗产的范畴。例如，薛达元和郭泺（2009）的传统知识分类中就有 3 类：一是传统利用农业生物及遗传资源的知识，主要指当地社区和人民在长期生产、生活中驯化、培育、使用栽培植物和家养动物品种资源，以及其他生物资源所积累与创造的知识；二是生物资源利用的传统技术创新与传统生产、生活方式，主要指民族和社区在长期的农业生产和生活实践中创造的实用技术，这类技术对于保护生物多样性和持续利用生物资源具有较好的效果，对于提高食品质量和保证食品安全也有一定的价值，包括传统的生态农业技术和生物资源加工技术、病虫害防控技术、稻田养鱼家护师、家庭沼气利用技术等，生物发酵、酿造等食品加工传统技术与创新，纺织技术及利用植物天然色素的民间扎染技术，刀耕火种、草库伦等传统轮歇耕作方式等；三是传统地理标志产品，因为这些产品体现了该特定区域的特有生物资源、环境、社会经济和民族文化特征，融入了传统品种资源、传统栽培技术、传统加工技术、传统销售和食用文化等多种传统知识，并拥

有悠久历史。

农业文化遗产内涵和外延丰富,它体现了自然遗产、文化遗产、文化景观和非物质文化遗产的多重特征(表 5-4),可概括为活态性、适应性、复合性、战略性、多功能性、濒危性(闵庆文和孙业红,2009)。因此,从其丰富内涵上看,农业文化遗产具有鲜明的自然属性与景观特征,又有文化价值附着于上;农业文化遗产地内存在着长期存续的人地关系,成为一类典型的社会-生态系统。

表 5-4　农业文化遗产的主要特征

遗产特征	含义
活态性	历史悠久,至今仍然具有较强的生产与生态功能
适应性	随着自然条件的变化表现出系统稳定基础上的协同进化
复合性	包括传统农业知识和技术、景观及独特的农业生物资源与丰富的生物多样性
战略性	对于应对全球化和全球变化、生物多样性、生态安全、粮食安全、贫困等重大问题以及促进农业可持续发展和农村生态文明建设具有重要的战略意义
多功能性	具有多样化的农产品和巨大的生态与文化价值,充分体现出食品保障、原料供给、就业增收、生态保护、观光休闲、文化传承、科学研究等多种功能
濒危性	面临农业生物多样性减少、传统农业技术和知识丧失以及农业生态环境退化的风险

在功能上,农业文化遗产不仅具有独特的农业文化景观,维持了具有重要意义的农业生物多样性,形成了丰富的本土知识体系,而且更为重要的是,为人类持续提供了多样化的产品和服务,保障了食物安全和生计安全,提高了人们的生活质量。农业文化遗产的国际认定、动态保护和适应性管理为传统农业生产系统的保护提供了丰富的实践经验。不仅如此,农业文化遗产在一二三产业融合、区域可持续发展、乡村振兴等方面也发挥着积极的作用(闵庆文等,2007)。

(二)国家公园体制试点区里及其周边的农业文化遗产

从当前国家公园和自然保护地体系建设目标来看,一方面,重要农业文化遗产地的全部或部分空间可能是国家公园等其他自然保护地的一部分;另一方面,全球重要农业文化遗产地作为世界遗产的一种类型,在确定其自然保护地功能定位与分类之后,这一国际组织授予的头衔将予以保留。这就说明,重要农业文化遗产地既能以所保护的关键核心要素来服务于自然保护地社区生计与保护协调发展,也能作为自然保护地的一种特殊类型,在开展生物多样性和生态系统保护的同时,有序开展自然资源的农业可持续经营(何思源等,2019c)。

我国国家公园分布范围广,因此其范围内的地方社区在不同环境、场所中基于不同生存或生活目的所形成的农业文化遗产类型多样,10 个国家公园试点区内及其周边有一批已经被认定为全球或中国重要农业文化遗产。为厘清国家公园试点区与农业文化遗产的空间分布关系,搜集并统计了现有 10 个国家公园试点区的县域分布范围，分析了国家公园与农业文化遗产的空间分布情况（表5-5）。

表5-5　国家公园体制试点区及其周边的部分代表性农业文化遗产

国家公园/国家公园试点区名称	区域及周边的农业文化遗产
三江源	四川石渠扎溪卡游牧系统
钱江源-百山祖	浙江开化山泉流水养鱼系统，浙江庆元香菇文化与系统，浙江云和梯田农业系统，浙江青田稻鱼共生系统
大熊猫	甘肃迭部扎尕那农林牧复合系统，陕西凤县大红袍花椒栽培系统，四川郫都林盘农耕文化系统，四川江油辛夷花传统栽培系统，四川名山蒙顶山茶文化系统
祁连山	甘肃永登苦水玫瑰农作系统
海南热带雨林	海南琼中山兰稻作文化系统
南山	广西龙胜龙脊梯田系统
东北虎豹	吉林延边苹果梨栽培系统，黑龙江宁安响水稻作文化系统

首先，从现有的 10 个国家公园试点区与重要农业文化遗产地的空间分布上的面积关系来看，现有 10 个国家公园试点区共覆盖 77 个县级行政区，其中大熊猫国家公园和祁连山国家公园都包含肃南裕固族自治县。因此，去除重复统计面积，现有国家公园县域范围总面积为 645 962.19km^2，与国家公园相邻或重合的农业文化遗产地面积为 142 975.06km^2，其中两者的重合面积为 14 063.07km^2，相邻面积为 128 911.99km^2。另外，从现有的 10 个国家公园试点区与重要农业文化遗产地空间分布的数量关系来看，现有的中国国家公园体制试点区中有 7 个国家公园体制试点区与 16 项重要农业文化遗产地相邻或重合，其中有 4 项农业文化遗产地与 4 项国家公园存在范围重合。

具体来说，大熊猫国家公园有 5 项农业文化遗产地与之相邻；钱江源-百山祖国家公园两个园区分别有 2 项农业文化遗产地与之相邻，2 项与之重合；东北虎豹国家公园有 1 项农业文化遗产地与之相邻，1 项与之重合；祁连山国家公园有 1 项与之相邻；南山国家公园和三江源国家公园分别有 1 项农业文化遗产地与之相邻；海南热带雨林国家公园有 1 项农业文化遗产地与之重合。

二、农业文化遗产的自然保护价值

（一）农业文化遗产的生物多样性保护价值

农业文化遗产保护的目的之一就是保护农业生物多样性（丁陆彬等，2019b）。

朱鹮的保护可能是一个最具代表性的案例。这一稀有的美丽鸟类，有着洁白的羽毛、艳红的头冠、黑色的长嘴，以及细长的双脚，有"东方宝石"之称。由于适合朱鹮筑巢的高大乔木不断遭到砍伐，以及适合朱鹮觅食的水田被大面积改造为旱地，其生存空间不断缩小，农药使用越来越广泛更是加剧了朱鹮栖息环境的恶化。加上种群高度密集、自身繁殖能力低下与抵御天敌的能力较弱等自身原因，以及人们对朱鹮认识上的误区，认为它们踩踏秧苗、损害农作物，被认为是"害鸟"而遭到大肆捕杀的外部原因（张亚祖，2019），造成了朱鹮物种濒危，被列入《世界自然保护联盟濒危物种红色名录》。朱鹮以稻田生物为食，对农业生态系统多样性有很强的依赖性。日本佐渡岛，如今的稻田为朱鹮生存提供了理想的栖息地，从而构成了稻田-朱鹮共生共荣的良好生态系统，"佐渡岛稻田-朱鹮共生系统"因此于2011年6月被联合国粮食及农业组织认定为全球重要农业文化遗产，成为日本第一批全球重要农业文化遗产（张永勋和闵庆文，2018）。当地利用稻田打造的复合生态系统，保护了生物多样性与系列产品开发，实现了社区发展和自然保护的目标（孙雨，2018）。

（二）农业文化遗产的资源持续利用价值

农业文化遗产的核心是传统农业系统，而该系统形成于一地居民对所处地域的自然生态系统的长期观察与实践，并在逐步地试错与不断改进中形成了因地制宜、因时而动的自然资源的适应性管理方式。在适应性过程中形成的传统知识、技术、文化具有鲜明的自然依赖性与地域特征，有利于形成农业物种、生态系统与景观多样性。

这一适应性的自然资源利用方式的特征具体在于因时因地合理分配自然资源，充分规避生态系统的脆弱性，提高对自然灾害风险的应对能力。例如，进行稻-鱼-鸭系统化种养殖时，在稻田间植树，通过昼夜的水分蒸散发与森林阻滞凝结为稻田保水；依山势挖塘储水，创造水生环境从而吸引蛙类，控制稻田害虫暴发；在稻田与森林过渡地带开辟浅草带，避免野生动物进入稻田，降低地表径流，减少泥沙沉积等（张永勋和闵庆文，2016）。

对管理结果而言，农业文化遗产地的自然资源利用是生态管护的组成部分，体现了对自然资源的保育，因此，传统生计的自然资源利用方式符合各类自然保护地管理目标，也能够支持当地社区生计发展的需求。

（三）农业文化遗产中的环境友好型生产技术

农业文化遗产地的传统农作方式注重物质循环利用和耕地保护，在青田稻鱼共生系统中，田鱼吃掉水稻田的害虫、杂草，来回游动，翻动泥土，起到松土作用，田鱼排泄粪便肥田，水稻为田鱼提供优良环境、饵料，增加水体氧气、防夏季暴晒，田鱼和水稻和谐共生，水稻可免施除草剂，少打农药2或3次，少施化肥30%。湖州的桑基鱼塘形成了"塘基上种桑、桑叶喂蚕、蚕沙养鱼、鱼粪肥塘、塘泥壅桑"的生态模式，实现了对生态环境的零污染（张灿强和沈贵银，2016）。

（四）农业文化遗产对国家公园建设的意义

在当前的国家公园管理功能分区实践中，传统利用区作为社区进行生产、生活的区域，其基本功能有3个：第一，促进社区发展；第二，保护传统利用区的自然环境、具有地域特色的传统利用方式、传统文化；第三，通过开展游憩展示活动增进全民福祉（周睿等，2017）。国家公园体制试点区社区居民依赖园区内及其周边的自然资源，社区拥有的传统知识、文化、水土管理技术等对自然生态系统的保护具有积极的作用。

世界范围内自然保护地管理实践中，当地社区的生产、生活与自然保护的平衡已经成为主流的选择。国家公园内或周边社区的一些传统的生产、生活方式对自然生态系统的影响是有限的，有些生产、生活方式对生态系统具有积极的保护作用。

农业文化遗产作为文化遗产的一种类型，其动态保护、整体保护和适应性管理的理念可以为国家公园的本地社区管理提供参考，并且其作为一种特殊类型保护地，可以为我国国家公园的一般控制区在开展生物多样性和生态系统保护的同时有序开展自然资源的农业可持续经营提供保护和发展的在地经验，从形成保护兼容性生计角度为国家公园建设和管理提供支撑（图5-4）（He et al.，2021）。

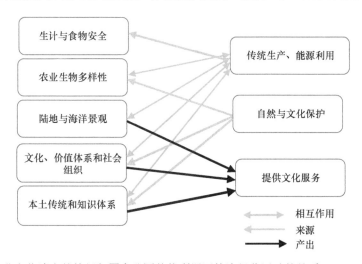

图 5-4　农业文化遗产的特征与国家公园传统利用区特许经营活动的关系（He et al.，2021）

此外，《关于建立以国家公园为主体的自然保护地体系的指导意见》中指出对国家公园实行分区管控，实现自然资源保护及其可持续利用。这一要求，为国家公园践行生态友好的经营活动和发展人地和谐的生态产业，从而实现社区的发展提供了指引。对传统利用区居民传统的生计活动进行管控，并且兼顾生态保护、提升社区的收入，可以通过发掘和保护、利用农业文化遗产而得到实现。

三、农业文化遗产的保护与利用

（一）农业文化遗产的动态保护机制

农业文化遗产的保护是一个系统工程，保护与传承的是一个完整的生态系统、经济系统和文化系统，而不只是某个片段。农业文化遗产的保护对象是传统农业生产系统的所有组成要素，既包括品种资源、传统农具、传统村落、田地景观等物质性部分，也包括传统知识、民俗文化、农耕技术、生态保护与资源管理技术等非物质性部分。

农业文化遗产的保护需要建立多方参与机制，即以政府推动、科技驱动、企业带动、社区主动、社会联动为主要内容的"五位一体"的多方参与机制。政府是遗产保护工作的第一责任主体，也是遗产保护工作的协调者。农业文化遗产的内在价值挖掘、保护、推广和管理都需要来自多学科的科研工作者的技术支撑。在现代市场经济条件下，企业对农业文化遗产保护起到"助推器"的作用。社区居民是农业文化遗产的主人，是遗产保护的直接参与者，是文化传承、农业生产、市场经营的主体，也应当是保护成果的最主要受益者。社会各界对农业文化遗产保护也十分重要，社会公众意识的提高与积极参与会为国内农业文化遗产保护营造良好的社会氛围。

对于农业文化遗产保护，联合国粮食及农业组织的理念是"动态保护与适应性管理"。农业文化遗产作为一类系统性的复合遗产，其保护对象包括物种资源、生活方式、生产技术、农耕文化、生态景观等方面，这离不开遗产地居民的传统农业活动。不同于博物馆式的静态保护，农业文化遗产保护需要建立动态保护理念，应当尊重其随时代变化而变化的特点。动态保护的同时要注意利用现代经济技术发展的福利，在保护传统生态农业系统的同时，拓宽农业收入渠道，最大限度地促进当地农民就业增收，实现可持续的活态保护。同时也要进行整体保护，也即在农业遗产保护过程中，把农业遗产系统及其赖以存在的自然、人文环境作为一个整体加以保护。

在保护原则的框架下，5 种重要的保护机制非常重要，即多部门协作的政策激励机制、多学科协作的科技支撑机制、政府投入为主的多元融资机制、农业功能拓展的产业融合发展机制、"五位一体"的多方参与机制（闵庆文，2019c）。

（二）农业文化遗产的发展途径

1. 多功能产业发展

农业的多功能性是指除提供食品、纤维等商品产出的经济功能外，还具有非商品产出相关的环境和社会功能。农业文化遗产是一个系统，功能的发挥要求整个系统保持完整，舍弃其他功能，片面针对某一功能的产业化都将破坏农业文化遗产系统的稳定性和持续性（张灿强和沈贵银，2016），农业文化遗产地多功能价值为相关产业发展和产业融合提供了良好条件。同时，农业首先是一个产业部门，通过重要农业文化遗产保护，发挥农业的多功能性，促进遗产地的经济发展是必然要求，也是能够真正实现重要农业文化遗产保护的动力所在。

农业文化遗产保护基础上的生态功能和文化功能拓展是农业功能拓展的两个重要方面，应当着重开发"有文化内涵的生态农产品"和以区域生态和文化为资源基础的文化休闲产业，并注意借鉴规模化和产业化的发展思路。建立以农业生产为基础，以农产品加工业、食品加工业、生物资源产业、文化创意产业、乡村旅游业为主要内容的"五业并举"的拓展农业功能的动态保护机制。推动农业向二三产业延伸，形成一二三产业高度融合的农业产业体系（图5-5）。

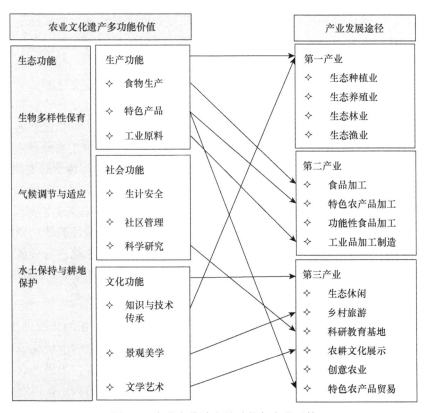

图 5-5　农业文化遗产地功能与产业对接

2. 优质特色农产品生产

农业文化遗产地良好的生态环境为优质特色农产品生产提供了基础，优质特色生产不仅有利于传统农业技术和农业文化的保护，还有利于增加农民收入，促进当地的可持续发展。地理标志产品就是具有法律意义的土特产，研究地理标志产品和农业文化遗产的过程中，一定要关注特定物产的"精神部位"，充分利用传统农业文化的历史、情感、文学价值，促进农业文化与农业产业经营的结合，延长特色农产品生产的产业链，培育和打造农业特色品牌，区域公共品牌则是利用规模效应来提升品牌的知名度和认可度。建立企业、农户、市场及政府的利益共同体，建立专有品牌，进行农产品深加工，提高附加值，并利用现代媒体营销，提高遗产地的经济效益。

3. 可持续旅游发展

农业文化遗产地具有丰富的旅游资源，依托这些资源开发多种类型的旅游产业，既能够增加遗产地居民保护农业文化遗产的积极性，又能够解决遗产地劳动力就业、维护社会经济的稳定。作为一种旅游资源，农业文化遗产具有特色明显、分布范围广、脆弱性和敏感性高、可参与性和复合性强等特征，其多样复合的属性为相关旅游开发可行性模式提供了依据。各种不同的遗产可根据自身的特点进行不同模式的旅游开发。

在农业文化遗产保护与发展中，社区生计的多样化与传统文化的传承也催生了以生态旅游为代表的新兴生计方式，这本质上也是一种环境友好的资源可持续利用方式（苏莹莹等，2019）。遗产地旅游已经在资金吸引、专业化管理、社区参与、管理模式等方面形成了一定的基础。农业文化遗产在开展生态旅游中特别强调遗产的活态性和整体性保护，重视将当地居民作为遗产保护与传承的主体，也使得探索社区参与保护成为一个关键点。从这一角度看，农业文化遗产旅游、生态产品开发、环境教育构建等新型利用方式也与国家公园多种功能的实现紧密相关。

农业文化遗产的生态旅游开发模式主要是指利用遗产地独特的遗产资源和遗产衍生资源（遗产地自然-人文资源），形成遗产大系统，将系统内各类旅游要素进行有机组合，构建有利于遗产保护的生态旅游开发模式（孙业红，2007）。

4. 文化产业发展

农业文化遗产系统中文化多样性是其重要方面，为传统知识的传承以及教育、审美和休闲活动等文化产业发展提供了基础。文化功能型农业的发展途径可以概括为两类：一是文化休闲功能开发，如农业文化遗产地旅游等，为当地农业经济发展提供了新的增长点，但是要处理好民俗传统与时代创新的关系，以农业遗产为题材的"文化产业"也要遵循产业运营的规律，要尊重文化产品消费者的利益。二是文化附加值产品开发，即将农产品和地域文化、地理和历史有效组合，通过"科学商标"、"历史商标"、"人文商标"、"地域商标"和"文化商标"等赋予农产品丰富的文化内涵，产生巨大的经济效益和社会效益。这将在地方经济发展中发挥很大的作用，而且对实施生态农业产业化也具有重要价值。文化产业发展的前提是文化的传承和保护，要尝试建立文化保护的激励机制、加大政策扶持力度、加强传承队伍的建设。

5. 产业融合发展

随着遗产地农业及相关产业的发展，在技术、市场等因素驱动下，通过企业带动、合作社联合、大户发起等模式，农产品加工业、功能性食品开发、休闲农业等新兴业态涌现，成为农村经济和农民增收新的增长点。第一产业是遗产地的基础性产业，通过第二产业和第三产业对第一产业的提升及带动作用，促进产业融合。当前产业融合的模式主要有两种：产品开发型融合发展模式和休闲农业型融合发展模式（张灿强和沈贵银，2016）。

（三）国家公园建设中农业文化遗产保护与利用

国家公园传统利用区的整体保护是指将社区的农业景观、生态环境、文化、土地利用状况等都纳入保护范围（何思源等，2019c）。在农业景观方面，对传统聚落景观、农业的核心要素如栽培景观、耕作景观、灌溉沟渠景观等生产景观，重要节点景观等制定保护规划，并依据国家公园整体景观风貌的管制要求和原则进行管理。在文化保护方面，国家公园管理部门协助进行口述历史、传统歌谣、传统节日和非物质文化遗产调查，弘扬并传承和恢复传统民俗活动，普查和记录具有国家代表性、自然保护理念的文化遗产。在生态保护方面，着重进行野生动植物种质资源、农作物品种资源、家畜品种资源的调查与救护，建立田间管理、林下养殖、间作套种等生态农业模式，建立人兽冲突预防与赔偿机制。

国家公园传统利用区的适应性管理可以借鉴农业文化遗产动态性保护的经验，因为农业生态系统所承载的人地关系具有动态性，需要在发展中保护，在保护中求发展。农业遗产地根据动态保护的原则，提倡以社区内资源禀赋和原有生产、生活方式作为发展基础，引导社区产业转型以改变现有的资源利用方式，引入生态旅游、生态农业等环境友好型产业，结合社区资源特色塑造社区品牌，寻求资源保护与利用之间的平衡（孙业红等，2011），在国家公园社区内可以通过以下方式实施（何思源等，2019c）。

一是建立国家公园产品价值增值机制和体系。国家公园内的生态产品具有显著的稀缺性与国家公园品牌效应，可以发展低产量、高附加值、生态友好型产业，并建立相关的制度体予以支持，将社区居民的自然保护行为转化为经济价值，形成保护的有效激励机制，同时促进国家公园国家代表性的传播。例如，在大熊猫国家公园内开展养蜂行为具有极高的生态学价值，目前在传统利用区的社区管控及资源保护中已经形成了一些创新性的做法。

二是促进国家公园社区生计多样化。在提高传统生计产品生态附加值的基础上，可以结合社区的资源特色与环境条件，选择生态旅游、有机农业、民宿、农耕体验、乡村手工艺等多种方式。一方面，借由生态旅游规划与文创产品研发将文化价值转化为经济价值，同时加强环境教育功能；另一方面，也是社区居民专业技能与管理能力提升的途径。

三是构建多方参与的协同管理模式。国家公园管理是一个复杂且利益相关方众多的任务，需要根据管理目标确定利益相关方，明确责任和使命及动态保护中的利益，并建立公平的惠益共享机制。在社区资源管理上，国家公园可以委托学术团体负责调查各类型资源，建立社区资源数据库与地方文史记录；民间组织可以开展社区能力建设与协议保护项目；社会企业可以帮助整合社会资源，借助社会企业的资金与市场渠道，带动社区发展。例如，在三江源国家公园体制试点区实施了生态管护员政策，祁连山国家公园体制试点区正在探索协议保护机制。

四、案例：浙江庆元林-菇共育系统及其价值

（一）研究区域概况

庆元县位于浙江省西南部，山岭连绵、气候温润、森林茂密、物种富饶。浙江省庆元县是世界人工栽培香菇的发源地，先民创造的经济价值与生态价值高度统一的林-菇共育系统，体现了人与自然协同进化的森林生态保护思想和菇业可持续发展的理念，林-菇共育系统于 2014 年被农业部公布为第二批中国重要农业文化遗产，2019 年被推荐为全球重要农业文化遗产候选项目。

2020 年 1 月，国家林业和草原局（国家公园管理局）批准了原钱江源国家公园体制试点的"一园两区"方案，同意设立丽水市百山祖片区。2020 年 8 月，《钱江源-百山祖国家公园总体规划（2020—2025）》通过专家评审，由浙江省政府正式批复实施。百山祖片区涉及 10 个乡镇 33 个行政村 6240 名村民，包含了已列为全球重要农业文化遗产候选名单的庆元林-菇共育系统的范围。

（二）庆元林-菇共育系统的核心要素

庆元林-菇共育系统的核心要素包括以下几个方面（朱冠楠和闵庆文，2020）。

1. 爱山护林的农业开发理念

"庆元林-菇共育系统"是典型的林下经济发展模式，尽可能保留森林原生状态，利用林下环境和物种维持生计。在获得经济收入的同时，很好地保护了原来的森林系统，实现了天人合一、林菇共存的农业资源良性循环，体现了敬畏自然、爱山护林的生态理念。

2. 爱山护林的知识体系

庆元先民发明的种植香菇的"砍花法",既是适应山区环境的谋生本领,也是构成认识自然、适应自然、利用自然的核心技术,更是维持森林生态、农业生态、人居生态和谐统一的保障。砍花技艺是一套极为精细的传统技术体系,其核心价值在于所有的技术环节都以不损害森林生态为前提。菇木选择的知识和习俗,也反映出菇农"护林育林"的主观意愿。当地育菇树种多达20余种,可以防止过度砍伐单一树种,能够长期维持林区内树种的群体平衡。菇农在采伐时,始终坚持"伐老留新""伐密留疏""间伐取材""轮换迁场"等护林乡规民约,有利于林木新陈代谢,保持林木旺盛生长,维持森林系统的生态平衡。

3. 生态循环的传统技术组合

香菇生产就地取材,千年生产不留垃圾。庆元先民在800年前发明的砍花法,需要在山林原地进行。菇农每年秋天在菇场搭建的简易临时住所"菇寮",特别能体现出菇农的"爱山敬山"情怀。每一年的"菇寮"建设,都是全部取用森林的植物材料。菇寮废弃后,所有材质都会自行腐朽降解,回归自然,重新成为林木生长的营养物质。

4. 育菇树种的多样性,避免了单一化的过量砍伐

庆元林-菇共育系统的生态价值在于植菇树木的多样性。民间口头传唱的《香菇笙歌》中,涉及植菇树种20多种,包括檀香、橄榄柴、栲树柴、米榆、白皮籽、乌榆、银栗柴、金栗柴、泽栗柴、高栗柴、栗杜柴、枫树柴、底红柴、杜柴、岩杜柴、马料柴、黄漆柴、白栲、甜栗柴、大统柴等。

5. 采用间伐取材

庆元林-菇共育系统使香菇生产与森林生态高度和谐。香菇生产的目标树种多种多样,符合生态系统生物多样性的要求,菇农注意采用"间伐"的办法,防止局部林地的过度采伐,有利于林木自然更新,实现森林永续利用。此外,菇农进入菇场,总是优先选择土地肥沃的山林,选择温度、湿度适合阔叶树生长的地方。这样的林地环境,既能确保香菇丰收,又能使砍伐后的林木快速更新生长,确保来年的香菇用材。

6. 敬畏自然的菇神文化

菇神文化是伴随庆元林-菇共育生产系统而形成的精神寄托,具有悠久的历史和浓郁的地方特色,是构成庆元乡土文化和香菇文化的重要组成部分。它主要体现在如下几个方面:一是每年农历七月十六至十九日举办的菇神庙会;二是迎神

庙会；三是拜山神；四是乡村中一种"寄名"习俗的认树娘。

（三）庆元林-菇共育系统的价值体系

作为中国重要农业文化遗产，庆元林-菇共育系统具有多元价值，主要体现在以下几个方面（王斌等，2020）。

1. 保障了高山地区居民的食物和生计安全

遗产地居民通过森林资源培育与利用、林下野生资源采集、农田和林下种植与养殖、林农间作和套种等多样化的生产方式，生产的食用菌、林木、坚果、水果、油料、药材、谷物、薯类、蔬菜和水产品等类型丰富的农林牧渔产品，保障了当地居民的食物、营养和日常生活需求。依托丰富的森林资源，遗产地形成了包括农林产品生产、加工、销售以及森林旅游和乡村文化旅游等在内的多种产业类型，传统产业与新业态不断融合，大大提高了农业的产出和农民的收益。

2. 保存了丰富的生物多样性特别是菌物资源多样性

遗产地森林资源丰富，分布有大片原生或半原生的森林植被，保存了大批原始古老的生物种群，动植物资源十分丰富，其中许多为珍稀濒危生物。遗产地是中国重要的菌物资源库，野生菌类资源及遗传多样性丰富，已鉴定到大型野生真菌 398 种，隶属 13 目 61 科 147 属，其中濒危大型真菌 2 种，特有大型真菌 3 种，已实现人工培育大型真菌 10 余种。

3. 蕴含着较为完善的森林保育-菌物栽培和谐的技术体系

遗产地菇民在生产实践中形成的天然林保育、菇木林经营、林木及林下资源利用、食用菌栽培、资源循环利用等传统知识与技术，实现了森林保育、菌菇栽培和农业生产的有机融合。生产过程中形成的森林采伐剩余物、农田秸秆、菌渣、畜禽粪便等废弃资源均实现了资源化利用，是典型的生态循环农业模式，整个生产过程和产后加工利用都没有向环境排放废弃物，做到了综合利用、循环利用、绿色利用。遗产地也是世界香菇人工栽培技术的发源地，至今保留了从剁花法到段木法再到代料法的食用菌栽培技术完整演化链，堪称"食用菌栽培技术的活态博物馆"。

4. 孕育了丰富多样的森林生态文化与香菇文化

遗产地菇民世代在深山老林中劳作，创造了独特的语言和习俗，编织了大量充满菇乡风情的歌谣、谚语和传奇的人物故事，抒发制菇苦乐，反映菇民生产、生活以及与大自然和谐共生的情景，衍生出独具地方特色的森林生态文化和香菇文化。最为典型的是以敬畏森林为核心的自然崇拜，如拜山神、认树娘等；以祭祀"菇神"吴三公为核心的先人崇拜，如菇神庙会、西洋殿等；以栽培技术保密与传承以及人身安全防护为重点的民间习俗，如菇山话、香菇功夫等；以适应自然条件、人际关系和谐与方便市场交易为重点的廊桥建筑，以及以合作互助为核心的三合堂、香菇行等。

5. 完美体现了结构合理的土地利用类型和生态景观

遗产地景观类型丰富，森林是遗产地的优势景观类型，高山至河谷"森林—梯田—村落—河流"依次分布。村落一般建在水源附近的沟谷地带，梯田分布在村落附近到山腰间相对平缓的区域，山腰至山顶坡度陡峭区域分布了大面积的森林。遗产地"九山半水半分田"的自然环境及与之相适应的生产方式，形成了森林为主、溪流密布、耕地稀少、村落与人工菇林及食用菌栽培零散分布的空间格局。

第六章 国家公园管理评价[*]

中国的国家公园体制建设历经理念引入、试点引入过程，目前正进入全面推进阶段（唐芳林，2020）。国家公园管理水平的高低直接影响国家公园的管理效果和可持续发展，在建立国家公园体制和国家自然资源资产管理体制的战略背景下，对国家公园管理进行评价，将有助于发现管理中存在的问题，提高管理水平。2017年，中央办公厅、国务院办公厅发布的《建立国家公园体制总体方案》中明确指出，要对我国现行自然保护地保护管理效能进行评估。本章在系统梳理国际上应用较为广泛的评价框架和评价方法的基础上，重点从管理能力、管理有效性、保护成效3个方面，构建了国家公园管理评价思路、方法和指标体系，并以三江源、钱江源、神农架国家公园体制试点区为例进行了应用。

第一节 基于最优实践的国家公园管理能力评价方法及应用

自1872年第一个国家公园建立以来，世界各国在国家公园建设与管理方面都积累了大量经验。对标国际先进经验将有助于识别我国现有基础与最优目标之间的差距，发现国家公园建设和管理的薄弱环节与努力方向，推动适合我国国情的国家公园建设路径与管理模式的探索。

一、国家公园管理能力评价方法

（一）评价指标体系与最优标准

国际上国家公园管理的优秀实践为我国国家公园管理有效性的评价提供了参考标准（见第一章第二节），但我国的国家公园建设也有自身的政策特色和管理特点，如开展国家公园自然资源确权、探索国家公园生态补偿模式、实施生态环境损害责任追究制度、实施自然资源资产离任审计制度等。基于上述认识，研究提出了包括体制建设、保障机制、资源环境管理、社区管理、科普教育等5个管理准则，由18项管理指标构成的国家公园管理能力评价指标体系（图6-1），并

＊本章由焦雯珺、闵庆文、刘显洋、张碧天、刘伟玮、姚帅臣执笔。

参照国际经验，确定了各项指标的最优标准（表6-1）。

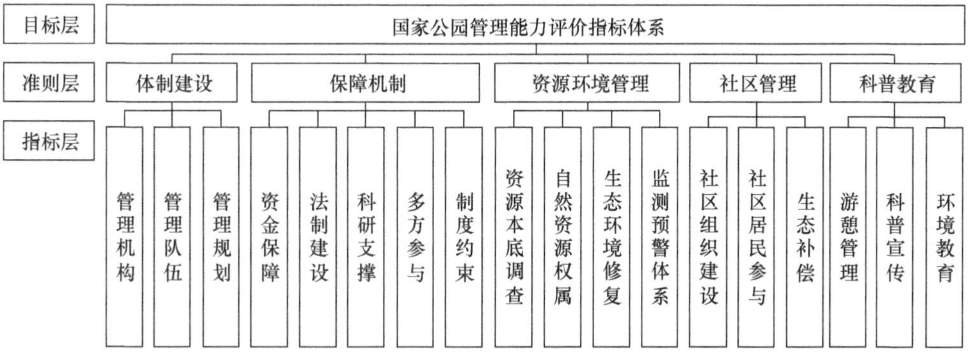

图 6-1　基于最优实践的国家公园管理能力评价指标体系（刘显洋等，2019）

表 6-1　国家公园管理能力评价指标的最优标准（刘显洋等，2019）

序号	指标	最优标准
1	管理机构	有独立的管理机构，且部门设置合理、任务分工明确，能够实现高效有序运转
2	管理队伍	管理队伍具有过硬的专业知识和综合素质，经常参加专业技能培训
3	管理规划	管理规划科学合理，符合国家公园管理需求，注重动态调整，形成完善的修订机制，且实现多规合一
4	资金保障	有充足的资金投入，有多元、稳定的融资渠道，有完善的资金管理制度
5	法制建设	法律体系健全，法律位阶清晰，执法队伍专业
6	科研支撑	有科研队伍长期、稳定地开展科学研究，研究成果服务于国家公园建设
7	多方参与	有企业、社会组织、社区居民等多方力量参与国家公园管理，支持作用显著
8	制度约束	实施自然资源资产离任审计、生态环境损害责任追究等制度，效果显著
9	资源本底调查	全面完成自然与人文资源清查，形成完备的自然与人文资源数据库
10	自然资源权属	全面完成自然资源资产确权，自然资源权属明晰
11	生态环境修复	采取科学、长期的生态恢复举措，生态恢复效果显著
12	监测预警体系	监测预警机制健全、设施完善，可监测完整生态要素，并对自然灾害进行准确预警
13	社区组织建设	有社区管理组织，且结构完整、机制健全、管理规范，能够支持社区居民参与国家公园管理
14	社区居民参与	有完善的社区共管机制，社区居民有可行的渠道对国家公园的管理提出建议，有充分的机会参与国家公园的日常维护
15	生态补偿	形成多元、稳定的生态补偿机制，补偿方式灵活多样，受偿者对补偿方案十分满意
16	游憩管理	有完善的游憩管理规定，形成了规范的游客管理制度，能够满足公众的游憩需求
17	科普宣传	开展丰富多样的科普宣传活动，有完备的科普宣传设施和精美的科普宣传资料
18	环境教育	开展丰富多样的环境教育活动，社区居民、游客及社会大众的生态环境保护意识得到显著提升

（二）权重确定

运用层次分析法和专家打分法确定各评价指标的权重。基于层次分析法的基本原理，尝试设计了《国家公园管理能力评价指标权重专家打分问卷》，邀请来自生态、环境、管理、规划、人文等领域的30位专家对指标的重要性进行判断和选择，通过两两比较各准则层的重要性和各准则层下指标层的重要性，构造两两比较的判断矩阵，然后利用yaahp层次分析法辅助软件求解各矩阵的最大特征根和对应的归一化特征向量，并进行一致性检验。当通过yaahp软件获取的判断矩阵一致性检验数 $C_r<0.10$ 时，评价结果符合一致性要求，判断矩阵有效；否则，就需要对该判断矩阵进行调整，直至该层次总排序的一致性检验达到要求为止。最后，得到国家公园管理能力评价指标权重（表6-2）。

表6-2 国家公园管理能力评价指标权重（刘显洋等，2019）

准则层	指标层	权重
体制建设（0.380）	管理机构	0.151
	管理队伍	0.094
	管理规划	0.182
保障机制（0.179）	资金保障	0.105
	法制建设	0.067
	科研支撑	0.054
	多方参与	0.034
	制度约束	0.019
资源环境管理（0.212）	资源本底调查	0.047
	自然资源权属	0.041
	生态环境修复	0.029
	监测预警体系	0.033
社区管理（0.067）	社区组织建设	0.035
	社区居民参与	0.024
	生态补偿	0.024
科普教育（0.162）	游憩管理	0.023
	科普宣传	0.013
	环境教育	0.024

（三）评价方法

基于国家公园管理能力评价指标体系，可以通过对各项指标的得分进行加权求和，以获得国家公园管理能力综合评分：

$$S = \sum_{i=1}^{n} P_i S_i \quad (n = 18) \qquad (6\text{-}1)$$

式中，S 为国家公园管理有效性的综合评分；P_i 为第 i 个指标的权重；S_i 为第 i 个指标的百分制得分（刘显洋等，2019）。

各项指标的得分可利用专家打分法获得。根据与最优标准的符合程度对各项指标进行五档打分，5 档到 1 档依次代表完全符合、比较符合、基本符合、不太符合、不符合。将各项指标的打分档位换算成百分制，5 档到 1 档分别计为 100 分、75 分、50 分、25 分、0 分。根据国家公园管理能力的综合评分，可以将国家公园的管理能力划分为优秀、良好、一般、较差 4 个等级（表 6-3）。

表 6-3 国家公园管理能力分级（刘显洋等，2019）

分级	优秀	良好	一般	较差
综合评分	$90 \leqslant S \leqslant 100$	$75 \leqslant S < 90$	$60 \leqslant S < 75$	$S < 60$

二、案例：三江源国家公园管理能力评价

2018 年 8 月 18～29 日，在三江源国家公园开展了为期 12 天的实地调研，调研线路自西宁经兴海、玛多、玉树至杂多，横跨整个三江源地区。与三江源国家公园管理局及下辖 3 个园区管委会、基层管理监测站点的管理人员围绕国家公园管理开展座谈活动 6 次、访谈 20 余人次，共回收三江源国家公园管理人员打分问卷 30 份、专家打分问卷 10 份。

（一）三江源国家公园管理现状

依照基于最优实践的国家公园管理有效性评价方法所涉及的管理内容，对三江源国家公园的管理现状进行定性总结（表 6-4），以便更为直观地观察三江源国家公园的管理状况（张碧天等，2019）。

表 6-4 三江源国家公园管理现状（张碧天等，2019）

管理方面	管理内容	三江源国家公园管理概况
体制建设	管理机构	垂直统一；国家公园管理工作同地方政府部门联系紧密
	管理队伍	管理人员编制较多，但专业技术人员不足
	管理规划	从三江源国家公园出发，在空间尺度上细分形成"二级规划"，边界多次调整
保障机制	资金保障	资金来源以中央财政收入为主，以原渠道资金和社会捐赠为辅，资金来源稳定，形成了规范的管理机制和审计方法
	法制建设	针对性强，但法律位阶低（规范、条例）；有制法、执法、监督的专管部门及组织

管理方面	管理内容	三江源国家公园管理概况
保障机制	科研支撑	具备三江源国家公园专属的科研支撑团队,针对性强
	多方参与	多元性和稳定性相对较弱
	制度约束	实施了自然资源资产离任审计,且有《三江源国家公园管理条例》辅助约束
资源环境管理	资源本底调查	在土地调查数据的基础上进行了野生动物数据库的初步扩充
	自然资源权属	工作启动,已完成落界和现地核查工作,统一确权尚未完成
	生态环境修复	以生态系统恢复保育为重点
	监测预警体系	监测预警技术体系不成熟,专业人才队伍缺乏
社区管理	社区组织建设	无专门的社区管理组织,乡镇政府履行保护站职责
	社区居民参与	在管理局引导下形成的参与方式较为单一
	生态补偿	对生态友好行为进行直接经济补偿
科普教育	游憩管理	游憩体验门槛较高;游憩管理尚未开展
	科普宣传	形成了多样的科普方式,科普力度较大
	环境教育	针对社区的环境教育;环境解说的内容同社区群体匹配

1. 体制建设

(1)管理机构

三江源国家公园自上而下设置了四级管理机构,属于垂直统一管理(图 6-2)。最上层是三江源国家公园管理局,于 2016 年 6 月 7 日正式揭牌,为青海省政府正厅级派出机构,统筹指导和监督三江源国家公园内 3 个园区的各项事务;第二层是 3 个园区的管理委员会(以下简称管委会,正县级),分别负责各自园区的统筹管理和监督;第三层为园区管理处(正县级),由县一级政府部门职员组成,具体承担县一级的管理工作;第四层为保护管理处和生态保护站,分别负责具体落实保护监察和监测工作,管辖范围是乡镇。

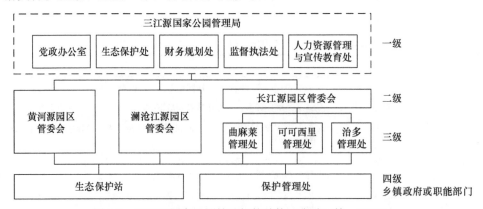

图 6-2　三江源国家公园管理机构结构(张碧天等,2019)

三江源垂直化的管理模式能使权利更为集中，增加上级领导机构的权威性，从而保证管理的稳定性和纪律性。虽然三江源国家公园的管理机构设置更为细致，但其机构职能的有效性有待商榷。"三定方案"确定易，职能落实难，国家公园管理局空有职责却无人力。"一套班子，两块牌子"是改革过渡阶段的无奈之举，但绝非长久之策，一则会在管理要求逐渐严格的背景下造成人力资源不充足，二则会因地方政府"权、责、利"复杂导致生态保护不彻底。总体来说，三江源国家公园很大程度上仍在沿用自然保护区的管理思路，尚没有形成有效的国家公园管理机制。

（2）管理队伍

截至 2018 年 1 月，三江源国家公园管理机构共核定编制 402 名，尽管在 10 个国家公园体制试点中最多，且远超出大多数体制试点，但其管理队伍专业程度不足，尤其是监测等岗位，缺乏专业性强的工作人员，导致部分工作开展困难。

（3）管理规划

三江源国家公园的规划是由《三江源国家公园总体规划》和若干专项规划（生态保护、管理、社区发展与基础设施、生态体验和环境教育、产业发展和特许经营等 5 个专项规划）组成的二级体系，《三江源国家公园总体规划》引导各专项规划。

三江源国家公园的分区和边界划定存在争议，现行的边界存在整体性、连通性和协调性不足等问题。例如，黄河源头甚至未被划入黄河源园区，并且调研中还发现存在周边社区因政策补助而入园意愿强烈的现象。

2. 保障机制

（1）资金保障

三江源国家公园资金筹措以中央财政收入为主，以原渠道投资和社会捐赠为辅。以 2017 年为例，年度总收入为 100 231.71 万元，其中中央财政拨款 96 119.99 万元，占比 95.90%（三江源国家公园管理局，2017）。在资金使用方面，三江源国家公园管理局制定了各项财务管理制度和日常运行费用开支管理办法，财务核算相对严格；同时，定期开展了内部财务对账、同国库支付系统对账、同银行账户资金对账等工作，并委托会计师事务所对局系统的财务收支等进行年度审计，全面开展资产清查工作。

（2）法制建设

为加强国家公园管理的法律保障，三江源国家公园采取了一系列措施、出台了一系列政策并完成了相关组织机构的建设。为了制定科学有效的管理办法，三江源国家公园管理局成立了"三江源国家公园法制研究会"，并建立了"三江源国家公园法律顾问制度"。考虑到园区内破碎化的管理现状，三江源国家公园管理局整合原有的各类自然保护地管理条例，制定并出台了《三江源国家公园管理规范和技术标准指南》，并从管理体制、规划建设、资源保护、社会参与及法律责任等国家公园管理的关键项目出发，制定并出台了《三江源国家公园条例（试行）》等11个管理办法。为了有效执法，三江源国家公园管理局建立了生态保护司法合作机制并成立了"玉树市三江源生态法庭"（苏红巧等，2021）。为了加强执法监督力度，三江源国家公园管理局下设执法监督处并组建了园区管委会资源环境执法局，以便开展综合执法。

虽然三江源国家公园管理局积极探索国家公园管理的法律保障措施，为三江源国家公园搭建了完善的法律保障框架，然而我国在国家层面尚未出台针对国家公园的高阶法规，现行条例的法律位阶不足以保证国家公园管理局的权利主体地位和人事配置。举例来说，《中华人民共和国草原法》为国家经济法中的基本法之一，其中规定的草地的管理主体及对违规行为的处罚措施都与《三江源国家公园条例（实行）》有所出入，加之经济法的法律位阶远高于地方条例，使得三江源国家公园条例和规范的有效执行困难重重。

（3）科研支撑

三江源国家公园位于世界上海拔最高、高原生物多样性最集中和生态系统最敏感、脆弱的地区（王堃等，2005），数十年来吸引了国内外大量研究人员在此开展科研工作，并形成了丰硕的科研成果（赵新全和周华坤，2005；刘敏超等，2006；刘纪远等，2008；Liu et al.，2014）。虽然这些科研成果为三江源的保护与管理奠定了基础，但是很多成果由于缺乏系统的归纳整理尚无法充分发挥其科研支撑价值。为此，在成为国家公园体制试点之后，三江源国家公园成立了三江源国家公园体制试点咨询专家组，并与中国科学院合作组建了三江源国家公园研究院，打造专属科研支撑团队，加强对现有科研成果的梳理与应用，提高后续科研成果的针对性和适用性，以促进三江源国家公园的科学管理。

（4）多方参与

目前，三江源国家公园初步形成了以三江源国家公园管理局为主导、科研团队作支撑、社区居民协作、企业和志愿者团体资助的多方参与模式。然而，企业和志愿者团体的参与是不稳定的，虽然偶有捐赠但并未形成长效机制，虽然能自发参与但尚未形成规范的组织。

（5）制度约束

我国针对国家公园的管理已制定了自然资源资产离任审计、生态环境损害责任追究等制度，青海省审计厅对三江源国家公园管理局原局长李晓南任期自然资源资产管理责任履行情况进行审计（青海省审计厅，2019），同时《三江源国家公园条例（试行）》第七十五条规定："国家机关工作人员在国家公园管理工作中玩忽职守、滥用职权、徇私舞弊的，依法给予处分；构成犯罪的，依法追究刑事责任。"对所有工作人员起到了一定的制度约束。

3. 资源环境管理

（1）资源本底调查

三江源国家公园现有的环境本底调查数据是以第二次全国土地调查及年度变更调查数据为主，并辅以地理国情普查等调查数据，以及多年来各类自然保护地的常规性监测管理记录数据。自成为国家公园体制试点以来，三江源国家公园虽然已初步建立了园内野生动物本底数据库，但尚没有形成面向国家公园管理目标和需求的生态环境监测体系。

（2）自然资源权属

三江源国家公园探索以国家公园作为独立自然资源登记单元，对区域内流水、森林、山岭、草原、荒地、滩涂等所有自然生态空间统一进行确权登记，目前已完成范围落界和现地核查工作。

（3）生态环境修复

三江源国家公园的生态修复重点为生态系统的恢复和保育。受气候异常和过度放牧的影响，三江源国家公园内的草地退化问题严重，因此草地初级生产力的恢复是其生态修复工作的重中之重，现已实行了禁牧和草畜平衡政策以及水土保持、退化草场治理等工程措施。打击盗猎偷猎、减控环境威胁同样是三江源国家公园拯救濒危动物、进行生态修复的一项重要内容。

此外，作为重要的水源涵养生态功能区，三江源国家公园还开展了湿地退牧、沙化土地封沙种草的生态保育措施（王磐岩等，2018）。然而三江源国家公园内早年矿产资源盗采遗留的环境问题仍十分严重，裸露的矿坑遗址仍未得到有效治理（任又成，2012）。

（4）监测预警体系

三江源国家公园管理局下设生态保护处，专司国家公园范围内的生态监测工作，成立了监测中心并配备了工作人员，但由于试点成立时间较短和专业技术人员不足，因此其监测预警未成规模。

4. 社区管理

（1）社区组织建设

三江源国家公园形成了初步的社区共管机制，《三江源国家公园管理条例》规定："三江源国家公园内乡镇人民政府同时履行国家公园保护的职责。"目前，试点区的 12 个乡镇政府加挂"保护管理站"的牌子。虽然尚无专门的国家公园社区管理组织，但以乡镇政府为基本单位是我国现阶段政府制度的必然阶段。

（2）社区居民参与

适宜的社区参与对国家公园管理起到重要的支撑作用。为此，管理部门往往需要通过管制或引导对社区行为进行规范，使更多的社区行为纳入社区参与的范畴。

三江源国家公园主要通过引导的方式规范社区行为。当下园内社区经济来源较为单一，主要为放牧或挖虫草，鲜有经营性收入（赵翔等，2018）。三江源国家公园管理局号召农户休牧或进行草畜平衡放牧，同时鼓励农户由草场承包经营向特许经营转变，努力推进牧民转业、转产，从而实现减人减畜的草地保护目标。目前草畜平衡放牧得到了广泛的推广，但是特许经营制度尚未有效落实，生态管护员成为现阶段牧民通过转业参与国家公园生态保护的主要方式。

（3）生态补偿

国家公园的建设会给社区居民带来一定的损失，这种损失不仅来自居民生产经营方式的转变，还来自日益加剧的人兽冲突，而与社区利益严重冲突的生态保护阻力重重，故对社区居民进行生态补偿是保证社区参与积极性的必要措施。

设立生态管护员岗位是三江源国家公园具有创新性的探索，让一部分社区居民直接成为"领工资"的生态保护专职人员，是对社区居民行为规范的有效补偿方式。总体而言，我国的国家公园品牌尚未打响，国家公园的品牌增值效应尚待开发，三江源国家公园目前对社区居民禁牧休牧、草畜平衡等生态友好的行为进行直接的政策性经济补偿。

此外，针对频发的野生动物伤人事件，三江源国家公园管理局为全体生态管护员购买了包含"动物伤害"在内的人身意外伤害保险，保护社区居民生命财产权益。

5. 科普教育

（1）游憩管理

全民共享是国家公园建设的重要目标，实现全民共享的主要途径之一就是提供良好的生态体验服务。总体而言，由于建设时间短，加上自然条件的限制，三江源国家公园的生态体验服务还处于起步阶段。三江源国家公园位于高寒地区，高原缺氧，基建难度大，游憩风险高，因此生态体验的门槛很高。

（2）科普宣传

三江源国家公园管理局开展了形式丰富的宣传活动，2017年9月改版升级并上线运行了三江源国家公园网站，设计了三江源国家公园标志，通过报刊、网络、电视、微信、微博等媒介，宣传三江源国家公园试点稿件2000余篇。此外，还邀请中央媒体等开展"三江源国家公园媒体行"活动，并拍摄了《中华水塔》《绿色江源》两部纪录片。

（3）环境教育

三江源国家公园开展了大量的环境教育工作，充分考量了受众群体组成的多元性，针对不同受众群体的特点展开不同的解说内容。三江源国家公园的环境教育主要面向社区，在园区内定制开展了环保进校园、进社区、进寺院、进机关的系列活动。

（二）三江源国家公园管理能力评价结果

1. 三江源国家公园管理能力综合得分

在对三江源国家公园管理现状进行定性分析的基础上，利用基于最优实践的国家公园管理能力评价方法进行管理能力的定量评价，通过管理人员和专业人员的打分得到其 18 项管理指标的得分，并在此基础上通过加权求和得到三江源国家公园管理能力的综合得分（表 6-5）。

表 6-5　三江源国家公园管理能力评价结果（张碧天等，2019）

管理准则	指标	单项得分/分	综合得分/分
体制建设	管理机构	69.42	30.74
	管理队伍	76.38	
	管理规划	66.76	
保障机制	资金保障	71.87	19.44
	法制建设	65.13	
	科研支撑	75.81	
	多方参与	62.52	
	制度约束	69.14	
资源环境管理	资源本底调查	53.95	8.87
	自然资源权属	51.87	
	生态环境修复	69.43	
	监测预警体系	66.33	
社区管理	社区组织建设	52.33	5.16
	社区居民参与	69.07	
	生态补偿	69.67	
科普教育	游憩管理	53.43	3.71
	科普宣传	68.52	
	环境教育	66.33	
总分			68.03

三江源国家公园各项管理能力较为均衡（图 6-3）。在体制建设、保障机制、资源环境管理、社区管理和科普教育 5 个方面的得分分别为 30.74 分、19.44 分、

8.87 分、5.16 分、3.71 分。就各单项能力来说，三江源国家公园管理最突出的薄弱环节体现在自然资源权属、资源本底调查、社区组织建设和游憩管理方面，这些应成为三江源国家公园提升管理能力的重点方向。自然资源权属确定和资源本底调查的方法未成体系，因此推进难度大、进展缓慢；科普教育仍处于初期对外宣传阶段，生态体验尚未全面启动，游憩管理尚未进一步细化；社区居民参与的公益性差，缺乏结构完整、机制合理的社区组织（张碧天等，2019）。

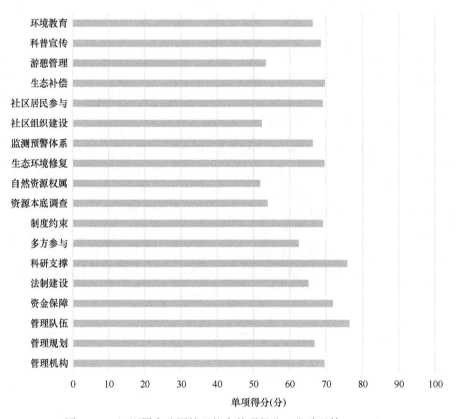

图 6-3　三江源国家公园管理能力单项得分（张碧天等，2019）

三江源国家公园的管理能力综合得分为 68.03 分。根据国家公园管理能力的综合评分，可将国家公园的管理能力划分为优秀（90～100 分）、良好（75～90分）、一般（60～70 分）、较差（0～60 分）4 个等级。显然，三江源国家公园管理能力目前处于"一般"水平。

2. 关于三江源国家公园管理的几点建议

三江源国家公园处于建设初期，体制及制度建设相对其他方面较为完善，而资源环境管理、社区管理和科教方面仍待具体措施逐步落地。基于上述评价结果，三江源国家公园建设应当注意以下几个方面。

1）强化科研支撑，推进自然资产确权及自然资源本底调查。加强与企业、高校、科研院所的合作，增加专项科研财政投入，吸引科研力量，壮大三江源国家公园研究院，创办学术期刊，促进相关研究学者的碰撞交流；引进专业人员，开设专业技术培训，增强三江源国家公园管理团队自身的专业性；注重对已有研究成果的收集和整合，加强科研成果转化，推进三江源国家公园自然资产确权和资源本底调查。

2）健全多方参与机制，提高三江源国家公园的多方参与机制的稳定性和多元性。成立三江源国家公园志愿者服务委员会和志愿者之家，根据国家公园不同分区内的具体需求组织丰富多样、具有特色的志愿活动，并通过纸媒、网络等平台进行多渠道宣传；获得志愿协作服务的同时，合理利用三江源地区独特的少数民族文化、景观价值来实行生态福利反馈机制，让志愿活动在一来一往之间得到良性循环往复。

3）将全民福利共享作为三江源国家公园下一阶段游憩管理的重要任务。结合环境影响评价结果谨慎地推进生态探访和游憩场所的基础建设，降低三江源高寒地区游憩风险，降低生态体验的门槛；加强环境教育及生态解说，将受众由社区拓展至访客，丰富国家公园内涵及外延价值，转变游客意识，形成健全的探访文化；邀请相关领域专家开展培训，提升三江源国家公园环境教育和生态体验的能力。

第二节　基于管理周期的国家公园管理有效性评价方法及应用

一、国家公园管理有效性评价框架

（一）世界保护地委员会评价框架

管理有效性评价框架为评价方法的制定提供了基础，而并非施加一种标准化的方法，既可用于调整现有的方法也可设计新的方法（乔原杰，2019），因此能够指导不同规模和深度的自然保护地管理有效性评价（Hockings，2006）。1997年世界保护区委员会（World Commission on Protected Areas，WCPA）提出的评价框架具有重要影响力（Hockings，2006），该框架包括背景、规划、投入、管理过程、管理结果和效果6个基本要素（表6-6），该框架的提出是自然保护地管理有效性评价领域的里程碑式进展，具有巨大的影响力。此后，不同国家和非政府组织在WCPA评价框架的基础上，基于不同的目标对象及应用层次，构建了50

多种自然保护地管理评价方法和技术（王伟等，2016）。

表 6-6　WCPA 保护地管理有效性评价框架（刘伟玮等，2019）

关注问题	管理环节	评价内容
设计问题	背景	重要性；威胁；脆弱性；国家背景；合作伙伴
	规划	保护地立法和政策；保护地系统设计；保护地设计；管理计划
管理系统和过程适宜性	投入	管理机构的资源；区内资源；合作者
	管理过程	管理过程是否恰当
管理目标的传达	管理结果	管理行动的结果；服务和产品
	效果	影响；与目标相关的管理工作的效果

由表 6-6 可以看出，其关注的不同管理环节分别针对不同的评价重点，背景更注重评价保护地的状态，包括重要性、威胁、脆弱性等，其不是管理的组成部分，但却是管理决策的重要基础。规划注重评价保护地管理路径的恰当性，包括立法和政策、保护地的范围、功能分区等，其评价指标的选取取决于评价目标。投入注重评价保护地资源的丰富程度和分配合理性，包括人员、资金、设备及设施等软硬件。管理过程注重评价管理实施阶段的效率和恰当性，更加关注日常管理问题以及社区、主要保护对象的管理状况。管理结果注重评价管理的有效性，以目标为导向，包括工作内容的开展情况、管理计划和目标的实施程度。管理效果注重评价管理行为的有效性和恰当性，是对管理有效性的真正检验，评价管理是否成功（Hockings *et al.*，2007）。

然而，该框架也存在一定的问题，在 6 个要素层面，关注要素过多，如"规划"和"投入"都可以视为管理过程。每个要素中标准设定的合理性也有待考证，在背景这一要素中，重要性、威胁、脆弱性、国家背景以及合作伙伴这五大标准其实关注的是两方面，即建设背景（重要性、国家背景）和基础（威胁、脆弱性、合作伙伴），建设背景是其保护对象、重要性和国家代表性，但其对管理是否有效的论证尚不足；而对于基础的分类过于笼统，以"威胁""脆弱性"为标准，在评价时，如果不是对某个保护地及该地区保护地体系极其了解的人，则难以衡量和判断。在规划这一要素中，"保护地立法和政策"不属于规划。在投入这一要素中，尚未提及对保护地具有重要影响的资金投入。在管理过程这一要素中，对过程的分析过于笼统，难以衡量。正是由于上述原因，该框架的实际操作性不足，因此，在以管理周期为核心思想应用框架时，应注意管理周期划分的合理性和简洁性。

（二）国家公园管理有效性评价框架的构建思路

WCPA 框架的思路是基于管理周期，而我国一些学者进行管理有效性评价研究时，往往基于管理要素，前者涵盖了国家公园管理的全周期，但不够简化，可操作不强；而后者尽管涵盖要素全面，但忽略了管理活动的进程，在进行度量时，其行动与否和是否有效难以区分，结果易受主观判断影响。

国家公园的管理具有阶段性，不同管理环节的侧重点不同，因此，在不同的环节下分析影响管理的关键因素才有意义。基于国外评价框架的对比，本研究认为在制定中国国家公园管理有效性评价框架时，应该综合考虑管理周期和管理要素。

首先，从宏观上对国家公园的管理周期进行分析，简化 WCPA 评价框架对管理周期的划分，对中国国家公园管理周期进行定性分析，将国家公园的管理行动分为若干阶段；其次，对各个阶段进行系统分析，综合考虑影响管理水平的关键要素。

从管理周期方面分析，中国国家公园的管理周期可分为多个环节（图 6-4）。

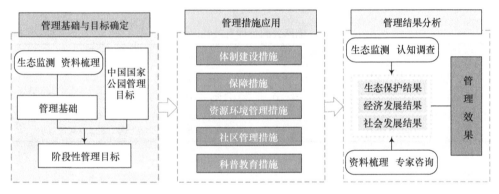

图 6-4　中国国家公园管理周期

一是管理基础与目标确定。尽管在国家法律层面上，国家公园的概念没有明确定义，不同的学者对国家公园的概念在描述上不一，不同政策文件的定义也有所不同，但基本明确了国家公园为国家批准设立并主导管理的特定区域，强调了建立国家公园的主要目的，其"生态与资源保护"的首要功能和"游憩、科研、教育活动、社区发展"的综合功能得到了认同。因此，实现生态保育、发挥游憩科普功能、促进社区发展是国家公园管理的最终目标。而针对某一特定国家公园，因其发展进程不同，可通过生态监测和资料梳理等手段确定其管理基础，进而发现与最终目标间的差距，确定阶段性管理目标。在这一阶段，国家公园的范围界限、土地权属等作为基础条件，其优劣对管理有效性产生了一定的影响。

二是管理措施应用。国家公园管理责任主体为实现目标采取一系列管理行动，如设置管理机构、编制管理办法、配备管理人员、推进科研合作、加强社区管理、促进科普宣传等。

三是管理结果分析。管理结果是一系列管理行动的后果，反映了管理工作的开展情况和管理计划的实施程度，在这一环节中，通过生态监测、认知调查、资料梳理、专家咨询等手段，得到有关国家公园生态保护、经济发展、社会发展等的结果信息。应用具体的评价方法对结果进行衡量，进而分析管理效果，发现问题与不足，从而对管理目标进行调整。

（三）国家公园管理有效性评价框架结构

基于上述分析，按照"条件基础—过程行动—取得成效"的思路，从管理基础、管理过程和管理结果 3 个方面构建基于管理全过程要素的国家公园管理有效性评价指标框架（表6-7）。其中，管理基础旨在反映"支撑管理机构进行管理的条件和能力"，它是开展有效管理的前提；管理过程旨在反映"管理机构如何采取行动实现管理目标"，注重的是管理措施的适宜性和合理性；管理结果旨在反映"管理机构取得了哪些目标成果"，强调的是管理效果。

表 6-7　国家公园管理有效性评价框架

关注问题	管理环节	关注要点
支撑管理的条件和能力如何	管理基础	范围界线、土地权属等
实现管理目标过程中的管理能力如何	管理过程	体制建设、保障机制、资源环境管理、社区管理、科普宣传行动等
管理行动所产生的服务和产品	管理结果	生物多样性水平、经济效益增量、公众认可度等

二、国家公园管理有效性评价方法

（一）评价指标体系

首先，初步确定国家公园管理有效性评价的一级指标，即管理基础、管理行动和管理成效。其中，管理基础划分为管理现状条件和管理能力保障 2 个二级指标；管理行动划分为生态保护能力建设、科研监测能力建设、社会参与能力建设和游憩教育能力建设 4 个二级指标；管理成效划分为生态环境保护、自然人文景观、经济社会发展 3 个二级指标。

然后，收集整理国内外自然保护地管理评价代表性论文及相关评价标准（崔丽娟等，2009；杨道德等，2015；吴后建等，2015），对评价指标进行梳理分析，根据指标采用的频度，初步选出应用较多、有代表性的共性指标。在此基础上，根据确定的二级指标，充分考虑国家公园生态保护第一、国家代表性、全民公益性的理念，以及科研、教育、游憩等综合功能，确定一些具有国家公园针对性的指标，如土地权属、科研合作、访客管理、环境教育、社区共管、公众参与等，初步构建评价指标体系。

最后，进一步咨询自然保护地管理评价方面的专家和具体管理人员的意见，对初步指标进行筛选调整，从而构建得到包括 3 个一级指标、9 个二级指标、22 个三级指标的国家公园管理有效性评价指标体系（表 6-8）（刘伟玮等，2019）。

表 6-8　国家公园管理有效性评价指标体系（刘伟玮等，2019）

一级指标（权重）	二级指标（权重）	三级指标（权重）
管理基础（0.2011）	管理现状条件（0.0754）	范围界限（0.0283）
		土地权属（0.0471）
	管理能力保障（0.1257）	管理机构（0.0397）
		管理制度（0.0397）
		管理人员（0.0199）
		管理资金（0.0265）
管理行动（0.3329）	生态保护能力建设（0.1170）	空间管控（0.0488）
		管护设施（0.0293）
		巡护执法（0.0390）
	科研监测能力建设（0.0552）	科研合作（0.0245）
		动态监测（0.0306）
	社会参与能力建设（0.0804）	社区共管（0.0603）
		公众参与（0.0201）
	游憩教育能力建设（0.0804）	访客管理（0.0301）
		环境教育（0.0502）
管理成效（0.4660）	生态环境保护（0.2438）	生态系统（0.0914）
		生物多样性（0.0914）
		环境质量（0.0610）
	自然人文景观（0.1323）	自然景观（0.0794）
		人文景观（0.0529）
	经济社会发展（0.0894）	经济发展（0.0539）
		社会维系（0.0359）

（二）指标权重

在确定评价技术方法时，首先需要确定指标权重。采用层次分析法，计算各指标权重的步骤如下。

1）根据对各指标的打分结果，构建判断矩阵。

2）计算各指标相对权重。采用和法、根法、特征根法和最小二乘法，计算单一准则下元素的相对权重。根据判断矩阵，计算相对于上一层因素而言的本层次与之有联系的因素的重要性权值，作为本层次所有因素相对于上一层次而言的重要性排序的基础，同时计算判断矩阵的特征根和特征向量。即对于判断矩阵 **B**，

计算满足 $\mathbf{BW}=\lambda_{\max}W$ 的特征根与特征向量 $\mathbf{W}_B$。其中，$\lambda_{\max}$ 为 B 的最大特征根；$\mathbf{W}_B$ 为对应于 $\lambda_{\max}$ 的正规化特征向量，$\mathbf{W}_B$ 的分量 W_i 是相应因素单排序的权重，公式为

$$\lambda_{\max}=\frac{1}{n}\sum_{i=1}^{n}\frac{(\mathbf{BW})_i}{\mathbf{W}_i} \tag{6-2}$$

3）对各矩阵层次单排序和层次总排序进行一致性检验。计算 CI 和 CR，其中，CI 为一致性指标，定义 CI=（$\lambda_{\max}$–n）/（n–1），为了检验判断矩阵是否具有满意的一致性，需要将 CI 与平均随机一致性 RI 进行比较。计算公式为 CR=CI/RI，当 CR≤0.10，则认为该判断矩阵具有完全一致性，通过计算求得的权重系数可以较好地反映各指标的相对重要程度。按照上述方法，采用 Excel 对各层次指标权重进行了计算，满足一致性检验结果，各指标权重见表 6-8。

（三）评价方法

为了更客观地进行评价，采用如下评价办法。

在指标层面，面向每个指标制定了评价标准：每个评价指标满分为 100 分，依据广泛调研，将每个评价指标明确划分为 3 或 4 个级别，在此基础上，根据国家公园具体管理实际情况，对每个指标赋予一定分值（表 6-9～表 6-11）。

表 6-9　国家公园管理有效性评价管理基础（一级指标，权重 0.2011）指标及其评分标准（刘伟玮等，2019）

二级指标（权重）	三级指标（权重）	评价分级标准	分级赋值	总权重
管理现状条件（0.375）	范围界限（0.375）	边界清晰，已设置界碑、界桩，无纠纷	[80, 100]	0.0283
		边界部分不清晰，已设置部分界碑、界桩，无明显纠纷	[60, 79]	
		边界总体不清晰，存在较大纠纷	[0, 59]	
	土地权属（0.625）	土地确权登记全部完成，权属清楚	[80, 100]	0.0471
		土地确权登记未全部完成，但无明显纠纷	[60, 79]	
		土地确权登记未达到50%，权属存在较大纠纷	[0, 59]	
管理能力保障（0.625）	管理机构（0.3158）	设立独立的管理机构，配置专职人员，满足国家公园内各项管理需求	[80, 100]	0.0397
		设立独立的管理机构，配置专职人员，基本满足国家公园内各项管理需求	[60, 79]	
		无独立的管理机构和专职人员	[0, 59]	
	管理制度（0.3158）	编制、出台了国家公园管理法律法规、标准规范、总体规划等文件，制定完善了管理工作制度并严格落实	[80, 100]	0.0397
		编制、出台了国家公园管理相关文件，制定了管理工作制度，但未得到有效实施	[60, 79]	

二级指标（权重）	三级指标（权重）	评价分级标准	分级赋值	总权重
管理能力保障（0.625）	管理制度（0.3158）	在规范性文件和管理工作制度的制定实施方面严重缺失，对管理效能造成严重影响	[0，59]	
	管理人员（0.1579）	管理人员（指具有与国家公园管理业务相适应的中专及以上学历或同等学力者，下同）比例达 50%以上，高级技术人员（指具有与国家公园管理有关领域高级技术职称者，下同）比例达 40%以上，满足管理需求	[80，100]	0.0199
		管理人员比例达 30%以上，高级技术人员比例达 20%以上，基本满足管理需求	[60，79]	
		管理和专业技术人员比例分别在 30%和 20%以下，很难满足管理需求	[0，59]	
	管理资金（0.2105）	管理运行、管护设施建设与维护、保护管理等费用能够满足管理需求，且资金使用合理	[80，100]	0.0265
		管理运行、管护设施建设与维护、保护管理等费用能够基本满足管理需求，资金使用基本合理	[60，79]	
		管理运行、管护设施建设与维护、保护管理等费用不能够满足管理需求，资金使用不合理	[0，59]	

表 6-10　国家公园管理有效性评价管理行动（一级指标，权重 0.3329）指标及其评分标准（刘伟玮等，2019）

二级指标（权重）	三级指标（权重）	评价分级标准	分级赋值	总权重
生态保护能力建设（0.3515）	空间管控（0.4167）	管控范围完全覆盖国家公园，并严格按照功能区划和相关管理条例的要求，开展日常管护	[80，100]	0.0488
		管控范围基本覆盖国家公园，并基本按照功能区划和相关管理条例的要求，开展日常管护，未引发严重生态环境问题	[60，79]	
		未按照功能区划和相关管理条例的要求，引发严重生态环境问题，造成恶劣影响	[0，59]	
	管护设施（0.2500）	管护站点布局合理、警示标识充足，其他管护设施完备，维护良好，完全满足管护需求	[80，100]	0.0293
		管护站点布局基本合理、警示标识基本充足，其他管护设施基本完备，维护较少，基本满足管护需求	[60，79]	
		管护站点、警示标识，以及其他管护设施缺乏，无法满足管护需求	[0，59]	
	巡护执法（0.3333）	执法机构建立了常态化巡护机制，拥有足够的专职巡护人员，巡护执法效果明显	[80，100]	0.039
		执法机构基本建立了常态化巡护机制，巡护执法有一定效果	[60，79]	
		无法有效开展巡护执法	[0，59]	
科研监测能力建设（0.1657）	科研合作（0.4400）	国家公园自身或与科研单位联合开展与保护对象、资源管理密切相关的科研合作，对国家公园管理帮助较大	[80，100]	0.0245
		国家公园自身或与科研单位联合开展与保护对象、资源管理密切相关的科研合作，对国家公园管理有一定程度帮助	[60，79]	
		国家公园内未开展科研活动	[0，59]	

续表

二级指标 （权重）	三级指标 （权重）	评价分级标准	分级赋值	总权重
科研监测 能力建设 （0.1657）	动态监测 （0.5600）	国家公园内建立了完善的监测网络体系，具有良好的监测技术和能力，能够为管理和监管提供充分支撑	[80，100]	0.0306
		国家公园内建立了监测网络体系，开展了监测活动，为管理和监管提供一定程度支撑	[60，79]	
		国家公园内监测网络、技术人员等方面严重欠缺，无法有效开展监测活动	[0，59]	
社会参与 能力建设 （0.2414）	社区共管 （0.7500）	生态管护员、圆桌会议等社区共管机制成效明显，社区居民充分参与国家公园管理	[80，100]	0.0603
		建立了生态管护员、圆桌会议等社区共管机制，社区居民在一定程度上参与了国家公园管理	[60，79]	
		未建立相关社区共管机制，社区居民不能有效参与国家公园管理	[0，59]	
	公众参与 （0.2500）	制定相关政策办法，鼓励社会组织、企业和个人积极自愿参与到国家公园保护管理和宣传教育等过程中，公众参与性得到充分体现	[80，100]	0.0201
		制定相关政策办法，鼓励社会组织、企业和个人积极自愿参与到国家公园保护管理和宣传教育等过程中，公众参与性效果一般	[60，79]	
		未制定相关政策办法，社会组织、企业和个人未参与到国家公园保护管理和宣传教育等过程中	[0，59]	
游憩教育 能力建设 （0.2414）	访客管理 （0.3750）	建立了完善的访客管理制度，能够有效控制游憩带来的负面影响，实现生态旅游	[80，100]	0.0301
		基本建立了访客管理制度，能够基本控制游憩带来的负面影响	[60，79]	
		未建立相关访客管理制度，游憩活动产生严重的生态环境负面影响	[0，59]	
	环境教育 （0.6250）	具有完善的教育设施、足够的专业环境解说人员，教育方式类型多样，内容生动丰富，环境教育功能得到充分发挥	[80，100]	0.0502
		具有一定程度的教育设施、解说人员，环境教育功能得到一定程度发挥	[60，79]	
		环境教育基础设施、解说人员缺乏，未体现国家公园环境教育功能	[0，59]	

表6-11　国家公园管理有效性评价管理成效（一级指标，权重0.4660）指标及其评分标准（刘伟玮等，2019）

二级指标 （权重）	三级指标 （权重）	评价分级标准	分级赋值	总权重
生态环境 保护 （0.5232）	生态系统 （0.3750）	自然生态系统保持完整性、原真性，面积稳定或增加，生态系统结构和服务功能稳定或提升	[85，100]	0.0914
		自然生态系统基本保持完整性、原真性，面积基本稳定，生态系统结构和服务功能基本稳定	[70，84]	
		自然生态系统完整性、原真性降低，面积减少，生态系统服务功能有所降低	[60，69]	
		自然生态系统完整性、原真性严重降低，面积明显减少，生态系统服务功能明显降低	[0，59]	

续表

二级指标 （权重）	三级指标 （权重）	评价分级标准	分级赋值	总权重
生态环境 保护 （0.5232）	生物多样性 （0.3750）	主要保护物种种群数量稳定或增加，关键生境面积、质量稳定或提升；主要保护对象状况稳定	[85，100]	0.0914
		主要保护物种种群数量基本稳定，关键生境面积、质量基本稳定；主要保护对象状况基本稳定	[70，84]	
		主要保护物种种群数量减少，关键生境面积减少、质量下降；主要保护对象受到破坏	[60，69]	
		主要保护物种种群数量大幅减少，关键生境被严重破坏或退化；主要保护对象受到严重破坏	[0，59]	
	环境质量 （0.2500）	水、土、气等环境质量有所提升	[85，100]	0.0610
		水、土、气等环境质量基本稳定	[70，84]	
		水、土、气等环境质量有所下降	[60，69]	
		水、土、气等环境质量明显下降	[0，59]	
自然人文 景观 （0.2840）	自然景观 （0.6000）	国家公园内自然遗迹、自然景观的原真性和完整性得到有效保护	[80，100]	0.0794
		国家公园内自然遗迹、自然景观的原真性和完整性得到一定程度保护	[60，79]	
		国家公园内自然遗迹、自然景观的原真性和完整性受到严重破坏	[0，59]	
	人文景观 （0.4000）	国家公园内相关人文、景观等物质和非物质文化得到有效保护及宣传，受到全社会广泛关注	[80，100]	0.0529
		国家公园内相关人文、景观等物质和非物质文化得到一定程度保护及宣传	[60，79]	
		国家公园内相关人文、景观等物质和非物质文化未得到有效保护，受到严重破坏或消失	[0，59]	
经济社会 发展 （0.1928）	经济发展 （0.6000）	开展了不同形式的经济活动，社区居民经济收入水平得到明显提升，充分实现人口、资源、环境相均衡的绿色发展方式	[80，100]	0.0539
		经济活动相对单一，社区居民经济收入水平基本稳定或略微提升，基本符合绿色发展的要求	[60，79]	
		经济活动能力严重缺乏，社区居民经济收入水平基本稳定，甚至降低，经济发展方式简单粗放	[0，59]	
	社会维系 （0.4000）	社区居民在文化自觉、社区建设和社会公平方面明显提升	[80，100]	0.0359
		社区居民在文化自觉、社区建设和社会公平方面取得一定成效	[60，79]	
		居民对国家公园的认同感差，社区维系不够稳定和谐	[0，59]	

在整体评价层面，根据赋值权重结果，国家公园管理有效性评价采用综合评价法进行定量评价，计算公式为

$$S = \sum_{i=1}^{22} X_i W_i \qquad (6\text{-}3)$$

式中，X_i 为各项评价指标的评价分值；W_i 为各项评价指标的权重；S 为国家公园

的评价得分。根据评价分值和标准，确定具体评价等级如下。

1）评价总得分属于[85，100]，且单项评价项目得分都不小于该项评价项目满分的 60%，评为"优"。

2）评价总得分属于[70，84]，且单项评价项目得分都不小于该项评价项目满分的 60%，评为"良"。

3）评价总得分属于[60，69]，且单项评价项目得分都不小于该项评价项目满分的 60%，评为"中"。

4）评价总得分属于[0, 59]，或单项评价项目得分为该项评价项目满分的 60% 以下时，评为"差"。

三、案例：基于管理周期的钱江源国家公园管理有效性评价

（一）研究区域概况

2016 年 6 月，《钱江源国家公园体制试点区试点实施方案》获得正式批复，成为我国第 4 个获得正式批复的国家公园体制试点，标志着钱江源国家公园体制试点工作进入实质性操作阶段。试点工作要求贯彻创新理念，将自然生态系统和自然文化遗产保护放在第一位，以建立统一规范的高效管理体制、增强全民公益性为目标，创新运行管理模式，强化生态保护，鼓励社会参与，实现人与自然和谐共生。

钱江源国家公园体制试点区位于浙江省开化县，属于浙江、安徽、江西三省交界处，面积约为 252km^2，包括古田山国家级自然保护区、钱江源国家级森林公园、钱江源省级风景名胜区以及连接以上自然保护地之间的生态区域。

（二）数据来源与处理

通过实地调研、文件查阅、问卷调查、访谈交流、专家咨询等途径，运用管理有效性评价指标体系和方法，对 2017 年和 2018 年钱江源国家公园体制试点区的管理现状进行了评价。评价结果认为，2017 年和 2018 年，试点区管理评价得分分别约为 71.35 分和 76.13 分，且单项评价项目得分都不小于该类评价项目满分的 60%，其管理评价等级为"良"，具体内容见表 6-12。

（三）结果分析

对钱江源国家公园体制试点管理有效性的评价结果进行分析，可以发现，相比 2017 年，试点区 2018 年管理水平有一定程度的提升，其中，从一级指标来看，提升幅度由高到低依次是管理行动、管理基础和管理成效，说明这一年体制试点期间，试点区管委会高度重视管理行动和管理基础方面的工作，取得了一定效果，

同时，管理成效也有所提升。

表 6-12　钱江源国家公园体制试点区管理评价结果（刘伟玮等，2019）

一级指标	二级指标	三级指标	赋值		得分/分	
			2017 年	2018 年	2017 年	2018 年
管理基础	管理现状条件	范围界限	82	84	2.3206	2.3772
		土地权属	75	82	3.5325	3.8622
	管理能力保障	管理机构	66	70	2.6202	2.7790
		管理制度	68	73	2.6996	2.8981
		管理人员	55	68	1.0945	1.3532
		管理资金	78	78	2.0670	2.0670
	小计		—	—	14.3344	15.3367
管理行动	生态保护能力建设	空间管控	70	75	3.4160	3.6600
		管护设施	65	68	1.9045	1.9924
		巡护执法	68	72	2.6520	2.8080
	科研监测能力建设	科研合作	75	82	1.8375	2.0090
		动态监测	72	82	2.2032	2.5092
	社会参与能力建设	社区共管	66	73	3.9798	4.4019
		公众参与	65	70	1.3065	1.4070
	游憩教育能力建设	访客管理	55	62	1.6555	1.8060
		环境教育	65	72	3.2630	3.6144
	小计		—	—	22.218	24.2079
管理成效	生态环境保护	生态系统	80	85	7.3120	7.7690
		生物多样性	80	86	7.3120	7.8604
		环境质量	82	84	5.0020	5.1240
	自然人文景观	自然景观	70	72	5.5580	5.7168
		人文景观	65	68	3.4385	3.5972
	经济社会发展	经济发展	68	73	3.6625	3.9347
		社会维系	70	72	2.5130	2.5848
	小计		—	—	34.798	36.5869
合计					71.3504	76.1315

以 2018 年评价结果来分析，从一级指标来看，管理基础、管理行动和管理成效得分分别约为 15.34 分、24.21 分和 36.59 分，根据权重，3 个一级指标的满分分别为 20.11 分、33.29 分和 46.60 分，因此钱江源国家公园体制试点在 3 个项目的得分分别占满分的 76.28%、72.72%和 78.52%。可以看出，试点区在管理基础

和管理成效方面相对较好，管理行动方面略微较差，这与钱江源国家公园体制试点建设情况相一致。原因如下，一方面试点区包括了古田山国家级自然保护区等自然保护地，前期具有一定的管理基础，试点改革期间，在土地权属、管理制度、机构等方面也开展了大量工作；同时，试点区在生态环境保护等方面进行了良好保护；另一方面，国家公园是一个新的自然保护地类型，在管理行动方面，很多不是自然保护区过去开展的主要工作，如社会参与、游憩教育等，因此，即使有最大幅度的提升，总体能力建设水平仍相对较低。

从具体评价指标来看，管理基础方面，试点区范围界限已清晰；土地权属已调查完成，但尚未完成全部确权登记；管理资金能够基本满足管理需求；管理制度方面已制定多项规范性文件，为试点区建设和管理初步提供了制度保障；管理机构和管理人员相对欠缺。例如，钱江源国家公园管委会已经正式批复，建立了相对完善的组织机构，但管理机构仍不符合试点方案要求，且现有工作人员数量还无法满足试点区各项管理需求。

管理行动中，科研合作、动态监测、空间管控方面开展了大量工作，能力建设水平较高，如建立了多个国际化科研平台；建立了网格化立体式监测体系；制定了各功能分区建设与管理规范等。社区共管、巡护执法、环境教育方面也分别开展了一些工作，具备一定的能力建设水平。例如，社区自发组织了巡护队伍对生态环境进行保护和监督；管委会组织开展了国家公园"清源"专项行动，打击各类生态资源破坏行为；即将建设完成科普馆，并开展了大量环境教育宣传活动等。公众参与、管护设施、访客管理方面尽管也开展了部分工作，但由于基础相对薄弱，目前能力建设水平相对较低。

管理成效中，生态环境保护较好，典型生态系统保护良好，主要保护物种种群稳定，空气质量和水质皆为优良；社会经济发展方面开展了一些工作，社会维系初步取得了一些成效；人文景观保护还有所欠缺，特别是有些非物质传统文化面临消失的风险。

第三节　国家公园保护成效评价方法及其应用

国家公园保护成效评价非常重要，但当前对于自然保护地保护成效的评价，较多关注某一角度和方面的成效，评价指标较为单一，难以全面综合地反映保护地生态系统的变化和保护成效，而且保护成效的评价通常依赖于长期、大量的监测数据，但当前的研究中在指标选取时，较少考虑评价与监测的内在联系，使得评价缺乏数据支撑，指标的适用性较低。综合考虑我国国家公园特征和需求，认为国家公园保护成效评价即评价国家公园在关键物种保护和生态系统保育、资源可持续利用和环境教育等方面的综合成效，主要反映保护对象的变化及保护目标的实现程度。

一、国家公园保护成效评价框架

（一）保护成效评价框架结构

我国建立国家公园的主要目的之一是保护自然生态系统的原真性、完整性，始终突出自然生态系统的严格保护、整体保护、系统保护。此外，国家公园"游憩、科研、教育活动、社区发展"的综合功能得到了国家公园管理者和国内外学者的普遍认同。

结合我国国家公园的定位和属性，国家公园保护成效应当包括生态保护成效、游憩与环境教育成效和协调发展成效三部分。国家公园保护成效评价框架由构建保护成效评价指标体系、确定各指标权重、建立评价方程、计算得分等部分组成（图6-5）。

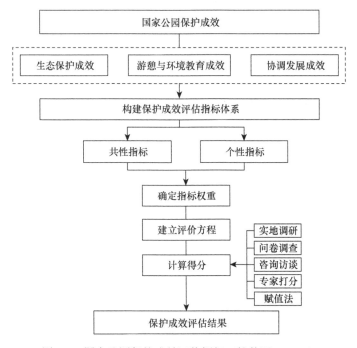

图 6-5　国家公园保护成效评价框架（姚帅臣，2021）

（二）保护成效评价指标体系

保护成效评价指标体系包括系统层、因素层和指标层3个层次，分为共性指标和个性指标。在对国家公园保护成效评价中，每个国家公园的系统层和因素层指标是相同的，为共性指标，便于国家公园之间的对比分析；同时，考虑到不同国家公园资源禀赋和管理目标的差异，在指标层设置了个性指标，以期能够更好地反映各个国家公园的实际情况，体现不同国家公园管理目标的差异，提高评价的针对性。

借鉴国内外自然保护地保护成效评价指标，结合我国国家公园的自身特点，遵循科学性、系统性、动态性和综合性的原则，构建了我国国家公园保护成效评价指标体系。其中，系统层指标包括生态保护成效、游憩与环境教育成效和协调发展成效（姚帅臣，2021）。

1. 生态保护成效评价指标

目前，在生态保护成效的评估中，学者主要从生态价值、保护对象、生态系统服务功能、物种多样性等方面选取评估指标，也有一些学者使用单一指标来表征保护成效。本研究通过频率分析法选取因素层指标。首先，梳理相关文献和国内外重要机构或组织的现有保护成效指标体系，对监测指标进行分析和整合，结合国家公园生态资源和保护管理现状，列出监测指标能够反映和支撑的成效评价指标清单，然后邀请 20 位生态学、林学、经济学、动物学、植物学等相关专家根据重要性、可行性、通用性等原则，选择认为比较重要的指标，最后根据指标被选择的频率，选择被选频率在 50% 以上的指标作为最终的评价指标。最终选取完整性、多样性、重要保护物种和生态系统服务功能作为因素层指标。其中，完整性指标主要评价对自然生态系统组成和结构的保护成效；多样性指标主要评价国家公园在生物多样性方面的保护成效；重要保护物种指标则是评价在保护珍稀、濒危物种和一些旗舰物种方面的成效；生态系统服务功能是评价在维持生态系统服务、保障生态功能发挥方面的成效（表 6-13）。

表 6-13　生态保护成效共性指标（姚帅臣，2021）

系统层	因素层	评价重点
生态保护	完整性	生态系统组成和结构变化
	多样性	生物多样性变化
	重要保护物种	珍稀、濒危和旗舰物种保护
	生态系统服务功能	生态系统服务变化

为了更好地服务于管理工作，国家公园保护成效评价指标的识别和选取必须要与国家公园的管理目标相匹配，这样，评价结果才能更好地服务于国家公园的管理。同时，将评价指标的选取建立在生态监测指标的基础上，在反映出生态系统的变化和管理活动影响的同时（Mezquida *et al.*，2005），生态保护成效评价也能够获得生态监测数据的支撑。因此，在国家公园生态监测指标体系构建过

程的基础上（见第二章第二节），提出了国家公园生态保护成效评价指标体系构建方法。

2. 游憩与环境教育成效评价指标

国家公园游憩功能是提高和改善民生福祉、满足人民对美好生活向往的重要举措，因此，游憩成效的评估应当包括国家公园满足游客需求及为游客提供良好体验的相关指标。此外，国家公园游憩功能的发挥是在严格生态保护的前提下实现的，游憩功能的发挥不能对生态环境造成负面效应，因此，游憩成效的评估也应当包括国家公园为减少游憩对生态环境影响所做出的努力。生态环境素养是公民应当具备的生态环境知识、保护意识与相关能力，涉及生态环境的知识、伦理、情感、行为等多个方面，主要体现在对生态环境保护和问题的认知水平与程度，以及公众对环境保护的意向和实际行动。联合国教科文组织将环境教育作为培养环境素养的方法。生态环境素养一般包括知识、态度（意识）和行为3个方面，当前的研究也多借鉴这3个方面评估环境教育的效果。

因此，基于生态环境素养的要素，参考借鉴国内外保护地游憩和环境教育成效评价指标，列出指标清单，经专家小组论证，构建了我国国家公园游憩与环境教育成效评价指标体系（表6-14）。在指标体系中，游憩成效的因素层游憩体验指标主要评价国家公园在满足游客体验方面的成效；游客活动管理指标评价对游客活动的管理；游憩设施指标评价游憩设施设置的科学性和合理性；游客服务指标评价是否为游客提供良好的服务。环境教育成效的因素层自然观察指标评价公园在自然生态观察方面的设置；环境解说指标评价解说设计和实践的成效；体验活动指标评价为游客提供的体验机会；教育效果评价公园在环境教育方面的综合成效。指标层指标相对固定，但可以根据各个国家公园的实际情况进行调整。

表 6-14　游憩与环境教育成效共性指标（姚帅臣，2021）

系统层	因素层	评价内容
游憩	游憩体验	游客游览的体验
	游客活动管理	对游客活动的管理
	游憩设施	游憩设施设置的科学性和合理性
	游客服务	是否为游客提供良好的服务
环境教育	自然观察	自然生态观察设置
	环境解说	解说设计和实践的成效
	体验活动	为游客提供的体验机会
	教育效果	环境教育的综合成效

3. 协调发展成效评价指标

在我国国家公园内存在着大量的社区，实现国家公园保护与社区协同发展也是国家公园的目标之一。在世界自然基金会（WWF）的管理跟踪工具中，与社区管理和发展相关的指标包括社区参与、共管和协调发展。本研究借鉴管理跟踪工具，并参考相关保护地评估社区管理的指标，结合相关专家意见和建议，构建出我国国家公园协调发展成效评价指标体系（表6-15）。在因素层，选取了社区发展和协同性两个指标。其中，社区发展指标主要评价保障和促进社区发展的举措；协同性指标主要关注保护与发展的协同性。研究也给出了一些常用的指标层指标，可以根据各个国家公园的实际情况进行适当调整。

表6-15　协调发展成效共性指标（姚帅臣，2021）

系统层	因素层	评价内容
协调发展	社区发展	保障和促进社区发展的举措
	协同性	保护与发展的协同性

（三）指标权重与评价标准的确定

1. 指标权重的确定

在系统层和因素层这两级共性指标层面，应用层次分析法确定各指标权重。邀请30位管理、生态、经济、旅游、社会学等领域专家和国家公园管理人员，对系统层和因素层指标相对于评价目标的重要性进行对比打分，并通过构建判断矩阵、权重计算和检验一致性3个步骤，应用yaahp软件，分别计算出各个指标的权重。考虑到游憩与环境教育成效指标相对较多，在应用层级分析时，会增加专家打分的复杂性，因此分别计算游憩和环境教育成效指标的权重（表6-16）。对于指标层，由于个性指标的存在，可在单一国家公园评价时根据实际情况结合专家打分确定权重。

表6-16　保护成效评价指标权重（姚帅臣，2021）

系统层	权重	因素层	权重
生态保护	0.5045	完整性	0.1212
		多样性	0.1212
		重要保护物种	0.0812
		生态系统服务功能	0.1808
游憩	0.1856	游憩体验	0.0722
		游客活动管理	0.0484

续表

系统层	权重	因素层	权重
游憩	0.1856	游憩设施	0.0325
		游客服务	0.0325
环境教育	0.1244	自然观察	0.0238
		环境解说	0.0238
		体验活动	0.0238
		教育效果	0.0530
协调发展	0.1856	社区发展	0.0928
		协同性	0.0928

2. 评价标准

在对具体某一国家公园保护成效进行评估时，首先依据上文中的指标体系构建方法，结合案例点区域特征，通过咨询专家进一步细化指标体系并确定各细化指标权重。然后通过实地考察、问卷调查、访谈、统计数据收集以及矢量、栅格数据收集等方式进行数据收集工作。之后，对各评价指标进行初步计算，其中，生态保护成效通过对各指标的数据和资料计算得到保护成效结果，然后根据结果进行打分。游憩与环境教育、协调发展成效指标得分通过问卷调查或访谈赋值得到。考虑到各个评价指标之间存在单位及数量级差别，为便于保护成效综合数值计算，在完成初步指标计算后，通过文献阅读及实地调查的方式，对各评价指标进行四级分级，即将其值转化为 1～4 分的具体数值。最后依据以下公式计算国家公园保护成效的最终得分。

$$S = 25 \times \sum_{i=1}^{n} a_i A_i \qquad (6\text{-}4)$$

式中，A_i 为第 i 个指标的分值；a_i 为第 i 个指标的权重；n 为评估指标总数；25 是将保护成效得分转化为百分制的系数；S 为国家公园保护成效得分，其数值在 [25,100]，得分越高，国家公园保护成效越好。由于国家公园保护成效的最终得分在 25 分和 100 分之间，跨度为 75 分，依据五分法，每个区间应为 15 分，分别对应优、良、中、差、很差 5 个等级，研究考虑一般认知，将差与很差两个等级合并为差，最终确定等级标准（表 6-17）。

表 6-17　国家公园保护成效评分标准（姚帅臣，2021）

最终得分	评价等级	含义
$S \geqslant 86$	优	国家公园保护状况优秀，很好地起到了对生态系统原真性、完整性的保护，很好地保护了生物多样性和关键物种，在很好地发挥国家公园游憩和环境教育功能的同时未对自然生态造成破坏，很好地实现了国家公园保护与社区发展的平衡

续表

最终得分	评价等级	含义
71≤S≤85	良	国家公园保护状况良好，较好地起到了对生态系统原真性、完整性的保护，较好地保护了生物多样性和关键物种，在较好地发挥国家公园游憩和环境教育功能的同时未对自然生态造成破坏，较好地实现了国家公园保护与社区发展的平衡
56≤S≤70	中	国家公园保护状况一般，在保护生态系统原真性、完整性方面起到一定作用，在保护生物多样性和关键物种上起到一定作用，在一定程度上发挥了国家公园游憩和环境教育的功能，且未对自然生态造成破坏，在一定程度上实现了国家公园保护与社区发展的平衡
S≤55	差	国家公园保护状况较差，未能起到对生态系统原真性、完整性的保护，未能很好地保护生物多样性和关键物种，在发挥国家公园游憩和环境教育功能时对自然生态造成一定干扰，未能很好地实现国家公园保护与社区发展之间的平衡

二、案例：神农架国家公园保护成效评价

在 2019 年 8 月实地调研的基础上（见第二章第四节），补充线上（微信、QQ、邮件等）问卷调查，问卷由调研地联络人协助发放，回收社区问卷 48 份、游客问卷 127 份。

（一）神农架国家公园保护成效指标体系构建

1. 神农架国家公园生态保护成效评价指标体系

神农架国家公园具有多种类型的生态系统，且各类型生态系统广泛分布于园内不同区域。在以森林生态系统为核心的区域，管理目标集中在保护与恢复森林、保护珍稀野生动植物、保护野生动物栖息地等；而在以湿地生态系统为核心的区域，管理目标的重点则在于保证优良水质、提高水源涵养功能、增强径流调节等。因此，为了更好地服务于国家公园的管理目标和管理需求，国家公园的监测和评价指标体系就必须因"区"制宜，更具有针对性。

研究选取了大九湖、木鱼、神农顶和老君山 4 个管护小区，采用基于管理分区的国家公园生态监测指标体系构建方法（见第二章第四节），最终确定了4 个管护小区的监测指标，其中大九湖管护小区生态监测指标体系由两级共 57个指标构成，包括植被类型、野生动物种类、蒸发量、植被盖度、生物量、种群结构等；木鱼管护小区生态监测指标体系由 77 个指标构成，包括土地利用类型、植物种类、濒危物种、土壤含水量、物候、多样性、土壤生物等指标；神农顶管护小区生态监测指标体系由 64 个指标构成，包括植被类型、天然更新状况、食物丰富度、繁殖习性、外来物种分布等指标；老君山管护小区生态监测指标体系由 69 个指标构成，包括透明度、溶解氧、生境多样性、斑块数量、斑块面积等指标。

对监测指标进行分析和整合,结合神农架国家公园现状,列出监测指标能够反映和支撑的成效评价指标清单,然后邀请 20 位生态、林业、动植物等相关领域专家和管理人员,依据可行性、适用性等原则,选择认为比较重要的指标,最后根据指标被选择的频率,选择被选频率在 50% 以上的指标作为最终的评价指标,并选择评价参数,构建出 4 个管护小区的生态保护成效评价指标体系,最终综合得到神农架国家公园生态保护成效评价指标体系(表 6-18)。

表 6-18　神农架国家公园生态保护成效评价指标体系(姚帅臣,2021)

系统层	因素层	指标层	评价参数
生态保护	完整性	植被覆盖	植被覆盖度
		森林破碎化	森林破碎度
	生物多样性	物种多样性	丰富度指数
		生态系统多样性	生态系统类型
		外来物种入侵	入侵物种数和面积
	重要保护物种	物种数量	物种数量变化
		物种种类	种类数量
	生态系统服务功能	初级生产力	生物量
		水文调节功能	水文调节价值
		净化空气功能	净化空气价值
		气体调节功能	固碳释氧价值
		气候调节功能	气候调节价值
		生物多样性保护	生物多样性价值

在神农架国家公园生态保护成效评价指标体系中,完整性包括植被覆盖、森林破碎化 2 个指标;生物多样性包括物种多样性、生态系统多样性、外来物种入侵 3 个指标;重要保护物种包括物种数量、物种种类 2 个指标;生态系统服务功能包括初级生产力、水文调节功能、净化空气功能、气体调节功能、气候调节功能和生物多样性保护 6 个指标。

2. 神农架国家公园游憩与环境教育成效评价指标体系

依据评价框架中给出的共性指标和评价重点,结合神农架国家公园在游憩和环境教育方面的实际情况,构建神农架国家公园游憩与环境教育成效评价指标体系(表 6-19)。

3. 神农架国家公园协调发展成效评价指标体系

依据评价框架中给出的共性指标和评价重点,结合神农架国家公园在协调保护与社区发展方面的实际，构建了神农架国家公园协调发展成效评价指标体系（表6-20）。其中社区发展包括收入来源变化、资源利用状况等4个指标。协同性包括保护态度和协调措施等4个指标。

表6-19 神农架国家公园游憩与环境教育成效评价指标体系（姚帅臣，2021）

系统层	因素层	指标层
游憩	游憩体验	优美的自然和人文景观
		游客亲近自然的独特体验
		游客身心放松
		满足游客游憩需求
	游客活动管理	游客数量控制
		游客活动及行为对环境的影响
	游憩设施	完善的游憩基础设施
		游憩设施对环境的影响程度
		游憩设施与周围景观的协调性
	游客服务	良好的游客服务
		解说系统
环境教育	自然观察	各类科研、展示、宣传、教育场所数量
		博物馆、动植物园、繁育基地等运营状况
		观察动植物活动类设施
		动植物标志、说明
	环境解说	环境解说的知识性
		解说内容的可理解性
		解说员讲解生动有趣
	体验活动	科普体验教育活动的丰富性
		科普体验教育活动的趣味性和启发性
	教育效果	为游客提供环境教育的机会
		提高游客的环境保护意识和决心
		增强与自然亲密度
		传播生态理念
		增长环境保护技能
		增加对当地生态环境的了解

表 6-20　神农架国家公园协调发展成效评价指标体系（姚帅臣，2021）

系统层	因素层	指标层
协调发展	社区发展	收入来源变化
		资源利用状况
		环境影响程度
		生态旅游业发展
	协同性	保护态度
		协调措施
		社区参与程度
		社区共管机制

（二）神农架国家公园保护成效分析

1. 神农架国家公园生态保护成效分析

（1）完整性评价

神农架国家公园的主要植被类型为林地，陈艳等（2018）对园区 1990～2016 年土地利用进行分析，结果表明：公园植被覆盖逐年增加，植被覆盖面积占比由 1990 年不足 81%增长到 2016 年超过 94%。植被覆盖主要增加区域为居民聚集区，该区域植被覆盖增加主要与天然林保护等自然生态保护政策有关，部分受益于自然因素。

对 2010 年和 2018 年土地利用进行分析，结果表明 2010～2018 年，神农架国家公园林地面积减少 81.63hm^2，草地面积减少 143.38hm^2，耕地面积增加 242.46hm^2，而城乡居民和建设用地面积则减少了 92.79hm^2（表 6-21）。可以看出，神农架国家公园植被覆盖略微增加，耕地面积减少，说明退耕还林等工作取得了一定的成果，而城乡居民和建设用地增加则说明人类建设活动仍在扩展，应当注意。

表 6-21　2010～2018 年神农架国家公园土地利用变化（姚帅臣，2021）

土地类型	面积/hm^2		变化/hm^2
	2010 年	2018 年	
林地	124 758.90	124 677.27	减少 81.63
草地	3 023.73	2 880.35	减少 143.38
耕地	2 266.11	2 508.57	增加 242.46
城乡居民和建设用地	1 210.95	1 118.16	减少 92.79

（2）生物多样性评价

根据 2010～2013 年本底资源调查数据，神农架有维管植物 3684 种（占全国的 10%）；脊椎动物 591 种，国家一级、二级保护动物分别为 8 种和 76 种，具体动植物种类见表 6-22。

表 6-22　2013 年神农架地区动植物种类（姚帅臣，2021）

类别	种数	说明
维管植物	3684	占全国的 10%
无脊椎动物	4358	
昆虫	4318	占湖北的 75%
脊椎动物	591	

2000 年大九湖植物调查时记录有 24 个物种，分布于 18 个科。罗涛等（2015）在 2012 年对大九湖湿地群落进行调查，共记录了高等维管植物 46 科 83 属 98 种。

刘欣艳等（2020）对大九湖区域的维管植物多样性进行调查，记录了大九湖湿地区域内湿地维管植物 52 科 140 属 201 种。其中种子植物 194 种，蕨类植物 7 种（表 6-23）。

表 6-23　2019 年大九湖植物种类（刘欣艳等，2020）

类别	科数	比例/%	属数	比例/%	种数	比例/%
蕨类植物	5	9.615	6	4.29	7	3.483
双子叶植物	38	73.077	99	70.71	143	71.144
单子叶植物	9	17.308	35	25.00	51	25.373
合计	52	100.00	140	100.00	201	100.00

从植物种类在各科的分布来看，菊科 31 种；禾本科 25 种；蔷薇科 14 种；蓼科 11 种。大部分科所含属种较少，仅含 1 种植物的科有 25 个，占所有科的 48.08%，仅含 1 个属的科有 30 个，占所有科的 57.69%。

对调查结果进行对比分析可以看出，大九湖湿地植物种类呈明显增多态势（表 6-24），除去可能因为几次调查范围和生境不尽相同的因素，说明大九湖湿地在植物物种保护方面取得了一定的成效。

表 6-24　大九湖湿地植物种类变化（姚帅臣，2021）

年份	科数	属数	种数
2000 年	18	22	24
2012 年	46	83	98
2019 年	52	140	201

在本次调查中，研究人员发现了外来入侵植物 4 科 7 属 7 种，分别为节节草、黑麦草、一年蓬、大狼杷草、牛膝菊、豚草和野老鹳草。这些外来入侵物种和园林植物在大九湖湿地植物群落中的出现，体现了大九湖湿地的早期开垦、放牧等

不合理利用使大九湖湿地环境遭到了一定的破坏（刘欣艳等，2020）。

（3）重要保护动植物评价

姜治国等（2017）对神农架林区的调查表明，神农架共有珍稀濒危植物155种，隶属于52科111属（表6-25）。国家Ⅰ级和Ⅱ级保护植物分别为6种和18种。

表6-25　2016年神农架重要保护植物种类（姜治国等，2017）

类别	组成			国家重点保护物种数	
	科数	属数	种数	Ⅰ级	Ⅱ级
裸子植物	4	7	8	3	4
被子植物	48	104	147	3	14
合计	52	111	155	6	18

2013～2016年，神农架国家重点保护野生植物种数未发生明显变化，对于重要保护植物的保护具有一定的成效。

（4）生态系统服务评价

基于当量因子法（谢高地等，2015）计算神农架国家公园2010年和2018年的生态系统服务价值，分析其变化。根据神农架国家公园的植被分布、土地利用状况，计算得出神农架国家公园各类生态系统面积，从而计算得到神农架生态系统服务价值（表6-26）。

表6-26　神农架生态系统服务价值（姚帅臣，2021）

生态系统服务类型		价值/万元	
		2010年	2018年
供给服务	食物生产	3 518.860	4 376.843
	原材料生产	7 436.829	9 293.403
	水资源供给	4 538.993	5 697.582
调节服务	气体调节	24 286.7	30 366.33
	气候调节	72 158.7	90 270.07
	净化环境	21 994.85	27 523.88
	水文调节	62 244.23	78 000.34
	土壤保持	29 676.33	37 101.67
支持服务	维持养分循环	2 259.763	2 823.736
	生物多样性保护	27 088.77	33 896.04
文化服务	美学景观	11 996.62	15 013.04
合计		267 200.6	334 362.9

由表6-26可知，相比2010年，2018年神农架国家公园生态系统服务价值从约26.72亿元增加至约33.44亿元，增长约6.72亿元。其中，气候调节服务价值

增加最多，约为 1.81 亿元；其次为水文调节服务价值，增加约 1.58 亿元；土壤保持服务价值增加约 0.74 亿元；生物多样性保护价值增加约 0.68 亿元；气体调节服务价值增加约 0.61 亿元；净化环境服务价值增加约 0.55 亿元。从各类生态系统提供的生态系统服务价值来看，除水田外，其余几种生态系统提供的服务均呈增加态势。

2. 神农架国家公园游憩与环境教育成效分析

神农架国家公园规划游憩展示区面积为 4084hm^2，占总面积的 3.5%，具有 4 个景区，还有以神农坛为代表的若干个较为成熟的景点。大九湖景区被称为"神农江南"，具有高山泥炭藓沼泽和美丽的湖泊景观；神农顶景区是神农架地质遗迹、北亚热带典型植被带谱、川金丝猴及其栖息地等代表性景观资源集中分布的景区，其内具有壮阔的原始森林和地质遗迹；官门山景区设立有自然博物馆，包括地质馆、生物馆、民俗文化馆等，是神农架国家公园内代表性的游览区域，为游客提供科普旅游和观赏价值；老君山景区有罕见的原始森林群落，以秦岭冷杉为主，树形美观，高大挺拔，景观独特。公园内这些变幻莫测的天象景观、古老险峻的地质遗迹、丰富的野生动植物资源、珍稀秀美的高山湿地沼泽、壮美的原始森林和高山草甸等组合成一幅幅绝美的自然生态画卷，为游客提供了良好的观感和体验，满足游客的游憩需求。在游客服务方面，神农架国家公园设立有多处游客服务中心，生态厕所和垃圾桶等基础设施较为完善，各类指引、导览、指示、解说、警示标识标牌完备，能够为游客提供良好的服务。

在科普教育方面，神农架国家公园具有自然博物馆、动植物园、繁育基地、展示厅、宣教中心、实习基地等。自然博物馆包括地质分馆、生物分馆和民俗文化分馆等，为游客传播多方面的知识；动植物园、繁育基地和展示厅为游客提供了近距离接触珍稀动植物的机会，使游客有更直观的感受，激发游客保护热情；宣教中心以图片、文字、影像等方式直观、全面地展示给游客神农架的相关资料，使得游客在游玩之前对神农架有较深的了解；实习基地则可以为各类群体提供教学、实践、实习场所，提高生态素养。这些都为开展环境教育提供了多样性的选择和场所。

此外，神农架开展科普志愿者训练营活动，对志愿者进行培训，鼓励志愿者参与宣传教育，共同将神农架国家公园的科学价值、生态价值、人文价值、旅游价值广泛传播给社会大众。此外，神农架国家公园管理局还开展了科普教育进校园活动，通过现场讲座的形式，将神农架国家公园的科普知识分享给全国 29 所大中小学院校的师生。

3. 神农架国家公园协调发展成效分析

为了促进保护与发展协同共进，神农架国家公园采取了一系列有效措施。例如，在 2012 年，为保护大九湖湿地，通过生态移民将 457 户 1800 多名居民集中迁移到坪阡古镇，为促进迁移社区发展，保障生态移民效果，管理局一方面对大九湖湿地进行封闭管理，停止在景区内住宿、餐饮，启用公共换乘交通，引导游客在坪阡镇住宿、用餐、购物；另一方面引导搬迁农民开展农家乐，为游客提供住宿、餐饮等服务，在保护大九湖湿地的同时帮助农民实现发家致富。引导居民的生产方式从传统农业向清洁农业、绿色农业转变，鼓励和引导社区居民发展特色种养产业，带动增收致富。

截至 2019 年底，神农架国家公园累计投入 167 万元用于下谷坪乡种植户种植道地中药材"以奖代补"资金、种苗繁育基地建设及炕房基础设施建设扶持，保障下谷坪乡 1989 户 5966 名农户种植产业实现产业增收，生活得到明显改善。探索社区共建和发展模式，打造特色农林产业体系，实现全民增收。为加强对森林资源的保护，减少因薪柴需求而造成的森林砍伐和破坏，管理局提倡以电代燃，给每户每年补贴 3000 元，引导居民转变生活方式。

在社区参与方面，设立生态公益管护员岗位，聘用社区居民参与巡护，激发他们的保护热情，在提高居民收入的同时，能够发挥当地居民熟悉环境的优势，提升巡护效率和保护效果。为减少野生动物侵食等对居民造成的经济损失，为农户购买兽灾商业保险，减少农户顾虑。

4. 神农架国家公园保护成效评价结果

前文构建的神农架国家公园保护成效评价指标体系共包括 47 个评价指标，其中 13 个指标数值来自客观数值计算，34 个指标来自游客和社区居民主观评分。为消除各个指标单位及数量级差别，对于使用客观数值计算的指标，经查阅相关参考文献，采用 1～4 分四级标准对各指标数值进行分级，计算最终得分（表 6-27）。

表 6-27　神农架国家公园保护成效评价结果（姚帅臣，2021）

系统层	因素层	指标层	权重	得分/分
生态保护	完整性	植被覆盖	0.0646	4
		森林破碎化	0.0566	3
	生物多样性	物种多样性	0.0646	4
		生态系统多样性	0.0404	4
		外来物种入侵	0.0162	3
	重要保护物种	物种数量	0.0406	3
		物种种类	0.0406	4
	生态系统服务功能	初级生产力	0.0271	4
		水文调节功能	0.0271	4
		净化空气功能	0.0271	4
		气体调节功能	0.0362	4

续表

系统层	因素层	指标层	权重	得分/分
生态保护	生态系统服务功能	气候调节功能	0.0271	4
		生物多样性保护	0.0362	4
游憩	游憩体验	优美的自然和人文景观	0.0289	3.81
		游客亲近自然的独特体验	0.0144	3.72
		游客身心放松	0.0144	3.71
		满足游客游憩需求	0.0144	3.77
	游客活动管理	游客数量控制	0.0242	3.56
		游客活动及行为对环境的影响	0.0242	3.47
	游憩设施	完善的游憩基础设施	0.0108	3.6
		游憩设施对环境的影响程度	0.0108	3.56
		游憩设施与周围景观的协调性	0.0108	3.52
	游客服务	良好的游客服务	0.0217	3.65
		解说系统	0.0108	2.92
环境教育	自然观察	各类科研、展示、宣传、教育场所数量	0.0060	3.69
		博物馆、动植物园、繁育基地等运营状况	0.0060	3.61
		观察动植物活动类设施	0.0060	3.64
		动植物标志、说明	0.0060	3.72
	环境解说	环境解说的知识性	0.0119	3.67
		解说内容的可理解性	0.0060	3.56
		解说员讲解生动有趣	0.0060	3.43
	体验活动	科普体验教育活动的丰富性	0.0119	3.52
		科普体验教育活动的趣味性和启发性	0.0119	3.51
	教育效果	为游客提供环境教育的机会	0.0133	3.64
		提高游客的环境保护意识和决心	0.0133	3.59
		增强与自然亲密度	0.0066	3.72
		传播生态理念	0.0066	3.67
		增长环境保护技能	0.0066	3.12
		增加对当地生态环境的了解	0.0066	3.63
协调发展	社区发展	收入来源变化	0.0348	3.45
		资源利用状况	0.0232	3.31
		环境影响程度	0.0232	3.29
		生态旅游业发展	0.0116	3.56
	协同性	保护态度	0.0265	3.53
		协调措施	0.0265	3.47
		社区参与程度	0.0265	3.23
		社区共管机制	0.0133	3.22

根据公式进行计算，神农架国家公园保护成效综合得分为 91.17 分，评定等级为优，生态保护成效、游憩与环境教育成效和协调发展成效的百分制得分分别为 94.36 分、89.83 分和 84.65 分。综合得分和 3 个方面的得分表明神农架国家公园保护成效总体优秀，在生态系统和生物多样性保护、游憩、环境教育和协调社区发展与保护上都取得了一定的效果，很好地起到了对生态系统原真性、完整性的保护，很好地保护了生物多样性和关键物种，在很好地发挥国家公园游憩和环境教育功能的同时未对自然生态造成破坏，很好地实现了国家公园保护与社区发展的平衡，保护目标基本得到实现，但也有一些指标的得分较低，在某些方面未能达到预期的保护效果。例如，外来物种入侵的得分较低，明显低于其他分值，说明在应对物种入侵方面有待进一步加强；在游客服务的解说系统方面得分偏低，反映了游客服务方面的一些问题；在环境教育成效上，增长环境保护技能得分较少，可能是由于环境教育中，实践性教育不够充足；此外，也可以看到，协调发展成效评价等级为良，说明在协调社区发展和保护之间还需要进一步加强。

（三）神农架国家公园保护建议

1. 健全生态监测体系，促进共享开放

科学的监测是国家公园开展科研和管理过程的有机组成部分。要确保国家公园生态完整性和功能完整性，就必须建立国家公园监测制度和监测网络，定期或不定期监测国家公园生态系统、动植物物种、自然环境（环境空气、水环境）、地质灾害、植被更新、游客人数和社区人口数量、经济建设等动态变化过程，为相关保护管理工作和科学研究工作提供基础数据信息。

建议在对神农架国家公园进行详细调研和科学评价的基础上，重点实施核心资源的监测观察，包括对国家公园的代表性生态系统进行长期定位监测研究，如生态系统的动态变化、更新能力及其系统之间关系的监测研究；对国家公园所处的生态环境及人文环境进行监测研究；对可能出现的自然或人为灾害进行监测和预警；对社区居民及游客的环境影响进行监测研究等。此外，神农架国家公园代表国家管理自然资源，其科研监测成果要采取一定的方式实现对科技工作者的共享开放。这样既可以在一定程度上避免国家科研资源的重复投入，也可以使神农架国家公园的科研机构能够有效地与外单位展开合作，尽快提高自身的科研水平。

2. 控制人为干扰强度，开展生态修复

通过立法、合理规划、加强巡护等手段，适度控制人类活动的范围和强度，对于较为敏感的生态系统和区域，降低旅游强度。在开发建设前，充分评价项目对生态环境的影响，同时做好控制工作，减少项目建设对生态系统的破坏。对于可以开展生态修复的区域，可以按照因地制宜的原则，通过封山育林、补植原生树种、设置宣传警示标识等措施加大植被恢复力度，逐步恢复原生植被。

3. 合理进行游憩规划，强化环境教育

以展示神农架国家公园独特的自然资源和历史文脉为主，结合公园资源分布和游憩需求，凸显保护、教育等功能；通过游憩空间合理布局，引导游客分流，疏解核心景区的生态压力；构建主题鲜明的游憩产品体系，突出科普教育的价值导向；创新管理理念，以特许经营、预约票制、专业服务、社区共管、生态补偿等方式实现旅游服务的提档升级，保障生态旅游的可持续发展。

4. 加强社区共建共管，引导社区发展

协调好居民生产、生活和资源保护的关系，建立新型国家公园居民点体系；建立生态补偿机制，引导非损伤性的资源利用，以达成社区群众生活水平的提高与国家公园的持续发展相协调，资源的开发利用与保护相统一；可根据国家公园内各区域特点，发展特色产业，在保护第一的前提下，以旅游服务业、生态产品开发为主，以种养为补充的产业格局。

第七章　国家公园综合管控分区与管控技术[*]

　　国家公园以保护自然生态系统的原真性和完整性为主要目的，实现的是自然资源的科学保护和合理利用，因而兼顾科研、教育、游憩等功能，体现了多目标性功能。国家公园建设目标的多元化主要体现在两个方面：其一，国家公园的建立始终坚持生态保护第一，旨在严格、整体、系统地保护自然生态系统的原真性、完整性，因此，需要对国家公园内具有核心保护价值的区域实施最严格的保护管理，实现资源的世代传承；其二，国家公园兼具科研、教育、游憩、推动社区发展的生态服务功能，需要根据国家公园的资源特点及社会经济发展需求，有针对性、有计划地在国家公园内开展非资源损害的活动，为公众提供亲近自然、体验自然、了解自然的机会，实现人与自然和谐共生。

　　目前国家公园在保护生态系统的原真性和完整性这一主要目的时，不仅面对交叉重叠、多头管理导致碎片化管理问题，还要面对行政区划进一步造成的碎片化和管理分割的现实。不同行政区之间的边界是行政边界，往往与生态学边界并不一致。行政边界将在生态功能上相近或相似的自然保护地隔离，不能保障其生态系统管理单元的连续性、完整性；并且不同地域的社会文化背景、经济发展水平和环境保护目标有差异，使得不同管理主体对同一生态地理单元的保护意识和开发策略有所不同。长期处于不同管理主体、不同管理模式下的生态系统会逐步产生差异性。在这种情况下，加强国家公园及毗连地区的跨界协同保护来保证生态系统完整性也是必然选择。

第一节　国家公园综合管控分区概述

一、综合管控分区的概念与相关理论

（一）综合管控分区的概念

　　综合管控分区是以实现强制性的资源保护为目标，结合国家公园最严格保护的管理目标和资源分布的实际情况以及综合考虑保护生态系统完整性的目的，运

---

* 本章由高峻、郭鑫、李巍岳、李杰、付晶执笔。

用多种分区技术方法，将国家公园及毗连地区划分成具有不同主导功能、实行差别化管控的空间单元（图 7-1）。

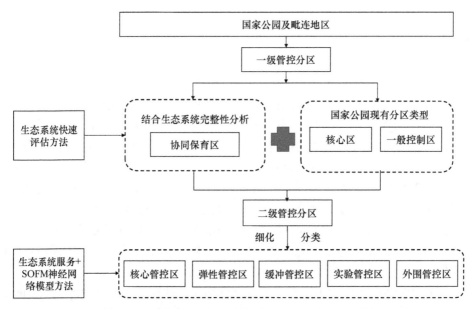

图 7-1 国家公园及毗连地区综合管控分区技术框架
SOFM（self-organizing feature mapping）含义为再利用自组织特征映射

国家公园及毗连地区自然资源资产和文化资产保护与利用管理需求主要呈现在强度和方式两个方面，强度方面主要体现在对人类活动的管控，根据实施资源保护对人类活动的要求来划分管控区，该分区应具有稳定性和强制性，一经划定，必须制定严格的管制措施，兼具法律保障；而方式方面主要体现在国家公园及毗连地区自然资源资产和文化资产发挥的功能和提供的生态服务方面，对应的分区区划应具有独特性和灵活性，需因地制宜，根据各资源本底特征及其发挥的功能来划分相应的功能区，并通过制定资源的专项规划和管理计划实施管理（陈妍等，2020）。由此可见，对国家公园及毗连地区进行管控分区，既能实现常规化、强制性的资源保护，又能个性化地发挥国家公园的生态服务功能（代云川等，2019）。

我国国家公园及毗连地区的管控分区应满足以下需求：其一是应划清核心资源、重要生态系统、珍稀景观遗迹的保护范围，明确管理强度和目标；二是应充分协调及发挥国家公园保护、科研、教育、游憩、推动社区发展的各项功能，理顺各分区的主体功能需求及发展重点，服务于管理计划的制定；三是分区名称应语义清晰、表述准确，以分区的管控强度或发挥的主要功能进行命名。

（二）功能分区标准各异，表达不清晰，管控制度不完善

在国家公园分区管控制度方面，已经启动的《国家公园法》立法以及以颁布实施的《关于建立以国家公园为主体的自然保护地体系的指导意见》为代表和统领的中央层面的政策体系已进行原则性规定，并且必将系统详细地规定我国国家公园的分区管控制度（马冰然等，2019）。其中，采取何种分区标准、如何进行具体分区，进而分别确定管控制度，是国家立法与顶层设计必须做出的选择。

当前我国国家公园在功能分区上的差异，除了有些仅为在命名上的形式差异外，不少属于标准不同导致的本质差异。例如，神农架、普达措、三江源、钱江源、武夷山等国家公园体制试点功能分区中划分了"传统利用区"，而祁连山、大熊猫和东北虎豹等国家公园则没有划分"传统利用区"。具体研究已经公布的国家公园试点的"总体规划"中的分区管控制度可知，这些国家公园的功能分区及其设定的管控目的与措施与该国家公园的性质与定位紧密相关。每个国家公园试点在实现保护自然生态系统的原真性、完整性等共性目标上具有共同性，因此，包括分区管控制度在内的所有制度设计均要贯彻落实这一目标。

（三）管控分区相关理论

1. 生态系统服务功能理论

生态系统服务功能是指生态系统所形成的人类赖以生存及发展的环境条件与功能效用，是人类直接或者间接从生态系统中获得的产品和服务（陶星名，2006）。生态系统的平衡建立在生态服务供给与需求的动态平衡之上。虽然人类的发展已经趋近于依靠科技的进步提高生存质量，但仍离不开生态系统对人类最基本物质的供给。生态系统作为人类社会发展的基底，首先为人类提供生存空间；其次提供人类生存所需的物质及能源。例如，人类需要在特定的空气下才能生存，而生态系统服务功能则可以对空气中的元素比例进行调节。同样的，人类需要依靠生态系统服务功能所提供的食物来维持身体机能的运转。

生态系统服务的重要性不仅体现在对人类的供给服务方面，还体现在调节服务、文化服务及支持服务方面（陶星名，2006）。生态系统服务的调节功能体现在水土保持、水源涵养、防风固土、排洪蓄水等方面的作用。例如，在经历降水时，雨水会直接冲刷土壤表层，进而带走部分土层，这使得土壤厚度减少，土壤质量下降，蓄水能力降低，进一步恶化植被生存环境，形成水土流失—植被

退化的恶性循环。久而久之，区域内生态环境恶化到无法为生物提供生存环境。在排洪蓄水方面，生态系统服务功能可以进行水源续存，避免形成区域干涸与洪涝的现象。生态系统的文化服务是指生态系统为人类提供的游憩功能，生态系统所形成的自然景观满足人类的欣赏需求和休闲需求。生态系统的支持功能体现在对气候的调节、水分循环等方面。生态系统服务功能并没有固定的主导功能，区域的生态系统不同都将直接影响起主导作用的服务功能。因此，不同空间内的生态系统服务功能各有差异，同一空间内的不同生态系统服务功能也各有不同，而对不同生态系统服务功能的区分实际上就是对生态系统的分区。因此在考虑生态功能区划时，应根据区域的生态现状特征和主要的生态环境问题进行综合分析。

2. 复合生态系统理论

完整性是一个复合生态系统最本质的特性，主要包括两个方面：首先是生态系统组成要素的完整性，即生态系统各生态要素齐全；其次是生态系统组成要素所构成的系统之间联系畅通，确保其能够顺利地进行物质交换与能量流动，维持生态系统的良性运转。山水林田湖草复合生态系统内部生态要素齐全，且各个生态要素构成的子系统之间联系通畅，并且能够顺利进行物质交换及能量流动，保障整个生态系统的稳定运转。山水林田湖草复合生态系统本质是由各个生态要素有机结合形成的复合生态系统，其结构的合理、优化程度直接决定着其功能大小及优劣程度。各个生态要素比例适当、层次清晰、配置有序、结构合理，则能提高生态功能，改善区域生态环境；相反，若生态系统中的某个或一些要素丢失或损坏，则可能导致区域某些生态系统功能减弱，生态环境恶化。保障复合生态系统的高效运转并不是使各个生态要素达到最优效益，而是需要整体考虑各个生态要素，系统整合，进行区域统筹规划，确保对山水林田湖草进行整体保护、系统修复与综合治理。

3. 区域分异理论

生态系统资源环境禀赋具有明显的地域差异性，同时每一个地方的社会经济发展程度也存在不同，因此，在进行山水林田湖草生态保护修复过程中，首先需要进行生态保护修复分区划分，充分考虑到生态系统资源环境的特性，明确各区域存在的生态环境问题，因地制宜地开展生态保护修复工程。

根据区域分异理论，划定山水林田湖草生态保护修复分区应遵循以下原则。

一是差异性原则。不同区域的地形、土壤、流域分布等自然条件不同，导致不同地区的山水林田湖草复合生态系统结构和功能同样存在差异性，因此，需划分不同的生态保护修复分区。

二是整体性原则。山水林田湖草生态系统是一个综合的生态系统，每个生态要素都是该复合生态系统中必不可少的一部分，它们之间通过有机联系，共同保证该复合生态系统的持续运转。因此，进行山水林田湖草生态保护修复分区研究要注重区域间的互补与协同作用，确保研究区山水林田湖草复合生态系统的整体协调与平衡。

三是自然生态系统与人类社会经济系统发展相协调的原则。山水林田湖草复合生态系统是自然生态系统与人类社会经济系统的有机结合，它们之间相互耦合，共同构成一个复合生态系统。由于自然资源禀赋差异，不同区域人类经济活动类型各有侧重，使得不同地区间所面临的主要生态环境问题也有所不同。因此，区划过程中必须平衡好生态保护修复与发展之间的关系，确保生态保护修复与发展协调一致。

根据区域分异理论，山水林田湖草生态保护修复分区是地形地貌、流域分布及资源环境禀赋等方面相同或相似单元的组合，不同地区存在的生态环境问题不同，因此，划定生态保护修复分区是进行差别化的山水林田湖草生态保护修复工程的前提。

4. 跨界保护理论

跨界保护理论包括协同治理理论、利益相关者理论和社区共管理论。

（1）协同治理理论

倡导多元主体在治理过程中平等参与、协同合作与达成共识，帮助现代治理理论走出价值与工具的迷失困境。协同治理除了强调政府、企业、公民社会等治理主体的多元参与之外，还涵盖了政府治理改革、非政府组织建设、公民社会发展等政治生活中的重大议题，理论研究内容丰富。

（2）利益相关者理论

核心是通过合理协调和管理涉及（或影响）多个利益主体的利益分配来实现组织目标，它是组织的制度安排过程和管理实践过程。生态补偿涉及多个利益相关主体，包括自然和生态环境的破坏者及受益者、保护者及受益者。

（3）社区共管理论

核心是主体赋权、承担责任、获取收益，最重要的主体是社区居民，社区参与管理的客体是社区的各种事务，只有居民的直接参与和治理，才能增强居民的社区归属感、认同感和现代社区意识，才能有效地整合与利用社区的各种资源。

二、综合管控分区主要存在的问题

（一）以功能分区为主导，类型多元化，管控内容体现不足

目前国家公园在体制试点中均进行了功能分区，但由于没有上位法作为依据，这些功能分区的类型划分不统一（王梦君等，2017）。除了祁连山国家公园与大熊猫国家公园这两个国家公园划分为核心保护区和一般保护区，神农架国家公园和普达措国家公园划分为严格保护区、生态保育区、游憩展示区、传统利用区 4 种类型之外，其他几个国家公园的功能分区均不一致。例如，三江源国家公园划分为核心保育区、生态保育修复区和传统利用区 3 类；东北虎豹国家公园划分为核心保护区、特别保护区、恢复扩散区和镇域安全保障区 4 类；钱江源国家公园划分为核心保护区、生态保育区、游憩展示区、传统利用区 4 类；武夷山国家公园划分为特别保护区、严格控制区、生态修复区和传统利用区 4 类（李杰等，2019；付梦娣等，2017）。

以祁连山国家公园和大熊猫国家公园为典型，这两个国家公园总体规划将试点区的管控分区划分为核心保护区和一般保护区，在管控措施上，核心保护区中依法禁止人为活动，逐渐消除人为活动对自然生态系统的干扰，一般控制区中依法限制人为活动。这种核心保护区和一般控制区的二元划分较为宽泛粗略，具有形式意义特征，其分别对应禁止人为活动、限制人为活动的二元管控措施。二元管控措施提出的仅是一种分区框架。

（二）功能分区未能实现保护生态系统完整性的目标

建立国家公园的目的之一是保护生态系统的原真性和完整性。然而，生态系统完整性和原真性保护不仅面对交叉重叠、多头管理导致碎片化问题，还要面对行政区划进一步造成的碎片化和管理分割的现实。党的十九大报告明确提出建立以国家公园为主体的自然保护地体系。2017 年 9 月，中共中央办公厅、国务院办公厅印发的《建立国家公园体制总体方案》（以下简称《方案》）提出：建成统一规范高效的中国特色国家公园体制，交叉重叠、多头管理的碎片化问题得到有效解决，国家重要自然生态系统原真性、完整性得到有效保护。然而在当前国家公园工作推进过程中，一些国家公园本应将周边一些自然保护地整合起来统一管理，以实现同一自然生态系统的完整性保护，却因无法协调跨省利益、解决跨省管理问题而没有实现。例如，福建武夷山试点区应整合江西省武夷山国家级自然保护区，浙江钱江源试点区应整合毗邻的安徽休宁县岭南省级自然保护区和江西省婺源森林鸟类国家级自然保护区，湖南南山试点区理应整合毗邻的广西资源县

十万古田区域，但都因面临跨省难题而未能实现（黄宝荣等，2018）。另外，大熊猫和东北虎豹试点区也涉及跨省管理问题。

三、综合管控分区技术方法研究进展

（一）基于生态系统服务的空间管控技术

首先利用生境质量、产水服务和土壤保持 3 类生态系统服务要素并结合生态红线划定方法划分生态功能区；其次利用聚类分析识别生态系统服务供给和需求的生态系统服务簇，选取供给和需求管控的生态系统服务类型并提取其管控区域；再次利用供需比、供需比趋势、供给趋势识别生态系统服务的供需风险区；最后将这些分区进行组合，将研究区域重新分成不同的管控区，并针对不同管控区存在的生态环境问题和社会需求提出相应的管控措施，提高或维持流域的生态系统服务水平，达到可持续发展的目的（张红娟，2020）。

（二）基于生态敏感性的自然生态空间管控分区

基于生态敏感性的自然生态空间管控分区研究主要包括以下 3 个环节和内容（付梦娣等，2019）。

一是通过对研究区的实地考量，收集相应的资料，并运用 ArcGIS 等软件对数据进行处理，建立空间属性数据库。为了更加精确地表达研究区的空间差异性，以栅格为基本评价单元，进行生态环境敏感性评价，根据评价结果进行级别分区。

二是根据土地利用类型数据进行自然生态空间识别，按照《自然生态空间用途管制办法（试行）》（国土资发〔2017〕33 号）中对自然生态空间的有关定义，提取具有自然属性的土地利用类型，得到自然生态空间。

三是通过对自然生态空间中生态敏感性空间分布规律的识别分析，构建二维关联判断矩阵，得到自然生态空间管控分区结果。

（三）以保护地役权实现国家公园多层面空间统一管控技术

有关协同保育区的边界划分，有专家提出应遵循生态系统完整性、小流域（分水岭）和整体村庄划入三大原则，划出一个合理的跨界协同管理区边界。也有专家认为在跨界协同保护区划界原则方面，希望尽量避开村庄居住区、商品林区、存在土地流转的区域，因为这些区域存在众多利益纠纷，不利于划界工作的开展。

国家公园协同保育区划分既考虑生态系统完整性尺度，又考虑突出其典型性，综合考虑社区村庄、流域特点、地形地貌、植被分布状况等特征。利用卫星遥感与无人机航测相结合，开展生态系统快速评估，识别国家公园毗连地区与国家公园生态系统一致性最高的区域。通过分析，选取坡度、坡向、植被、高程四大制约因子，结合专家打分法确定它们的权重值，将各因子叠加分析，划定国家公园跨界协同保护范围。

第二节　国家公园跨界协同管控分区的技术方法

国家公园应根据其功能定位，既严格保护又便于基层操作，合理分区，实行差别化管控（张丽荣等，2019）。《关于建立以国家公园为主体的自然保护地体系的指导意见》中明确规定了国家公园和自然保护区实行分区管控，原则上核心保护区内禁止人为活动，一般控制区内限制人为活动。上述内容从管理要求出发，对国家公园进行了一级管控分区的划分，形成了"核心保护区——一般控制区"二元管控分区。从保护生态系统完整性角度出发，国家公园的跨区域合作能够保护和管理多元化大尺度的生态系统，在更大尺度上保护生物多样性和生态系统完整性，缓解国家公园与毗连地区居民和自然的冲突，尤其是对于那些总面积相对较小、比较分散的生态保护区域，对维持生境、改善水质和保护生物多样性等具有重要的作用。因此，在国家公园一级管控分区下，针对毗连地区增加协同保育区的划分，利用卫星遥感与无人机航测方法开展生态系统的快速评估，识别国家公园毗连地区与国家公园生态系统一致性最高的区域，划定协同保育区的范围，形成"核心保护区——一般控制区——协同保育区"的一级管控分区，将有利于实现保护国家公园生态系统完整性和原真性的目标。

一、跨界协同保育区的概念

协同治理是我国生态文明建设的重要途径之一，目的是在政府引导下，充分发挥当地社区、社会组织等社会力量的专业性、公益性、志愿性和自治性等优势，积极参与生态文明建设，发挥政府和市场所不具有的作用，确保多元主体之间保持协同、合作，实现生态文明建设效益的最大化。党的十九大报告中指出"构建政府为主导、企业为主体、社会组织和公众共同参与的环境治理体系"。

世界自然保护联盟对跨界保护区的定义是：跨界保护区是指跨越国家主权范围或诸如省、区域、自治区管辖权范围的一个或多个边界的陆地或海洋区域，主要致力于生物多样性以及与自然相关的文化资源的保护和维护，并通过法律或其他有效手段进行管理合作的区域。国际上已有学者和组织提出跨界管理（跨界保护）的方法，并且在一些国际组织或国家的推动下，部分地区的跨界保护区应运而生（朱里莹等，2020；张晨等，2019）。跨界保护区是生物多样性保护的一种特殊形式，不仅要从生态系统的完整性方面考虑，同时还涉及环境、政治、经济、社会等多个领域（王伟等，2014）。

现有的对跨界保护区的研究为协同保育区的发展提供了重要参考意义。与跨界保护区相比，协同保育区强调协同合作的运行方式，对边界弹性要求，即小至行政区划内的村与村之间，大至国家或区域之间的合作，都可以称为协同，最终目的都是对区域内生态系统和与自然相关的文化资源的保护（何思源和苏杨，2019）。

据此，协同保育区的概念也有所明晰。协同保育区是指在行政划分范围之外，考虑到生态系统的完整性和生物多样性，为控制毗连范围内的生产经营活动，以期降低行政区划对生态系统的割裂与影响，以书面或非书面形式所达成的合作保护与培育的区域。协同保育区是国家公园在空间地理上的拓展，它在功能上起着补充体现国家公园生态系统完整性和多样性的作用。

二、跨界协同管控分区的常用技术方法

（一）跨界保护区热点地区分析法

这种方法基于珍稀物种丰富程度，是确定跨界保护区的常用技术和方法。生物多样性热点地区被认为是本地物种多样性最丰富的地区或特有物种集中分布的地区，其中最早由 Myers 等（2000）提出的全球 25 个生物多样性热点区域则可看作全球尺度的跨界保护区。类似的跨界保护区还包括 Kier 等（2005）基于全球维管植物丰富度提出的 63 个丰富度最高的生态区。此外，Drohan（1996）在韩国和朝鲜的无人区确定了大量珍稀植物和鱼类物种的热点分布区域，并建议在该地区建立野生动植物保护网络，以跨界保护区的形式，加强区域间交流，同时进一步保护环境。

（二）跨界保护区系统保护规划法

系统保护规划法由 Margules 和 Pressey（2000）提出，该方法综合考虑了区域的自然属性、生物学属性以及保护目标即成本等因素，逐渐在跨界保护区网络构建中得到了广泛应用和推广。例如，Carwardine 等（2008）在针对哺乳动物的全球保护区网络设计中，综合考虑了生物多样性的农业成本、国际资金支持以及威胁程度等因素。Gaston 等（2008）对欧洲保护区网络构建的研究进行了综述，并提出了系统保护规划法的主要步骤：①生物多样性本底数据的获取；②保护目标

的确立；③当前已有保护体系评估；④选择潜在的保护区；⑤执行保护规划；⑥维持保护区的价值。Maiorano 等（2008）在地中海基于系统保护规划，针对 10 个指示物种分别设定了 20%和 40%的保护目标，计算了区域的不可替代系数，并进一步将相应结果与地中海渔船分布进行了叠加分析，确定了在地中海区域开展跨界保护的重要节点。

（三）跨界保护廊道划定

国际上对于跨界保护廊道的规划和建设也已具备了一定的实践与理论基础。例如，保护国际（Conservation International，CI）提出了生物多样性保护廊道建设和实施的基本原则，为跨界保护廊道的构建提供了指导和借鉴，并在物种、景观以及社会经济 3 个层面提出了建设跨界保护廊道的关键问题：首先，廊道的建设应尽可能包含特有种、濒危物种及其适宜生境；其次，廊道的建设应尽可能包括关键生态系统，如连续的大面积原始森林；此外，廊道的建设还应考虑到当前面临的主要压力及潜在威胁、已有的保护措施等，从而以最小的成本实现保护目标（Sanderson，2003）。Laverty 和 Gibbs（2007）介绍了在非洲南部建立 Futi 跨界保护廊道的过程和经验：为减少国家之间的物理阻隔对非洲象种群迁移的影响，2000 年 6 月由莫桑比克、斯威士兰和南非政府共同签署了"卢邦博"三方协议（Lubombo Transfrontier Trilateral Protocol），并提出了拆除边境地区围网阻隔以促进动物迁徙交流的建议。

三、跨界协同管控分区（协同保育区）划定的技术方法

（一）协同保育区划定原则

（1）生态完整性原则
以生态效应为导向，目的是补充体现保护区内的生态系统完整。
（2）空间连续性原则
协同保育区在地理空间上要与保护区（单一主体保护区）毗连或接壤。
（3）主体区别性原则
合作的行政主体不同是设立协同保育区的前提和必要条件。
（4）结果补偿性原则
在协同保育区范围内会对生产经营活动进行限制和规范，一定程度上降低了该区域所产生的经济效益。
（5）自然物分割原则
在边界的确定上，应优先考虑自然地理要素的边界串联，如不同的土地利用类型边界、山川河流、村庄的行政区边界、道路划分等。

（二）协同保育区边界识别技术方法

1. 协同保育区识别技术的方法路线

国家公园协同保育区的边界划分，应遵循生态系统完整性、小流域（分水岭）和整体村庄划入三大原则，划出一个合理的跨界协同管理区边界。既考虑生态系统完整性尺度，又要考虑突出其典型性，综合考虑社区村庄、流域特点、地形地貌、植被分布状况等特征，运用卫星遥感和无人机技术，在典型区域开展相应的地面调查，综合协同保育区地势走向、水系分布、植被覆盖度、土地利用、坡度和坡向等因子，对协同保育区的空间范围做出基本划分，并依据植被生长状况划分协同保育区的核心区域和缓冲区域（图7-2）。

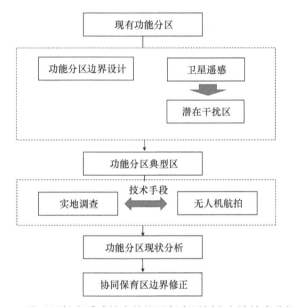

图7-2　基于近低空遥感技术的协同保育区划分方法技术路线图

2. 协同保育区边界划分的方法步骤

（1）生态系统的快速评估

在边界识别分析中要合理利用遥感技术，因为通过遥感获取大范围数据资料和信息的手段多，信息量大。遥感用航摄飞机的飞行高度为10km左右，陆地卫星的卫星轨道高度达910km左右，从而可及时获取大范围的信息。根据不同的任务，遥感技术可选用不同波段和遥感仪器来获取信息。例如，可采用可见光探测物体，也可采用紫外线、红外线和微波探测物体。利用不同波段对物体的穿透性不同，还可以获取地物内部信息。例如，地面深层、水的下层、冰层下的水体、沙漠下面的地物特性等，微波波段具备全天候工作的能力。

选择国家公园具有代表性的典型区域是利用近低空遥感技术进行生态系统快速评估与评价的前提。由于无人机航拍区域一般较小，选择合适的研究区尤为重要。按照处于功能分区边界和存在较大干扰两个原则，同时排除河流和道路等明显的干扰因子，在国家公园范围内筛选出典型区，并对其进行植被、地形、人为干扰等因子的实地考察，配合无人机航拍对重点地区进行判别。

（2）协同保育区边界识别步骤

国家公园协同保育区边界识别分析主要包括以下 8 个步骤，即高程分析，坡度分析，坡向分析，集水流域分析，夏季、冬季植被长势分析，土地利用分析，近低空航摄分析，叠加分析，最终确定管控分区界线（图 7-3）。

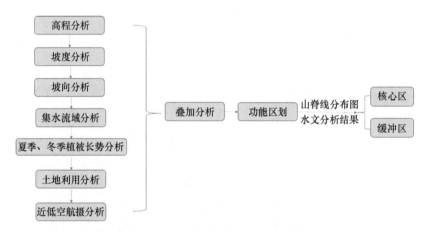

图 7-3　国家公园跨界协同管控分区（协同保育区）划分步骤流程图

1）高程分析：利用 30m 分辨率的 DEM 数据生成间隔 25m 的等高线，再利用 DEM 和等高线数据生成不规则三角网（TIN）——数字高程由连续的三角面组成，三角面的形状和大小取决于不规则分布的测点的密度和位置，既能够避免地形平坦时的数据冗余，又能够按地形特征点表示数字高程特征。TIN 常用来拟合连续分布现象的覆盖表面。

2）坡度分析：利用 30m 分辨率的 DEM 数据，在 ArcGIS 中进行坡度分析，将研究区域的坡度情况分为<2°、2°~6°（不包含）、6°~15°（不包含）、15°~25°（不包含）、≥25° 5 个等级。

3）坡向分析：利用 30m 分辨率的 DEM 数据，在 ArcGIS 中进行坡向分析，可得到研究区域的坡向情况，分为平坦、北、东北、东、东南、南、西南、西、西北 9 种情况。

4）集水流域分析：利用 DEM 数据进行水文分析，可以知道水流怎样流经某一地区，以及这个地区地貌的改变会以什么样的方式影响水流的流动。基于 DEM

的地表水文分析的主要内容是利用水文分析工具提取地表水流径流模型的水流方向、汇流累积量、水流长度、河流网络（包括河流网络的分级等）以及对研究区的流域进行分割等。通过对这些基本水文因子的提取和基本水文分析，可以在DEM 表面再现水流的流动过程，最终完成水文分析过程。基于水文分析得到的集水流域面，不同的颜色表示不同的集水区域。

5）夏季、冬季植被长势分析：将冬季遥感影像和夏季进行比对，分析研究区域常绿阔叶林和落叶阔叶林的分布等。

6）土地利用分析：利用 30m 分辨率的 Landsat 8 数据在 ENVI 软件中进行监督分类，生成研究区域的土地利用现状图。

7）近低空航摄分析：在部分重点区域，使用近低空航摄结合现场实测的方式对区域进行考察。根据不同的分区类型，为保证拍摄照片清晰度，航拍照片的高度定为离地面 200m，并保持此高度进行平行拍摄 20 张，对原始照片矫正后叠合成一张高清影像图。在所选区域内选择 8~10 个定位点，测量其经纬度和海拔，导入 ArcGIS 后与 Google Earth 精确配准。

8）叠加分析：确定协同保育区内管控分区界线，根据管控区和毗邻地区的高程分析图，坡度、坡向分析图，植被覆盖图进行叠加分析，利用得到的叠加图进行协同保育区内部的管控区划分，同时结合山脊线分布图和水文分析结果（包括集水流域和河网），进一步细化为核心区和缓冲区。

四、案例：钱江源国家公园跨界管控分区（协同保育区）划定

（一）现状分析

钱江源国家公园体制试点区位于浙江省衢州市开化县东北部，西与江西省德兴市、婺源县毗邻，北接安徽省休宁县，总面积为 252km²，包括古田山国家级自然保护区、钱江源国家森林公园、钱江源省级风景名胜区等 3 个保护地以及连接以上自然保护地之间的生态区域。设立目标主要是保护钱江源区生态服务功能和全球中亚热带地区低海拔常绿阔叶林自然生态系统。钱江源国家公园体制试点区面临管理体制机制改革、试点区集体林地占比过大、探索跨省级行政区开展试点的主要难题，试点工作充满机遇与挑战。

（二）生态系统的快速评估

1. 考虑生态系统完整性尺度

既考虑保护完整低海拔中亚热带常绿阔叶林生态系统和钱江源区生态安全，又考虑突出其典型性（表现为试点区存在典型的多头管理、人为分割的碎片化问

题），综合考虑社区村庄、流域特点、地形地貌、植被分布状况等特征，利用卫星遥感与无人机航测、植被群落等调查方法，开展生态系统的快速评估。为了评估毗连地区内与钱江源国家公园生态一致性最高的区域，我们利用中国科学院资源环境科学与数据中心和地理空间数据云网站公开免费的 Landsat 8 和 DEM 遥感卫星数据，对钱江源国家公园及其毗连地区的生态系统进行快速评估。

2. 功能区典型区域边界修正

航拍前针对拟拍摄的航拍影像区域进行控制点量测，以保证每幅影像中的控制点数至少为 6 个且分布均匀，控制点高程误差小于 2mm。在后期图像处理中，采用 ERDAS2013 中的 Leica Photogrammetry Suite（LPS）模块对数据进行空三加密处理，依次对航拍影像进行相对定向与绝对定向，通过影像与影像之间的同名点匹配，结合实地采集的控制点对影像进行正射纠正。纠正后的坐标与控制点坐标（WGS84）相同；由随机选择的同名点组成的散点插值生成研究区数字高程模型（DEM），最终得到覆盖研究区 1∶200 的正射影像图。正射影像具有绝对坐标，采用地理信息中的空间分析功能，可以得到研究区任意多边形的面积（图 7-4）。

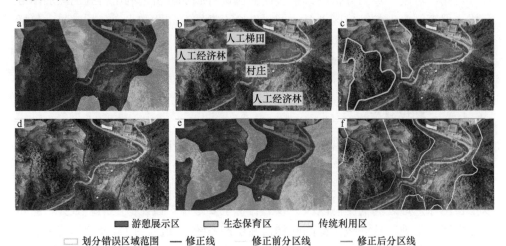

图 7-4　近低空遥感与无人机技术在钱江源国家公园协同保育区划分中的应用

a. 功能分区设计图；b. 航拍影像图；c. 划分错误区域分析图；
d. 功能分区边界修正线；e. 功能分区调整结果图；f. 修正区域分布图

（三）协同保育区边界识别与结果

1. 高程分析

利用 30m 分辨率的 DEM 数据生成不规则三角网（TIN）。该区域高程为 11～

1242m，将其分为 5 类，赋予分值，高程值越高，人类活动越少，生态完整性越好，所以高程越高，赋予的分值越高（表 7-1）。

表 7-1　高程赋分表

高程	(11~250m]	(250~500m]	(500~750m]	(750~1000m]	(1000~1242m]
赋分	1 分	2 分	3 分	4 分	5 分

2. 坡度和坡向分析

利用 30m 分辨率的 DEM 数据，在 ArcGIS 软件中进行坡度和坡向分析。

坡向赋分：阳坡因为光照条件好，植被生长状况相对较好，所以得分高，而阴坡的得分较低（表 7-2）。

表 7-2　坡向赋分表

坡向	(0°~45°]	(45°~90°]	(90°~135°]	(135°~180°]	(180°~225°]	(225°~270°]	(270°~315°]	(315°~360°]
赋分	8 分	6 分	4 分	2 分	1 分	3 分	5 分	7 分

坡度赋分：坡度较大（越陡峭），人为破坏较少，生态完整性越好，所以坡度越小的地方赋予的分值较高（表 7-3）。

表 7-3　坡度赋分表

坡度	(0°~17°]	(17°~35°]	(35°~53°]	(53°~71°]	(71°~90°]
赋分	1 分	2 分	3 分	4 分	5 分

3. 植被指数分析

在 ENVI 软件中使用 Landsat 8 遥感影像进行植被指数分析，生成 NDVI（归一化植被指数）图。

NDVI 值较低的地方，表示植被生长状况较差，而 NDVI 值较高的地方，表示植被生长状况较好（表 7-4）。

表 7-4　NDVI 标准值赋分表

NDVI 标准值	(0~0.2]	(0.2~0.4]	(0.4~0.6]	(0.6~0.8]	(0.8~1]
赋分	1 分	2 分	3 分	4 分	5 分

4. 叠加分析

将以上因子对应的权重进行叠加分析发现，叠加值越高，生态环境的综合情况越好。整个区域值域为 1.23~4.62，钱江源国家公园内的叠加值≥3，于是选取了毗连区内叠加值≥3 的区域作为初步划定的跨界协同保护范围。

　　为了进一步确定初步划定的跨界协同保护范围的准确性，在钱江源国家公园和初步划定的跨界协同保护范围进行了实地调研，确定毗连区的植被与生物多样性特征，并通过植被与生物多样性调查和近低空无人机航拍数据对跨界协同保护范围进行修订，得到最终的跨界协同保护范围（图7-5）。对划定结果进行计算，跨界协同保护范围总面积为 $159km^2$，包括安徽省休宁县、江西省婺源县、江西省德兴市、浙江省开化县 4 个县市（表7-5）。

　　协同保育区重点区包含严格保护流域的水系、动植物资源及其赋存的生态环境，为了维持低亚热带常绿阔叶林自然生态系统的原生性，严禁一切干扰，不得开展旅游和生产经营活动。

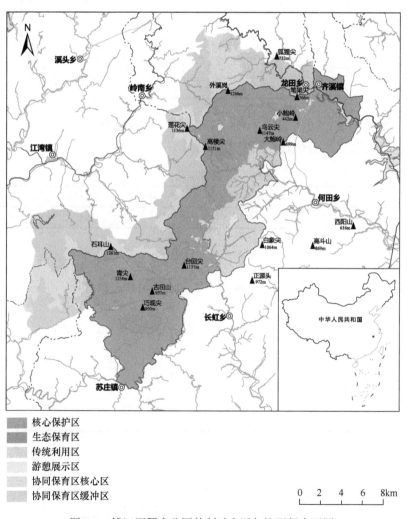

图 7-5　钱江源国家公园体制试点区与协同保育区图

表 7-5　钱江源国家公园协同保育区分区面积　　（单位：km²）

省份	协同保育区重点区	协同保育区外围区	合计
浙江开化县	2	2	4
安徽休宁县	15	39	54
江西婺源县	15	60	75
江西德兴市	13	13	26
合计	45	114	159

协同保育区外围区应保育资源、进行生态环境恢复，加强对保护区的原生生境和已经遭到不同程度破坏且需要自然恢复的区域的控制及管理，对于重点保护植物资源视情况开展迁地保护，以恢复和扩大其种群数量。

第三节　国家公园二级管控分区划分的技术方法

在国家公园一级管控分区的基础上，再进行国家公园不同保护级别的分区，这是国家公园的二级管控分区。一级管控分区是从禁止人为活动与限制人为活动的角度对国家公园进行划分的，二级管控分区是进一步根据国家公园内不同区域承载的保护级别进行分区。

一、国家公园二级管控分区的基本思路

针对研究区的生态环境现状，利用遥感与地理信息系统（geographic information system，GIS）技术，结合研究区土地利用变化情况，通过生态系统服务和权衡的综合评估模型（integrated valuation of ecosystem services and trade-offs，InVEST 模型）对该区域主要的生态系统服务（土壤保持、水源供给、生境质量）进行量化与可视化，并探讨生态系统服务间的相互关系（偏相关分析）；再利用自组织特征映射（self-organizing feature mapping，SOFM）神经网络模型对研究区进行分区研究（利用 ArcGIS、Matlab 等软件，基于 SOFM 神经网络模型，将土壤保持服务功能，水源涵养服务功能，生境质量，土壤保持与生境质量的偏相关性，土壤保持与水源涵养的偏相关性，水源涵养与生境质量的偏相关性 6 种影响因素的栅格图层的地理坐标统一化，提取 6 个栅格图层的属性点数据，利用 Matlab 软件基于属性点数据，构建 SOFM 神经网络模型，设置训练次数为 1000 次，对属性点进行欧氏距离分析，划分属性点等级，得到聚类结果）。国家公园二级管控分区的基本思路见图 7-6。

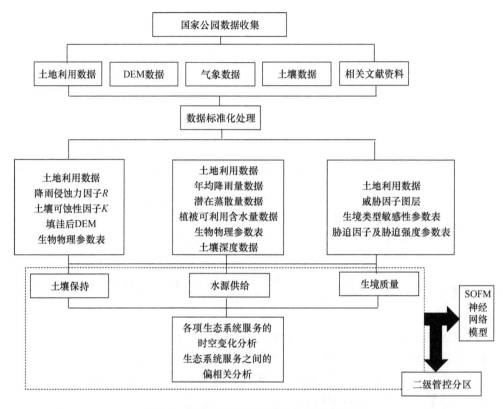

图 7-6　国家公园二级管控分区的基本思路

二、基于生态系统服务功能评估的二级管控分区技术方法

（一）InVEST 模型的概念

InVEST 模型是美国斯坦福大学、大自然保护协会（TNC）与世界自然基金会（WWF）联合开发的，能快速对各项生态系统服务功能定量化和空间化（孙兴齐，2017）。该模型是一个免费的开源软件，可以量化各种生态系统服务，如土壤保护、水资源保护和水净化等（Sharp，2015），该模型可以可视化评估结果，使得评估结果更加形象直观（张萌，2015）。InVEST 模型与其他模型相比，不仅具有情景预测功能，还能清晰显现各生态系统服务功能之间的相关关系。另外，模型注重分析能够给人类带来惠益的服务，有很强的空间表达功能，且表达形式多以地图为主（马良等，2015）。该模型有多个子模块，提供了包括淡水生态系统评估、海洋生态系统评估和陆地生态系统的多种生态系统服务功能评估，每个模块又分别包含了具体的评估项目。InVEST 模型的子模块众多，但尤为集中对水源供给和土壤保持功能的评估（陈妍等，2016）。它适用于中小尺度或国家尺度甚至

全球尺度的生态系统服务评估（谢余初，2015）。

（二）基于 InVEST 模型与 SOFM 神经网络模型的二级管控技术方法

1. SDR 模块

（1）土壤保持原理

InVEST 模型的土壤保持功能采用通用土壤侵蚀方程式，分别计算实际土壤侵蚀量和潜在土壤侵蚀量，得出 2 个结果图层，然后用潜在土壤侵蚀图层减去实际土壤侵蚀图层得到结果（谢余初，2015）。潜在土壤侵蚀量是指生态系统在没有任何植被覆盖和土壤保持措施下的土壤侵蚀量。当 P 因子和 C 因子赋值为 1 时，通用土壤流失方程为

$$\text{RKLS}=R \times K \times \text{LS} \tag{7-1}$$

实际土壤侵蚀量包括土壤保持措施因子（P 因子）和植被覆盖管理因子（C 因子），通用土壤流失方程为

$$\text{USLE}=R \times K \times \text{LS} \times P \times C \tag{7-2}$$

由公式（7-1）和公式（7-2）可以计算出土壤保持量，即潜在土壤侵蚀量减去实际土壤侵蚀量。

（2）模块相关数据处理

1）降雨侵蚀力（R）。R 是体现降雨强度、降雨量分布特征的综合因子。利用月尺度公式来计算降雨侵蚀力因子，即

$$R = \sum_{1}^{12}\left(1.735 \times 10^{\left[1.5 \times \lg\left(\frac{P_i^2}{P}\right) - 0.8188\right]}\right) \tag{7-3}$$

式中，P 为年平均降水量；P_i 为月平均降水量；计算出来的 R 值需要乘以 17.02，转换成国际单位 MJ·mm/（mm^2·hm^2）（孙兴齐，2017）。通过对气象站点的月降水数据和年降水数据进行克里金插值得到了降水量的栅格图层，然后利用 ArcGIS 的栅格计算器工具得到降雨侵蚀力。

2）土壤可蚀性因子（K）。土壤可蚀性反映土壤对降水、流水的冲洗和搬运的难易程度（孙兴齐，2017）。土壤的机械组成、土壤的有机质含量等是影响土壤可蚀性的主要因素，利用 Williams 和 Arnold（1997）的 EPIC 模型（土壤侵蚀-生产力评价模型），具体算法为

$$K_{\text{EPIC}} = \left\{0.2 + 0.3 \times \text{EXP}\left[-0.0256 \times \text{SAN}\left(1 - \frac{\text{SIL}}{100}\right)\right]\right\}\left(\frac{\text{SIL}}{\text{CLA} + \text{SIL}}\right)^{0.3}$$
$$\times \left[1 - 0.25 \times \frac{C}{C + \text{EXP}(3.72 - 2.95 \times C)}\right] \times \left[1 - 0.7 \times \frac{\text{SN}}{\text{SN} + \text{EXP}(22.9 \times \text{SN} - 5.51)}\right] \tag{7-4}$$

$$SN=1-SAN/100 \tag{7-5}$$

$$K=(-0.013\ 83+0.515\ 75\times K_{EPIC})\times 0.131\ 7 \tag{7-6}$$

式中，SAN、CLA、SIL 分别表示砂粒、黏粒和粉粒所占的比例（%）；C 表示有机碳的百分含量；SN 表示剔除砂粒含量的土壤有机含量；K_{EPIC} 表示 EPIC 模型中的 K 值作为衡量土壤抗侵蚀性的指标（孙兴齐，2017）。

3）坡度坡长因子（LS）。地形因子反映了地形地貌对土壤侵蚀的影响，坡度、坡长是影响地形要素的主要因子，因此要模拟土壤侵蚀，必须要计算坡度坡长因子。首先对 DEM 数据进行填洼，然后 InVEST 模型会根据 DEM 数据自动提取 LS 因子（孙兴齐，2017）。

4）生物物理量参数表。所有相关变量对土壤侵蚀的综合作用反映了植被覆盖和工程措施因子对水土流失的影响。植被覆盖和管理因子反映的是地面植被覆盖情况对土壤侵蚀的影响，其值介于 0 和 1 之间，越接近 1 说明植被覆盖越好；采取措施的土壤流失量和没有采取措施的土壤流失量的比值即土壤保持措施因子，其值介于 0 和 1 之间，越接近 1 说明没有采取土壤保持措施。根据研究区的土地利用类型等，参考国内外相关研究（孙兴齐，2017）以及 InVEST 模型自带的参数表，得到该区的生物物理量参数表。

5）其他数据。主要参考 InVEST 模型自带文件的参数来进行设置。

2. 产水量（Water Yield）模块

（1）水源涵养原理

InVEST 模型中的产水量模块的水量平衡估算方法以栅格单元为基础，降水量减去蒸散量即为产水量（谢余初，2015）。气象要素、土壤、地形、土地利用方式等会影响栅格单元上的降雨量和蒸散量（Zhang *et al.*，2012）。

模型的主要实现过程如下。

$$Y_x = \left(1-\frac{AET_x}{P_x}\right)\times P_x \tag{7-7}$$

式中，Y_x 为栅格单元 x 的年产水量（mm）；AET_x 表示栅格单元 x 的实际蒸散量；P_x 为栅格单元 x 的年均降水量（mm）。

$$\frac{AET_x}{P_x}=1+\frac{PET_x}{P_x}-\left(1+\frac{PET_x}{P_x}^W\right)^{\frac{1}{W}} \tag{7-8}$$

$$PET_x = Kc_x \times ET_{0x} \tag{7-9}$$

$$W_x = \frac{AWC_x \times Z}{P_x}+1.25 \tag{7-10}$$

$$AWC_x = \min(\text{Max Soil Depth}_x, \text{Root Depth}_x)\times PAWC_x \tag{7-11}$$

式中，PET_x 为栅格单元 x 的潜在蒸散量；Kc_x 为参考作物蒸散系数；ET_{0x} 为参考作物蒸散量（mm/d）；AWC_x 为植被有效利用含水量（mm）；W_x 为自然气候-土壤性质的非物理参数；Z 为 Zhang 系数；Max Soil Depth 为最大土壤深度（mm）；RootDepth 为根系深度（mm）；$PAWC_x$ 为植被可利用含水量。

基于栅格尺度，利用 ArcGIS、Matlab 等软件对水源涵养服务进行变化趋势的分析，可以看出研究区的产水能力趋势。

（2）模块相关数据处理

1）年降水量。整合研究区气象站点的基础数据，利用 ArcGIS 软件进行克里金插值得到年降水量数据。

2）潜在蒸散量。潜在蒸散量是指在土壤保持足够湿润的条件下，矮秆绿色植物完全遮蔽平坦均匀的自然表面时水体能够保持充分供给时的蒸散量（刘钰和Pere，1997；安顺清和邢久星，1983）。在 InVEST 模型中，估算潜在蒸散量的方法主要有彭曼-蒙特斯（Penman-Monteith）法、哈格里夫斯（Hargreaves）法、桑思韦特（Thornthwaite）法、修正的哈格里夫斯（Modified-Hargreaves）法等（张恒玮，2016）。对于数据较难获取的地区，一般采用 Modified-Hargreaves 公式，其计算方法为

$$ET_0 = 0.0013 \times 0.408 \times RA \times \left(T_{avg} + 17\right) \times (TD - 0.0123P)^{0.76} \quad (7\text{-}12)$$

式中，ET_0 为潜在蒸散量（mm/d）；RA 为太阳大气顶层辐射[MJ/（m²·d）]，该数据用气象站点太阳总辐射的一半来表示；T_{avg} 是日最高温均值和日最低温均值的平均值（℃）；TD 表示最高温均值和最低温均值的差值（℃）；P 为月均降水量（mm）。月降水量数据由研究区周边气象站点的数据经过克里金插值得到（孙兴齐，2017）。

3）植被可利用含水量。田间持水量（field moisture capacity，FMC）和永久萎蔫系数（wilting coefficient，WC）的差值即为植被可利用含水率（plant available water content，PAWC）（谢余初，2015），由土壤机械组成和植被根系深度决定，与土壤质地和土壤类型有关，代表了土壤蓄水能力和强弱（周文佐等，2003）。根据周文佐的算法进行计算，具体计算方法为

$$PAWC = 54.509 - 0.132sand - 0.003(sand)^2 - 0.055(silt)^2 - 0.738clay + \\ 0.007(clay)^2 - 2.688OM + 0.501(OM)^2 \quad (7\text{-}13)$$

式中，sand 表示土壤砂粒含量（%）；silt 表示土壤粉粒含量（%）；clay 为土壤黏粒含量（%）；OM 为土壤有机质含量（%）。

4）土壤深度数据。土壤深度数据通过对土壤空间属性数据空间栅格化获得。

5）生物物理量参数表。根系深度和蒸散系数通过模型文档提供的参考数据并参照联合国粮食及农业组织（FAO）出版的《作物腾发量-作物需水量计算指南》

来进行设置。

6）Zhang 系数。Zhang 系数的值为 1～10，表示地区降水量特征，参考潘韬等（2013）的相关研究成果。

3. 生境质量（Habitat Quality）模块

（1）生境质量原理

InVEST 模型生境质量模块以栅格作为基本评价单元，基于土地利用数据，以生境质量和生境稀缺性为指标，评估生境及生境退化状态（谢余初，2015）。本模块主要包括稀缺性分析、生境退化分析和生境质量分析 3 个部分。该模型认为人类活动越频繁会造成生境质量越差，而生境质量越好的区域，生物多样性越高（王宏杰，2016）。模型通过对区域生境质量的评价来反映区域的生物多样性。

（2）模块相关数据处理

生境质量模块需要以下数据：土地利用现状数据、威胁因子图层、对威胁因子影响距离表、威胁可达性矢量图层、土地利用类型对各威胁因子的敏感度。

生境质量评价模块所需数据如下：土地利用现状数据，来源于中国科学院资源环境科学与数据中心（王建邦等，2019），将土地利用类型合并为草地、林地、建筑用地、湿地、耕地、裸地 6 类；威胁因子图层，结合前人研究，该地的建筑用地、裸地等是主要的威胁因子，利用 ArcGIS 10.6 软件对上述威胁因子进行栅格数据二值化处理，得到威胁因子图层（王宏杰，2016）；对威胁因子影响距离表，在模型中，计算各威胁因子对不同土地利用类型的影响主要依据空间距离（孙兴齐，2017）。模型主要提供了线性（linear）和指数衰退（exponential）两种计算方法，计算公式为

$$i_{rxy} = 1 - \left(\frac{d_{xy}}{d_{r\max}}\right) \text{if linear, or} \tag{7-14}$$

$$i_{rxy} = \exp\left(-\left(\frac{2.99}{d_{r\max}}\right)d_{xy}\right) \text{if exponential} \tag{7-15}$$

式中，i_{rxy} 表示威胁因子 r 的影响程度；$d_{r\max}$ 表示威胁因子 r 的最大影响距离（m）；d_{xy} 表示栅格 x、y 之间的距离（m）。

将研究区的土壤保持量、产水量与生境质量 3 种生态系统服务超过当年各自平均值的地区，视为该服务的热点区（刘金龙，2013）。利用 ArcGIS 软件叠加土壤保持、水源涵养、生境质量的热点区得到该地区生态系统服务的综合热点区，识别分析生态系统服务热点区的空间分布规律（张恒玮，2016）。

4. 偏相关系数

关注不同土地利用类型的生态系统服务及其相互关系的变化，按照土地利用

类型对 3 种生态系统服务进行统计分析，得到每种土地利用类型对应的 3 种服务的均值，再通过 Z 分数标准化进行去量纲处理。

为了更好地研究不同生态系统服务的时空变化，更加形象地显示不同生态系统服务间在空间上的相互关系，采用 Matlab 的逐像元偏相关的时空统计制图方法（王鹏涛等，2017）。

引起生态系统服务发生变化的因素复杂多样，不仅包括气候要素、土地利用方式的变化，还包括其他生态系统服务的影响。因此，固定某一个生态系统服务不变，研究其他两个生态系统服务间的相互关系，这种统计方法称为偏相关分析（Li *et al.*，2017）。

计算公式如下（徐建华，2002）。

首先，计算相关系数

$$r_{12(ij)} = \frac{\sum_1^n \left(ESI_{n(ij)} - \overline{ESI}_{n(ij)} \right)\left(ES2_{n(ij)} - \overline{ES2}_{n(ij)} \right)}{\sqrt{\sum_1^n \left(ESI_{n(ij)} - \overline{ESI}_{ij} \right)^2 \sum_1^n \left(ES2_{n(ij)} - \overline{ES2}_{ij} \right)^2}} \qquad (7\text{-}16)$$

然后，计算偏相关系数

$$r_{12\cdot3(ij)} = r_{12(ij)} - \frac{r_{13(ij)} r_{23(ij)}}{\sqrt{\left(1 - r_{13(ij)}^{\;2}\right)\left(1 - r_{23(ij)}^{\;2}\right)}} \qquad (7\text{-}17)$$

式中，ES1 与 ES2 分别代表某两种生态系统服务类型；r 为 ES1 与 ES2 的相关系数；i、j 分别代表栅格像元的行号和列号；n 为栅格数据的时间序列（吴柏秋，2019）。$r_{12(ij)}$ 代表在 n 年份时，其他生态系统服务发生变化时，ES1 与 ES2 在像元 ij 上的相关系数。同理，可求得 $r_{13(ij)}$、$r_{23(ij)}$、$r_{14(ij)}$、$r_{24(ij)}$ 与 $r_{34(ij)}$；$r_{12\cdot3(ij)}$ 代表在其他生态系统服务保持不变时，ES1 与 ES2 在像元 ij 上的偏相关系数（王鹏涛等，2017），类比求得 $r_{13\cdot2(ij)}$ 与 $r_{23\cdot1(ij)}$。若 $r_{12\cdot3(ij)}$、$r_{13\cdot2(ij)}$、$r_{23\cdot1(ij)}$ 均 >0，表明生态系统服务间为协同关系；若 $r_{12\cdot3(ij)}$、$r_{13\cdot2(ij)}$、$r_{23\cdot1(ij)}$ 均 <0，表明生态系统服务间为权衡关系；若 $r_{12\cdot3(ij)}$、$r_{13\cdot2(ij)}$、$r_{23\cdot1(ij)} = 0$，表明生态系统服务间无相关关系，$r_{12\cdot3(ij)}$、$r_{13\cdot2(ij)}$、$r_{23\cdot1(ij)}$ 值越大，表示生态系统服务间的相关性越强。

基于像元尺度，对研究区生态系统服务间的相互关系进行空间制图。它们之间的相互关系主要分为权衡、协同和相互关系不明显 3 种，所谓权衡关系是指某些生态系统服务的增加是因为其他生态系统服务的减小；协同关系是指两种或多种生态系统服务同时增加（潘翔，2018）；相互关系不明显是指某种生态系统服务的变化不会对其他生态系统服务产生明显影响。

利用 ArcGIS 软件对相关数据进行处理，将土壤保持、水源涵养、生境质量服务进行分辨率和坐标系的统一，再利用 Matlab 软件对生态系统服务之间的权衡与协同关系进行分析。

5. SOFM 神经网络模型

SOFM 神经网络由接收样本的输入层和对样本进行分类的竞争层两层组成。竞争层的神经元互相连接，以二维形式排列成节点矩阵，每个输出神经元连接至所有输入神经元，分类问题模式的维数即为输入层节点数，输出层节点数要基于具体问题具体设定（程毛林，2006）。

毛祺等（2019）以鄂尔多斯市为例，基于生态系统服务与生态敏感性构建区域生态功能分区指标体系，耦合自组织特征映射（SOFM）网络与支持向量机（SVM）划定鄂尔多斯市生态功能分区。通过 SOFM 网络基于栅格进行指标聚类，构建分类效果指数，筛选最佳聚类方案，将区域分为 7 种不同的生态功能类型。

基于 Matlab 软件构建 SOFM 神经网络模型，将土壤保持、生境质量、水源涵养等生态系统服务之间的权衡与协同关系的图层构建矩阵，输入 SOFM 网络模型中，运行模型，将研究区划分区域，再将其与现有的规划结果叠加。利用 ArcGIS 软件，将 3 种生态系统服务的均值与表示它们之间偏相关关系的图层进行地理坐标统一化，并且统一栅格图层的分辨率，再将栅格数据转点，将得到的属性点数据导入 Matlab 软件中，构建 SOFM 神经网络，对属性点数据进行欧氏距离分析，将属性点数据作为输入层神经元，在 SOFM 网络中进行训练，设置训练次数，将输入层数据划分成类别。最后将得到的结果在 ArcGIS 软件中进行插值处理，再将插值结果进行重分类，得到最后的二级管控分区结果，即核心管控区、弹性管控区、缓冲管控区、实验管控区和外围管控区 5 种类型。

（三）二级分区的管控要求

1. 核心管控区

核心管控区是国家公园生境质量最好、保存区域典型生态系统最为完好的区域，也是开展自然资源资产和生物多样性集中保护的重要区域。

管控要求：对草原、河湖、湿地、林地、灌丛、荒漠、核心物种栖息地等自然资源资产实施最严格保护，严禁任何破坏性的人为活动，在不破坏区域典型生态系统的前提下，可进行观察和监测，不能采用任何实验处理的方法，避免对自然生态系统产生破坏。禁止新建与生态保护无关的所有人工设施，除必要巡护道路，不规划新建道路。

2. 弹性管控区

弹性管控区为核心区以外的自然生态系统保育区域，其地形、土地利用方式等条件与核心区相似，生境质量相对较高，生态系统功能相对较好。

管控要求：弹性管控区主要是针对区域内核心保护的野生动物物种而设置的

管控区，其功能如下。

1）为野生动物提供栖息环境，防止和减少人类、灾害性因子等外界干扰因素对核心区造成破坏。

2）在导致生态系统逆行演替的前提下，可进行实验性或生产性的科学研究工作。

3）涉及季节性迁徙的野生动物在迁出的季节，可进行低环境影响的生产经营性活动，大大缓解了土地利用与保护的矛盾。

4）该管控区在野生动物迁入时段按核心管控区管理，在其他时段按缓冲管控区管理。

5）禁止新建与生态保护无关的所有人工设施，除必要巡护道路，不规划新建道路。

3. 缓冲管控区

缓冲管控区各项生态系统服务相对较好，可以缓冲外界环境对核心管控区和弹性管控区的作用，保护核心管控区和弹性管控区的自然资源与生态环境条件，同时，因为与核心管控区和弹性管控区地理位置相对相近，可以为科考活动等提供有利条件。

管控要求如下。

1）加强野生动物监测，实行野生动物保护和补偿制度；严禁人类活动对野生动物造成影响。

2）不得修建人工设施，除必要巡护道路，不规划新建道路，合理建设动物通道，及时恢复生态。

3）可以适度开展科学考察、生态体验和环境教育活动。限定生态体验线路和区域，控制访客规模。

4. 实验管控区

实验管控区内生态环境良好，生态结构较为完善，人类活动对自然生态环境的影响不是特别严重，该区域可以为开展生态旅游、生态教育等提供有利条件。

管控要求：本区的功能是在国家公园管理机构的统一管理下，进行科学实验和监测活动，恢复本已退化的生态系统，开展科研、生产和生态旅游活动。

1）针对自然资源资产制定地文、水域、生物、天象与气候等景观的专项保护计划，尽可能减少对自然生态系统的干扰行为。

2）针对文化资产制定文化景观专项保护计划，对文化遗产等不可移动文物遵循不改变文物原状和最小干预原则，全面保存、延续文物的真实历史信息和价值。

3）对非物质文化遗产进行创新性利用，避免非物质文化遗产过度商业化。

4）制定防火、避雷、防洪、防震、防蛀、防盗等针对性保护措施，并根据需要制定针对性应急预案。

5）经批准，适度利用自然与文化资产开展生态旅游活动。

6）生活垃圾无害化处理率达标。

7）严格控制访客流量，访客按规划路线、指定区域开展相关活动。

8）特许开办农家乐及文化和餐饮娱乐服务等设施。

5. 外围管控区

外围管控区的人类活动异常明显，大部分区域耕地或居民点较为集聚，区域内人工建筑较多，保护价值不高，区域生态系统结构较为破碎，生态恢复能力很低。

本区重点从国家公园管理服务与社区管理角度出发提出管控要求，详见如下。

1）合理利用建设用地，建设国家公园综合管理服务相关的设施。

2）现有耕地面积不增加或有所减少。

3）建立空天地一体化监测体系、生态环境数据服务平台、城镇共享信息基础设施工程、云计算和大数据中心、基础数据资源建设工程、可视化管理与智能应用工程、协同办公综合平台等智能化、精细化管理平台。

4）社区允许开办国家公园特许经营范围的所有项目，生活垃圾无害化处理率达 50%。

5）社区完善通信、电力、水利及环保相关设施，完善防火、防洪减灾、饮用水水源地保护设施；完善基层医疗、教育文体等设施设备。

三、案例：三江源自然保护区二级管控分区的应用

（一）三江源生态系统服务功能评估

1. 土壤保持功能

InVEST 模型土壤保持模块经过运行相关数据，得到了三江源地区 2000 年、2005 年、2010 年、2015 年的土壤保持情况。

总体来看，2000～2015 年，三江源的土壤保持功能呈下降趋势，土壤保持多年平均量为 1.92×10^9 t，且多年来以 0.82t/（hm²·a）速率递减。

2000～2005 年，班玛县、达日县、玉树县、杂多县、称多县、囊谦县的土壤保持功能下降，其中囊谦县的占比下降最多，为 32.97%。2005～2010 年，班玛县、甘德县、达日县、久治县、玉树县、囊谦县的土壤保持功能下降，其他县域的土壤保持功能呈上升趋势。2010～2015 年，泽库县、河南县、同德县、兴海县、玛沁县、玛多县、杂多县、称多县、治多县、曲麻莱县、格尔木市的土壤保持功能

下降，其他几个县的土壤保持功能呈上升趋势。整体来看，班玛县、达日县、玉树县、杂多县、称多县、囊谦县的土壤保持与其他地区呈现此消彼长的发展态势，而且南部地区的囊谦县、玉树县、杂多县变化幅度最大，说明三江源南部地区土壤保持能力的稳定性差，生态环境脆弱易变，容易影响三江源的整体环境情况（表7-6）。

表7-6　不同时期各县（市）土壤保持量占土壤保持总量的比例　　（%）

地区	2000 年	2005 年	2010 年	2015 年
泽库县	1.276	1.300	1.993	1.421
河南县	1.192	1.616	1.672	1.538
同德县	1.288	1.710	2.265	2.014
兴海县	3.567	4.619	6.221	4.644
玛沁县	5.323	7.337	7.565	7.466
班玛县	4.785	4.686	3.176	7.175
甘德县	2.224	2.930	2.306	3.082
达日县	4.573	4.085	3.262	5.014
久治县	4.483	6.311	3.865	7.355
玛多县	1.657	1.880	2.924	2.208
玉树县	15.623	11.726	11.119	11.938
杂多县	12.181	10.160	10.879	9.469
称多县	5.239	4.540	4.882	4.709
治多县	10.236	13.791	14.488	10.031
囊谦县	18.546	12.432	9.941	12.877
曲麻莱县	3.424	6.110	6.649	4.477
格尔木市	4.383	4.765	6.796	4.581

2. 土壤保持功能的空间变化特征

2000～2015年，三江源的土壤保持服务功能在空间上较为稳定。三江源的土壤保持服务呈现东南高、西北低的分布态势。2000～2015年，整个研究区的土壤保持量有增有减（图7-7）。

3. 不同土地利用类型的土壤保持功能分析

建筑用地和林地的土壤保持功能较强，耕地和草地次之，裸地和湿地较弱。经过分类统计，三江源地区的平均土壤保持能力从高到低依次为建筑用地、林地、耕地、草地、裸地、湿地。建筑用地和林地的土壤保持能力远超其他土地利用类型。人为的工程加固措施和较高的植被覆盖率增强了土壤的水土保持能力（表7-7）。

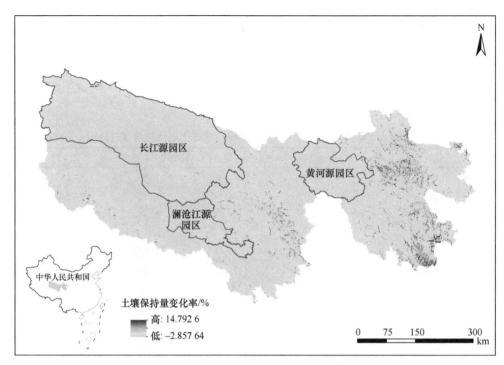

图 7-7　2000～2015 年三江源土壤保持功能变化趋势图

表 7-7　不同时期各土地利用类型平均土壤保持量　（单位：t/km²）

土地利用类型	2000 年	2005 年	2010 年	2015 年
草地	622 111.027	839 916.376	627 228.114	516 356.763
建筑用地	3 664 591.338	3 099 913.431	2 476 381.807	1 586 496.833
林地	1 953 226.621	2 813 353.793	1 825 334.502	1 873 273.745
耕地	1 059 244.802	1 032 313.684	740 372.444	624 866.714
湿地	174 263.672	310 604.747	289 143.614	171 204.143
裸地	319 450.365	465 542.708	390 589.319	255 319.741

　　经统计分析，研究区 2000 年、2005 年、2010 年、2015 年的平均产水量分别为 259.63mm、378.94mm、328.11mm、292.11mm，区域总产水量分别为 89.75×10⁶mm、130.94×10⁶mm、113.32×10⁶mm、100.84×10⁶mm。

　　治多县和格尔木市的水源涵养量占水源涵养总量的比例较大，杂多县次之，同德县最小。从时间变化来看，2000～2005 年，班玛县、达日县、玉树县、杂多县、治多县、囊谦县、格尔木市的水源涵养量占比下降；2005～2010 年，泽库县、玛多县、治多县、曲麻莱县、格尔木市的水源涵养量占比呈上升趋势，其中曲麻莱县水源涵养量占比上升最大，其他县的水源涵养量占比呈下降趋势；2010～

2015 年，玛多县、称多县、治多县、曲麻莱县、格尔木市的水源涵养量占比呈下降趋势，其他县的水源涵养量占比呈现上升趋势。总体来看，曲麻莱县、杂多县和囊谦县的总体变化幅度较大，说明三江源地区的水源涵养总量的变化主要与这几个县有关（表 7-8）。

表 7-8　不同时期各县（市）水源涵养量占水源涵养总量的比例　　　（%）

地区	2000 年	2005 年	2010 年	2015 年
泽库县	1.50	1.88	1.98	2.02
河南县	1.75	2.21	2.01	2.16
同德县	0.94	1.43	1.37	1.59
兴海县	2.10	3.37	3.22	3.34
玛沁县	3.59	4.82	3.92	4.62
班玛县	3.04	2.67	1.93	2.73
甘德县	2.36	2.91	2.11	2.73
达日县	5.84	5.49	4.44	5.70
久治县	3.33	3.86	2.59	3.66
玛多县	5.80	6.82	7.38	6.78
玉树县	6.27	5.04	4.64	5.03
杂多县	12.10	9.72	9.58	9.66
称多县	4.31	4.44	4.39	4.37
治多县	21.79	20.80	22.97	20.71
囊谦县	6.06	4.42	3.77	4.34
曲麻莱县	6.70	8.46	10.99	8.32
格尔木市	12.53	11.65	12.71	12.22

4. 水源涵养功能的空间变化特征

基于栅格尺度，利用 ArcGIS、Matlab 等软件对 2000～2015 年的水源涵养服务进行变化趋势分析，可以看出三江源地区的产水能力呈现从北到南递减的趋势（图 7-8）。降水量大、蒸散发量小是导致这一变化趋势的主要原因。

5. 不同土地利用类型的水源供给功能分析

通过对不同年份不同土地利用类型的水源供给功能进行分类统计，三江源地区的自然半自然植被的平均产水量从高到低依次是林地＞湿地＞耕地＞草地，林地、湿地、耕地、草地的平均产水量均呈现先增加后减少的趋势（表 7-9）。

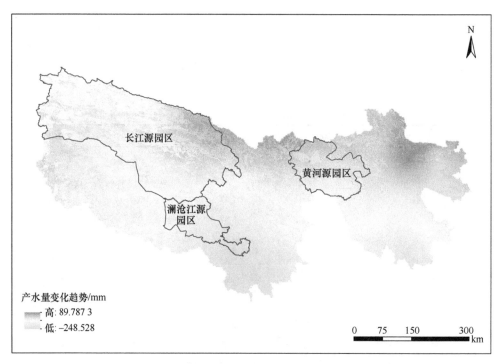

图 7-8 2000～2015 年三江源水源涵养服务功能变化趋势图

表 7-9 不同年份各土地利用类型的平均产水量 （单位：mm）

土地利用类型	2000 年	2005 年	2010 年	2015 年
草地	236.41	354.29	296.74	282.99
林地	360.96	543.33	387.28	367.65
耕地	241.01	415.87	341.88	323.05
湿地	315.65	417.60	399.32	293.25

　　三江源地区产水量最大的地类是草地，占比高达 68.21%，其次为裸地，产水量占比高达 22.28%，再次为湿地和林地，占比约为 5%，耕地和建筑用地的产水量最小。由此可见，对三江源地区的水源涵养贡献最大的是草地、湿地和林地，维护草地、森林、湿地等自然生态系统的稳定与健康，对三江源地区的生态环境建设与社会经济发展意义重大（表 7-10）。

　　经统计分析得到三江源地区 2000 年的平均生境质量指数是 0.6481，2005 年的平均生境质量指数为 0.6485，2010 年的平均生境质量指数是 0.6423，2015 年的平均生境质量指数是 0.6424。三江源的生境质量总体上呈现先增加后减小又增加的趋势，可知近些年来，三江源地区的生态环境不断恶化。2000～2015 年，整个研究区域的不同地区生境质量指数呈现有增有减的变化趋势（表 7-11）。

表 7-10　不同年份不同土地利用类型的水源涵养量占水源涵养总量的比例　（%）

土地利用类型	2000 年	2005 年	2010 年	2015 年
草地	64.20	65.74	63.67	68.21
建筑用地	0.02	0.02	0.02	0.03
林地	5.07	5.22	4.30	4.59
耕地	0.20	0.25	0.24	0.25
湿地	5.43	4.97	5.51	4.64
裸地	25.08	23.79	26.26	22.28

表 7-11　不同时期各县（市）生境质量指数分布情况

地区	2000 年	2005 年	2010 年	2015 年
泽库县	0.640 828	0.641 950	0.634 867	0.634 867
河南县	0.636 578	0.636 638	0.627 452	0.627 452
同德县	0.692 649	0.694 402	0.689 549	0.689 259
兴海县	0.651 446	0.651 458	0.646 009	0.646 136
玛沁县	0.657 759	0.657 809	0.650 955	0.650 864
班玛县	0.660 821	0.661 110	0.649 377	0.649 542
甘德县	0.633 383	0.633 476	0.623 487	0.623 430
达日县	0.616 715	0.616 743	0.611 575	0.611 478
久治县	0.625 548	0.625 654	0.614 648	0.614 721
玛多县	0.648 132	0.648 320	0.645 431	0.645 594
玉树县	0.633 935	0.634 000	0.625 240	0.625 081
杂多县	0.619 161	0.619 186	0.617 411	0.617 386
称多县	0.624 190	0.624 237	0.619 567	0.619 497
治多县	0.662 465	0.662 733	0.662 501	0.663 307
囊谦县	0.685 899	0.685 787	0.673 074	0.673 049
曲麻莱县	0.651 515	0.653 123	0.652 596	0.652 598
格尔木市	0.677 804	0.678 224	0.675 951	0.676 557

6. 生境质量指数的空间变化特征

2000~2015 年，三江源多数区域的生境质量指数处于较好水平，区域均值为 0.6 左右。基于栅格尺度对三江源地区的生境质量指数变化进行分析，可以看出，三江源生境质量指数的总体变化不大（图 7-9）。

7. 不同土地利用类型的生境质量指数分析

对不同土地利用类型进行平均生境质量指数分析比较，通过 ArcGIS 的区域统计功能统计出了三江源地区的平均生境质量指数。经过分类统计，三江源地区的耕地生境质量指数＞湿地生境质量指数＞林地生境质量指数＞裸地生境质量指数＞草地生境质量指数＞建筑用地生境质量指数（表 7-12）。

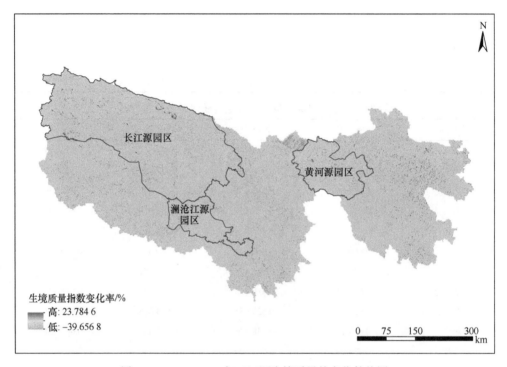

图 7-9　2000～2015 年三江源生境质量的变化趋势图

表 7-12　不同年份各土地利用类型的生境质量指数

土地利用类型	2000 年	2005 年	2010 年	2015 年
草地	0.599 260	0.599 249	0.600 008	0.600 008
建筑用地	0.294 780	0.294 787	0.290 657	0.290 377
林地	0.844 002	0.843 963	0.838 816	0.838 799
耕地	0.997 960	0.998 033	0.995 602	0.995 625
湿地	0.985 974	0.985 944	0.983 388	0.983 631
裸地	0.699 999	0.700 000	0.699 103	0.699 116

8. 生态系统服务功能热点区识别

综合来看，三江源地区的土壤保持高值区、水源涵养高值区、生境质量高值区 3 个生态系统服务的高值区重合的比例很低，三项服务的高值区互相重叠的栅格数占栅格总数的比例从 2000 年的 2% 增加为 2005 年的 3%，2010 年相较 2005 年未发生变化，2015 年下降为 2%，总体来说变化不大；某两项服务的高值区互相重叠的比例从 2000 年的 15%下降为 2005 年的 14%，再增加为 2010 年的 15%，但是 2015 年下降为 13%，总体呈下降趋势；只有一项服务的高值区从 2000 年的 14%增加为 2005 年的 16%又下降为 2010 年的 15%，2015 年又增加到 17%，总体呈增加趋势。非生态系统服务高值区从 2000 年的 69%下降到 2005 年的 67%，又增加为 2010 年的 68%，2015 年比例未发生变化，仍为 68%，但总体呈下降趋势（图 7-10）。

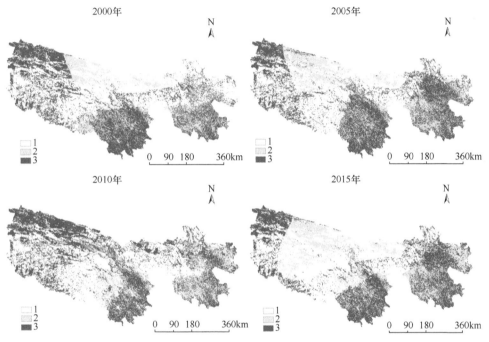

图 7-10 2000～2015 年三江源生态系统服务综合热点区分布图

9. 生态系统服务间权衡与协同关系的定量分析

三江源地区的各项生态系统服务具有明显的空间差异性。本研究采用 Matlab 软件的逐像元偏相关的时空统计制图方法。

生境质量与土壤保持量之间的相互关系，在空间上为权衡关系的像元个数占比为 66%，在空间上为协同关系的像元个数占比为 29%。三江源地区西北部的长江源园区、南部澜沧江园区两种服务的相互关系以协同为主，东部黄河源园区两种服务的相互关系以权衡为主。土壤保持服务固定不变，可以求生境质量和产水量的偏相关关系（图 7-11）。

生境质量与产水量之间的相互关系，在空间上为协同关系的像元个数占比为 81%，在空间上为权衡关系的像元个数占比仅为 13%。三江源地区东北部、西北部和澜沧江园区西北部的生境质量与水源涵养的权衡关系尤其显著（图 7-12）。

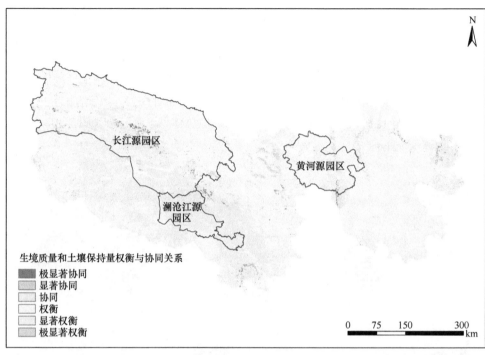

图 7-11　2000～2015 年三江源地区生境质量和土壤保持量权衡与协同关系的空间格局

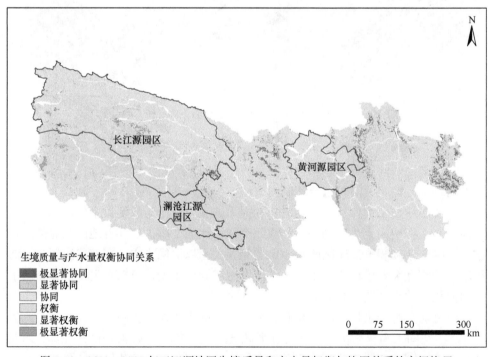

图 7-12　2000～2015 年三江源地区生境质量和产水量权衡与协同关系的空间格局

1）在长江源园区，土壤保持量与生境质量以协同关系为主、生境质量与产水量以协同关系为主、土壤保持量与产水量以权衡关系为主。

2）在澜沧江园区，土壤保持量与生境质量以协同关系为主、生境质量与产水量以协同关系为主、土壤保持量与产水量以权衡关系为主。

3）在黄河源园区，土壤保持量与生境质量以权衡关系为主、生境质量与产水量以协同关系为主、土壤保持量与产水量以协同关系为主（图7-13）。

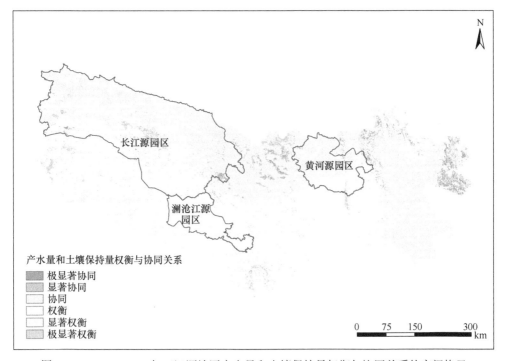

图7-13　2000～2015年三江源地区产水量和土壤保持量权衡与协同关系的空间格局

综合来说，生境质量与土壤保持量间相互权衡，生境质量与产水量以协同关系为主，但是耕地的生境质量与产水量之间呈权衡关系的占比却接近68%；产水量与土壤保持量之间以协同关系为主，但是草地的这两个服务之间呈权衡关系的占比却达57%。综上，不同的土地利用类型中，林地、湿地、建筑用地、裸地呈现土壤保持量和生境质量在空间上相互权衡，产水量与生境质量、产水量与土壤保持量在空间上相互协同的分布格局；仅耕地表现为生境质量和产水量的权衡关系，草地表现为产水量与土壤保持量的权衡关系。

（二）基于SOFM的三江源自然保护区的二级管控分区

本研究将三江源区域分为核心管控区、弹性管控区、缓冲管控区、实验管控区和外围管控区5种类型（图7-14）。

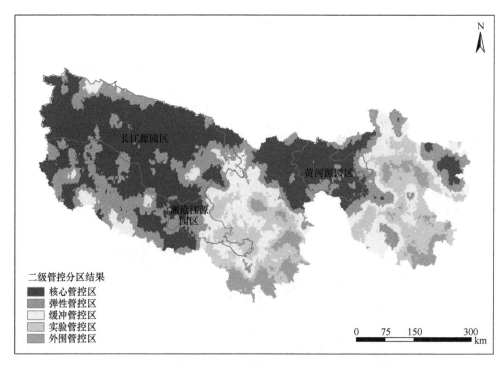

图 7-14   基于 SOFM 的三江源自然保护区的二级管控分区

根据原有的《三江源国家公园总体规划》，三江源的功能分区采用的是传统的"核心区—缓冲区—实验区"的三区模式，虽然该模式直观、简洁，但是过于机械、刻板，难以适应保护区未来的发展，会对保护区的未来发展产生不利影响。

新的分区方法将保护区划分成 5 个等级，在新的分区方案中核心管控区面积占比为 38.09%，比原核心管控区面积增加 169.1%；新增弹性管控区面积占比为 24.11%；缓冲管控区面积占比为 16.63%，比原缓冲管控区面积减少 14.63%；实验管控区面积占比为 15.36%，比原实验管控区面积减少 36.02%；新增外围管控区面积占比为 5.81%。各个二级管控分区的面积对照表见表 7-13。

表 7-13   面积对照表

二级管控分区	面积/km²	
	新功能分区	原有功能分区
核心管控区	134 009.585	49 799.400
弹性管控区	84 828.149	
缓冲管控区	58 492.086	68 518.911
实验管控区	54 057.049	84 492.009
外围管控区	20 437.530	

第四节　国家公园综合管控技术集成

以国家公园自然与文化资产保护为出发点，以综合管控体系和技术为重点，适应多类型保护地国家公园建设新趋势，针对目前存在的生态保护与管理中的问题，开展多种类型自然保护地的综合管控技术研究。通过《国家公园综合管控技术规范》的编制能够推动生态保护地的管控分区技术与管控技术标准方面实现突破，为建立国家公园生态保护和管控技术、标准、规范体系和国家公园规模化建设与管理提供技术支撑，满足国家公园实现综合管控的基本需求。

国家公园的综合管控，其综合性体现在：①管控对象的综合性，即包括对自然资源、文化资源和人为活动的管控；②管控技术的综合性，即包括运用管控分区技术、生态监测技术、灾害风险管理技术、社区管理技术、自然资源资产管理技术、文化资产管理技术、访客管理技术等，对管控对象实施有效控制与引导；③管控需求的综合性，即自然资源要求通过管控技术实现生态保护与维护生物多样性的目标，文化资源要求通过管控技术实现遗产保护、非物质文化遗产传承的目标，人为活动要求通过管控技术实现游客低环境影响的活动与社区可持续发展的目标。

一、综合管控技术概念

管控的基本解释为"管理控制"，是在既有的框架下对特定资源和行为所进行的约束与组织，管控具有既定的目标，并且需要一定的权力作为实施管控行为的保障。从管控的基本解释可以看出，"管"为定性的方法措施，"控"为定量的指标和技术。

因此，国家公园的管控是综合了定性和定量的方法、技术和指标，对国家公园管理过程进行定性和定量的管理控制。

综合管控技术是指在国家公园及协同保育区范围内，综合利用管控分区技术、生态监测技术、灾害风险管理技术、社区管理技术、自然与文化资产管理技术、访客管理技术与协同联动等定量和定性的管理手段及控制方法，形成国家公园管理在过程控制、风险主动防范、社会经济和生态功能协同提升方面的技术集成与规范要求。

二、国家公园综合管控技术规范的研究思路

2019 年 6 月，中共中央办公厅、国务院办公厅印发的《关于建立以国家公园为主体的自然保护地体系的指导意见》（简称《指导意见》）中提出"制定自然保护地政策、制度和标准规范"。《指导意见》也将对各类标准的制定起到引领

和指导作用，因此本研究将在梳理《指导意见》的基础上，开展国家公园综合管控技术集成的研究。

明确研究目标为国家公园综合管控技术集成与规范要求。结合《指导意见》中提出的建立统一调查监测体系；探索公益治理、社区治理、共同治理等保护方式；自然保护地勘界立标；国家公园和自然保护区实行分区管控；分区分类开展受损自然生态系统修复；建立健全特许经营制度；加强评估考核等具体要求，进一步梳理国家公园已有相关规范标准内容，在以上基础上完成国家公园综合管控技术集成，并编制国家公园综合管控技术规范（图 7-15）。

三、国家公园综合管控技术集成

（一）管控分区技术

国家公园及毗连地区的管控分区着眼于自然生态环境的改善和自然资源与文化资源的合理利用，通过对区域进行分区，为区域生态系统服务和生态环境保护提供相应的保障。然而在当前我国国家公园立法缺位的背景下，公园管理中存在多头管理、权属界线不明确等问题，采取何种分区标准、如何进行具体分区，是国家公园确定管控制度体系与功能提升的重要环节。

在我国自然保护地现行的"核心区+一般控制区"二元分区法的前提下，引入跨界保护治理相关理论，采用近低空遥感监测与无人机航摄进行典型生态系统快速评估以及高程分析，坡度分析，坡向分析，集水流域分析，夏季、冬季植被长势分析，土地利用分析，叠加分析划定国家公园的协同保育区，从保护生态系统完整性角度，将国家公园毗连地区也纳入国家公园管理，形成"核心区+一般控制区+协同保育区"的三元一级管控分区模式。同时，为进一步细化管控对象和管控目标，利用生态系统服务功能评估与 SOFM 神经网络模型方法，细化国家公园内的管控分区，形成核心管控区、弹性管控区、缓冲管控区、实验管控区和外围管控区 5 种类型的二级管控分区。

（二）生态监测技术

生态监测技术在促进国家公园科学规划与管理中发挥着重要作用。然而，我国的国家公园试点由各类型自然保护地整合设立，其监测面临不同类型之间的整合，存在缺乏统一的监测指标体系、有效的监测数据管理、健全的监测实施机制等问题（叶菁等，2020）。

我国国家公园生态监测体系以重要保护对象与关键生态系统服务识别为基础，以管理目标与关键生态过程匹配为核心，以遥感监测和地面调查相结合为监测手段，构建既统一又因地制宜的监测指标体系，建立自上而下的监测实施和

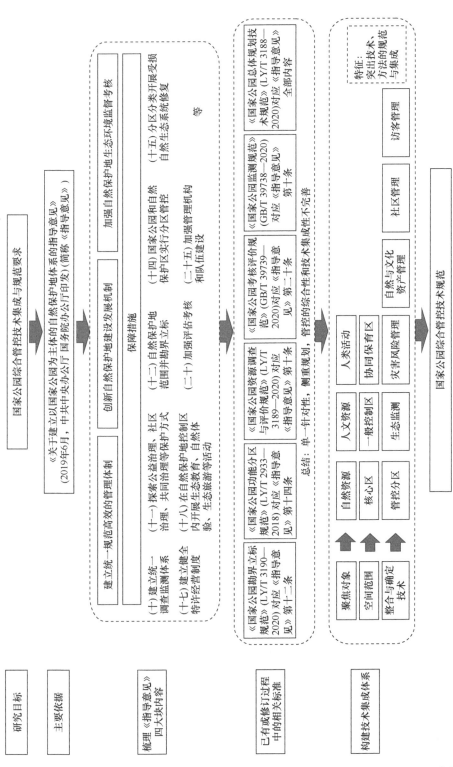

图 7-15　国家公园综合管控技术规范的研究思路

数据管理机制。生态监测体系包括监测目标确定、监测对象识别、监测指标构建、监测技术选择和监测数据管理。

（三）灾害风险管理技术

为实现国家公园生态保护与全民公益的管理目标，国家公园必须在管理中识别和管控影响生态保护与生态系统的胁迫因子，应对气候变化、人为胁迫和自然灾害，保障生物多样性与生态系统健康，服务于国家公园访客。为此，国家公园需要开展灾害风险管理，对威胁国家公园物种、栖息地、生态系统以及进入其中的各类人群，维持国家公园运行的建筑、道路与其他基础设施的灾害风险进行全面管控，形成有效的管理体制、运行机制和综合管控措施。

国家公园灾害风险管理主要包括3个技术层面：①基于灾害生命周期理论开展国家公园灾害风险管理；②基于国家公园管理目标开展综合灾害风险管理；③依据科学理论和方法执行国家公园综合灾害风险管控。

（四）自然与文化资产管理技术

自然资源资产和文化资产是国家公园管控的主要对象，与当地社区发展与访客体验活动有着紧密的联系。保护国家公园自然与文化资产是维持国家公园可持续发展和资源合理高效利用的重要目标。国家公园自然与文化资产管理技术主要包括以下4点内容。

1）建立国家公园自然资源资产普查数据库、非物质文化遗产保护四级名录体系以及继续认定和保护非物质文化遗产代表性传承人、建设文化生态保护区，实现对其保护。特别是针对非物质文化遗产进行档案化、数字化管理。

2）对于潜在的自然资源资产和未认定的非物质文化遗产，在继续加强发掘与认定的基础上，需要在依法保护的前提下，加强资源的活化利用，开展合理游憩活动，重视生态文化景观保护及其价值挖掘。

3）强化法律保障基础上的激励机制、多学科协作的科技支撑机制、政府投入为主的多元融资机制、自然与文化资产功能拓展的动态保护机制、"五位一体"的多方参与机制，促进自然与文化资产可持续发展。

（五）社区管理技术

国家公园内及周边社区居民自然资源依赖性强，且社区普遍经济欠发达。因此，中国国家公园的保护模式和管理策略需要围绕业已形成的土地利用格局、生产方式和资源利用，面向国家公园管理需求，将社区土地利用管理、社区生计发展与社区参与纳入国家公园社区的综合管控中。

社区管理的内容主要包括：一是社区土地管理，即对国家公园内不同权属土地进行统一管理；二是社区发展管理，即通过识别社区居民利益诉求，构建各利益相关方的"协商空间"；三是社区参与保护，即通过深入挖掘传统生态知识在促进生态系统保护、灾害应对、游客行为引导等方面的作用，赋予社区在国家公园中的主体地位，推动社区在国家公园综合管控中的积极作用。

（六）访客管理技术

国家公园一般都是自然生态系统良好的区域，文化遗迹资源也较为丰富，能够为人类提供最原始、最自然且不可复制的独特自然文化遗产，但这类区域的生态环境极其脆弱，环境承载量也较为有限，必须以保护为主。同时，国家公园作为"公园"，应保持其大众性的公共服务功能，为人们提供公共休闲、游览、交往、文化活动等享受自然的空间。过量的访客活动对国家公园的自然资源和文化遗迹造成不可修复的景观破坏，部分地区可能给大气环境、水体环境、植物、动物、土壤、本地文化习俗、社会文化环境带来深刻的影响，甚至一些影响很难在短时间内得以修复，有的影响甚至是永久性的。

国家公园访客管理技术包括以下3点内容。

1）接待容量核定与调控：最大承载量的核定原则、核定方法、核定步骤符合《景区最大承载量核定导则》（LB/T 034—2014）的规定。接待容量调控也符合《景区最大承载量核定导则》（LB/T 034—2014）的规定。

2）建立预约制度：充分运用信息技术，全面实行实名预约、分时售票等制度。核定的承载量等信息向公众公开。

3）优化访客管理内容：发布并提供访客行为指南，对游览方式、游览路线、注意事项等提出相应指导；发布访客管理制度，引导访客进入国家公园时遵循保存文化资源、保护自然资源以及提升游览品质、提高体验价值等相应行为准则。针对生态与环境脆弱性强或文化与历史资源敏感度高的区域，采取有效措施来减少访客活动的负面影响。

第八章　国家公园综合管理平台*

建立国家公园体制是我国生态文明制度建设的重要内容,在国家公园管理中,要求整合现有相关自然保护地管理职能,结合生态环境保护管理体制、自然资源资产管理体制、自然资源监管体制改革,由一个部门统一行使国家公园自然保护地管理职责。因此,相对于现有自然保护地的管理,国家公园的管理更"综合"、管理的对象更广。国家公园管理平台是开展国家公园管理工作的重要技术支撑手段之一,其设计与研发理应随着管理方式的改变,在现有自然保护地管理平台的基础上朝更加综合化的平台进行升级和拓展,使得原本归属于相关自然保护地的管理功能能够在国家公园管理平台中统一呈现。

第一节　国内外发展现状

一、国外发展现状

20 世纪后半叶,随着计算机理论突破、技术飞跃与地理信息系统(geographic information system,GIS)技术的不断发展和完善,以及网络地理信息系统(WebGIS)、移动 GIS、三维 GIS 等技术在自然保护区研究与实施的宽度和广度不断拓展,各国相继建立了各种信息管理系统从而开展自然保护区的管理和规划(徐嘉婧,2018)。1972 年,加拿大国家公园管理局最早提出并开始探索将 GIS 技术融入自然保护地管理中,开发出综合应用土地数据收集和分析、规划和利用,以及旅游区资源规划管理和动植物管理监测等多重功能的自然保护区管理系统(Twumasi,2001)。2000 年之后,美国卡库姆国家公园、加利福尼亚州资源局和资源勘测开发局、佛罗里达州、得克萨斯州等分别利用 GIS 和遥感技术研发了相应的国家公园 GIS 系统或湿地 GIS 系统,以便高效管理国家公园以及各类自然保护区,同时实现数据共享(孙承东,2016;Ji,2002;白军红和余国营,2001;Twumasi,2001;Robbins and Phipps,1996)。英国构建了一个自然保护区信息管理平台"English Nature 网站",该平台的开发基于 WebGIS 技术,用户能够方便迅速地搜索并获取保护区的主要空间信息数据(徐嘉婧,2018;Baker,2005)。土耳其基于 ArcView GIS 系统建立了国家自然保护区信息监管系统(TUSAP-GIS),

---

为自然保护区相关信息服务机构提供研究数据和决策依据（徐嘉婧，2018；Lyon and McCartthy，1995）。印度构建了国家自然保护区环境信息分析管理系统（ENVIS），实现了对自然保护区数据的收集、整理、存储和分析等（徐嘉婧，2018；Cox and Madramootoo，1998）。

为了实现对生物多样性资源的科学管理、物种资源可持续利用，各国政府、相关组织建立了种类繁多的生物多样性信息（数据库）系统，为生物多样性保护和利用提供了有力支撑（钟扬等，2000；纪力强，2000；Bisby *et al.*，1993）。其中，国际植物园保护联盟（Botanic Gardens Conservation International，BGCI）成员遍布 100 多个国家的 500 多个植物园，BGCI 建立了全球植物数据库，可查询或研究濒危或灭绝的植物（陈志方，2016）。2001 年建立的全球生物多样性信息网络（Global Biodiversity Information Facility，GBIF）是目前全球最大的生物多样性信息咨询与服务平台，涵盖了原始标本和观测数据、基因库、形态库、空间地理数据，数据资源丰富，可供用户自由访问（黎斌等，2003；陈志方，2016）。2014 年，世界资源研究所发布了全球森林观测（Global Forest Watch，GFW），这是一个动态的在线森林监测和预警系统，旨在帮助世界各地的人们更好地管理森林资源。该系统利用谷歌云技术、海量数据和强大的科技支持，首次综合应用卫星技术、使用开放数据和采用众包的方式，以保证获得即时可靠的森林信息。

二、国内发展现状

从 20 世纪 90 年代开始，我国部分自然保护区开始应用地理信息系统介入管理工作。1994 年，以西双版纳自然保护区为例，中国科学院昆明动物研究所保护生物学中心建立了我国第一个生物多样性保护数据库（徐静婧，2010；欧晓昆等，1997），以及以数据库为核心的管理信息系统，包括数据输入、输出、更新、统计、保密检索、预估与评价、模拟和决策辅助等功能。而随着管理系统的发展，我国广泛开展了自然保护区管理系统研制（董亮，2014），尕海—则岔、小寨子沟、九段沙湿地、石人山、达里诺尔、大青山（关瑞华，2011；杨晓佩，2011；张玉龙，2009；刘杰，2006）等自然保护区都利用 GIS、遥感（RS）、GPS 技术建立了空间数据库和管理信息系统，这些系统不仅具有一般数据管理、空间分析等功能，还可以进行物种多样性分析、效果评价（乌兰，2014）。

进入 21 世纪后，生物多样性信息管理系统应运而生，可将大量的生物数据编目入库，实现数字化管理，为生物多样性保护与研究提供高效的管理方式，提升自然保护区对生物多样性的管护能力和管理水平（陈志方，2016）。基于储存的生物物种本底资料，中国科学院植物研究所建立了中国生物多样性信息系统

（Chinese Biodiversity Information System，CBIS），该系统收集了全国的物种数据并具有传播分享功能（刘雨芳和尤民生，2002）。一些地方政府、野生动植物保护协会、自然保护区等也积极建立地区性生物多样性信息系统。例如，上海市生物多样性信息管理系统、三峡库区珍稀濒危植物信息系统、江苏植物资源信息系统、广东省生物种质资源数据库管理平台、长白山植物资源与质量信息管理系统等（陈志方，2016；张达，2012；郑业鲁等，2005；田兴军等，2002；袁晓凤，2001；赵斌等，2000）。

2009 年以来，国务院及相关行业部门就自然保护区数字化建设、监测体系、信息共享、信息化建设方面相继出台了《关于印发国家级自然保护区规范化建设和管理导则（试行）的函》（环函〔2009〕195 号）、《国务院办公厅关于做好自然保护区管理有关工作的通知》（国办发〔2010〕63 号）、《国家林业局关于进一步加强林业系统自然保护区管理工作的通知》（林护发〔2011〕187 号）等规定。2011 年，吉林长白山、四川九寨沟、湖北神农架、福建武夷山、内蒙古大青山 5 个国家级自然保护区成为全国自然保护区建设工作试点单位，并从 2012 年起正式推进数字化监测与管护平台建设，视频监控、移动终端采集、无线传输、射频识别技术（RFID）、物联网、航空巡护、卫星遥感先进技术被广泛应用于各自然保护区数字化和信息化建设工作中，相比传统的监测管理手段更加便捷和直观，具有低成本、高效率、实时准确等优势，大大提高了数据采集与更新的效率，管理能力得到不断提升（陈玉龙等，2017；邓声文等，2017；陈志方，2016；马琰等，2015；乌兰，2014；戴小廷，2012；王利松等，2010）。

三、几点启示

总体来看，国内外国家公园或自然保护地管理信息系统的发展呈现几个特征：一是由传统的 C/S 模式向 B/S 模式转变，用户通过浏览器就能访问世界各地开放的数据资源；二是管理信息系统的信息共享度、数据内容和结构等都发生了较大的变化，除了单一的文本属性数据，还融入了图片、影像、空间等数据，数据类型逐步多样化，内容也更加丰富；三是系统功能趋向于信息整合并使其相互关联，由数据输入、查询、报表打印等简单功能增加了结构分析、动植物分布监测、生境监测、保护效果评估等功能，提高了数据和信息的管理水平。

然而，现有的自然保护地管理系统中大多只侧重于管理的某一个方面。例如，自然资源监测、野生动物保护或者植物物种保护等，主要与保护地的管理职能有关。随着国家公园体制的建立，国家公园在我国自然保护地体系中处于主体地位，在国家公园管理中需要整合现有相关自然保护地的管理职能，由一个部门统一行使国家公园自然保护地管理职责，现有平台的设计思路或者功能模块均无法完全满足国家公园的综合管理。

基于上述认识，本研究将探索搭建一个国家公园综合管理平台，集成生态、环保、农业、水利、国土等多领域的专题数据集，实现信息整合、数据共建共享，将生态监测管理、气象环境监测、草地资源管理、水文监测管理、野生动物监测等功能集成于统一的管理平台，为开展国家公园生态保护与监管提供技术支撑，为国家公园管理人员实现真正意义的综合管理提供参考。

第二节　国家公园综合管理数据库设计

一、数据库总体设计

为了开展国家公园综合管理，构建国家公园综合管理数据库，实现对生态、环保、农业、水利、国土等多领域专题数据集的综合集成管理是前提与关键所在。

国家公园综合管理数据库是一个综合性的数据库，其管理的数据来源广泛，数据之间没有统一的标准。从数据形式来看，主要包括矢量数据、栅格数据以及表格数据；从专题类型来看，主要包括气象数据、地形数据、植被覆盖度数据、生态系统类型数据、服务功能数据等。因此，为了数据得到高效利用，方便数据库的建立和管理，需要将这些多源异构的数据按照统一标准进行分类、整理与合并。本研究通过空间数据库引擎 ArcSDE 和关系型数据库 SQL Server 开展国家公园综合管理数据库的构建，针对三江源国家公园和神农架国家公园分别建立了两个空间数据库，以及一个统一的系统管理数据库，部分后台数据库表单及数据库表结构如图 8-1 和图 8-2 所示。

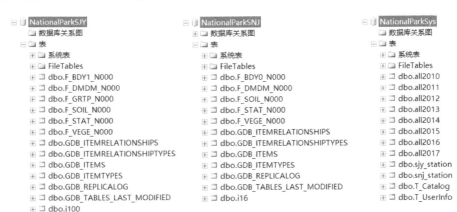

图 8-1　后台数据库表单

图 8-2　主要数据库表结构

二、多源时空数据库构建

本研究集成涉及气象、国土、生态、水文、草地、野生动物等多个方面的数据资源，基于 ArcSDE 结合 SQL Server 完成了多源时空数据库的构建，为实现对国家公园的综合监测与管理提供数据保障，具体数据资源见表 8-1。

表 8-1　国家公园数据资源列表

数据名称		数据格式	比例尺/分辨率	数据时段
基础地理	行政边界	矢量（*.shp）		
	植被类型	矢量（*.shp）	1∶100 万	
	土壤类型	矢量（*.shp）	1∶100 万	2000 年
	DEM	栅格（*.tif）	90m	2010 年
	生态系统类型	栅格（*.tif）	1km	2015 年
植被监测	植被覆盖度	栅格（*.tif）	250m	2000～2020 年
	净初级生产力	栅格（*.tif）	500m	2000～2020 年
生态系统服务	水源涵养量	栅格（*.tif）	250m	2000～2020 年
	土壤保持量	栅格（*.tif）	250m	2000～2020 年
	防风固沙量	栅格（*.tif）	250m	2000～2020 年
气象监测	气温	栅格（*.tif）	1km	2000～2020 年
	降水	栅格（*.tif）	1km	2000～2020 年
	风速	栅格（*.tif）	1km	2000～2020 年
草地监测	草地类型	矢量（*.shp）	1∶100 万	1996 年
	产草量	栅格（*.tif）	1km	2000～2015 年
	草地盖度			2015 年
	草地高度	表格（*.xls）		2015 年
	总鲜重			2015 年
水文监测	径流量			2000～2015 年
	泥沙含量	表格（*.xls）		2000～2015 年
	输沙量			2000～2015 年
水质监测	叶绿素 a			2017 年
	总氮	表格（*.xls）		2017 年
	硝态氮			2017 年
野生动物监测	物种数量	表格（*.xls）		2017 年
	监测点位			2017 年

第三节　国家公园数据管理与分析子系统研发

一、系统架构设计

为了有效管理和利用上述多源时空数据集，本系统采用 C/S 模式进行设计，基于 Visual Studio.NET、ArcGIS Engine、DevExpress 等开发组件研发了国家公园数据管理与分析子系统，为用户存储、浏览、查询以及分析各类数据资源提供技术支撑。

系统的最底层为数据层，它由 SQL Server 数据库及 ArcSDE 空间数据引擎组成，它们是多源时空数据集的存储载体，各类要素按照数据类型（空间或表格）、数据专题（基础地理、生态服务、气象、水文等）、数据时间（年、月、日等）等分类进行存储和管理。

采用的系统开发组件包括用于数据库访问的 ADO.NET 组件、用于空间数据操作和分析的 ArcGIS Engine 和 IDL 组件、用于界面个性化定制的 DevExpress 组件等。通过各类组件功能的集成和定制，实现数据管理（表格、矢量或栅格等数据的导入和导出）、空间数据 GIS 操作（地图放大、地图缩小、地图漫游等）、数据检索与浏览（条件查询、地图查询等）、时空统计与分析（算术统计、分区统计、趋势分析等）以及专题制图等功能的研发。最后以较为友好的用户操作界面呈现给各类用户使用（图 8-3）。

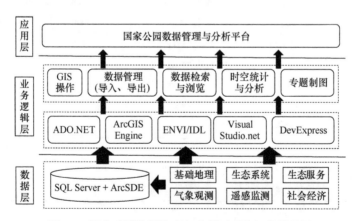

图 8-3　国家公园数据管理与分析子系统架构设计图

二、系统运行环境

目前我国的办公系统主要采用 Windows 操作系统，为了保障系统稳定运行，本项目主要以 Windows 操作系统为参考，结合研发过程中用到的相关开发组件，列出了系统运行的硬件和软件环境，具体见表 8-2～表 8-4。

表 8-2　国家公园数据管理与分析子系统硬件环境

名称	详细信息
主机	Intel（R）Core（TM）i7-4790 CPU 微机或者更高
CPU	主频 3.60GHz 或更高
内存	不少于 8GB，推荐 16GB
硬盘	不少于 500GB
其他	以太网卡、高性能显示系统，推荐 100Mbps 网卡

表 8-3　国家公园数据管理与分析子系统服务器端软件环境

名称	详细信息
操作系统	Windows 7 操作系统
数据库	SQL Server 2014
支持软件	ArcServer 10.3、ArcGIS Desktop 10.3

表 8-4　国家公园数据管理与分析子系统客户端软件环境

名称	详细信息
操作系统	Windows 7 操作系统
支持软件	.Net Framework 4.5、ArcGIS Engine Runtime 10.3

三、系统功能模块

国家公园数据管理与分析子系统由菜单栏、数据浏览窗口、地图显示窗口、表格显示窗口、状态栏 5 个部分组成。系统主要包括地图操作、数据管理、数据检索与浏览、时空统计与分析、专题制图以及系统管理等子模块。

（一）地图操作

地图操作子模块主要实现对数据进行基本的地图操作功能，方便在地图浏览过程中精准查看地图数据内容，具体功能如下。

1）新建：新建地图文档。

2）打开：打开地图文档，添加 MXD 等由 ArcMap 生成的专题图文档。

3）保存：将当前系统的专题图视图保存成为 MXD 格式的专题图文档。

4）添加数据：添加数据可以将当前系统的图层文件加入地图显示窗口。

5）指针：单击"指针"子菜单项时，地图窗口恢复到指针选择状态。

6）放大：系统自动地将整个地图视图的内容放大到用户所画范围。

7）缩小：系统自动地将整个地图视图的内容缩小到用户所画范围。

8）平移：系统自动地根据拖动的轨迹显示地图图层范围。

9）全景：系统自动全图显示。

10）中心放大：实现地图文档进行固定比例的放大。

11）中心缩小：实现地图文档进行固定比例的缩小。

12）前一视图：系统显示前一视图。

13）后一视图：系统显示后一视图。

（二）数据管理

数据管理子模块主要负责实现将国家公园的监测数据导入数据库管理系统中，或者将已有的监测数据导出至本地等功能，具体包括矢量数据的导入/导出、栅格的导入/导出，以及空间数据查询等。数据导入可以实现系统信息的更新，保证系统数据的实效性。同时，在数据导入过程中，系统提供编程管理，即根据选择导入的数据类型，系统自动提供新增数据的文件命名方式，方便数据的统一、标准化管理。

1）矢量导入：将 Shapefile 格式数据导入数据库中。在导入矢量数据的对话框中，通过选择要导入的数据分类和导入数据的路径，系统会将该路径下所有符合要求的数据选出，在选出的数据中勾选要导入的空间数据，单击确定数据就可以导入指定的空间数据库中（图 8-4）。

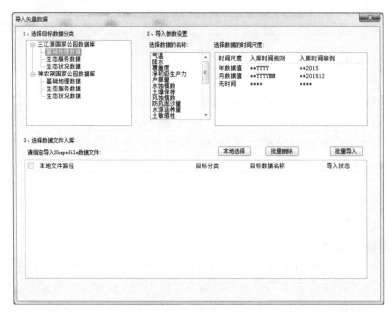

图 8-4　国家公园数据管理与分析子系统矢量数据导入主界面

2）矢量导出：将矢量数据格式导出到本地。在导出矢量数据的对话框中，通过选择要导出的空间数据，系统会将该数据分类下所有符合要求的数据选出，在选出的数据中勾选要导出的空间数据，并选择导出数据的路径，单击确定数据就可以导出到指定的路径下（图 8-5）。

图 8-5　国家公园数据管理与分析子系统矢量数据导出主界面

3）栅格导入：将 TIFF、GRID 格式数据导入数据库中。在导入栅格数据的对话框中，通过选择要导入的数据分类和导入数据的路径，系统会将该路径下所有符合要求的数据选出，在选出的数据中勾选要导入的空间数据，单击确定数据就可以导入指定的空间数据库中（图 8-6）。

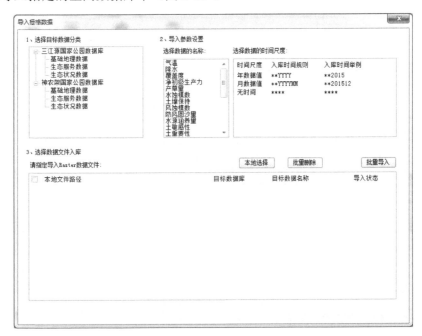

图 8-6　国家公园数据管理与分析子系统栅格数据导入主界面

4）栅格导出：将栅格数据格式导出到本地。在导出栅格数据的对话框中，通过选择要导出的空间数据库，系统会将该数据分类下所有符合要求的数据选出，在选出的数据中勾选要导出的空间数据，并且选择导出数据的路径，单击确定数据就可以导出到指定的路径下（图8-7）。

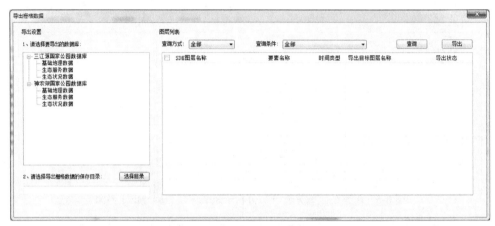

图8-7　国家公园数据管理与分析子系统栅格数据导出主界面

5）空间数据查询：在空间数据查询的对话框中，通过选择所要查询的数据库、查询方式，以及查询条件，即可查询出指定的空间数据（图8-8）。

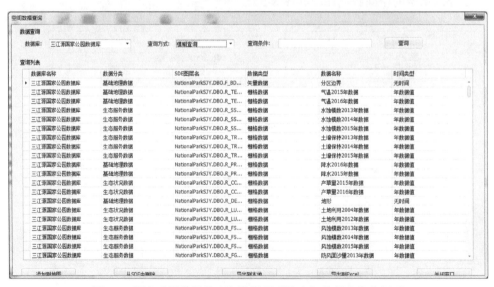

图8-8　国家公园数据管理与分析子系统空间数据查询主界面

（三）数据检索与浏览

数据检索与浏览子模块负责对存储于数据库中的各类数据资源进行检索和浏

览，主要包括地形、气温、降水、土地利用、植被类型、植被覆盖度、生态系统服务等。用户选择对应的数据库和查询条件，就能查询、浏览以及导出相应的数据集（图 8-9，图 8-10）。

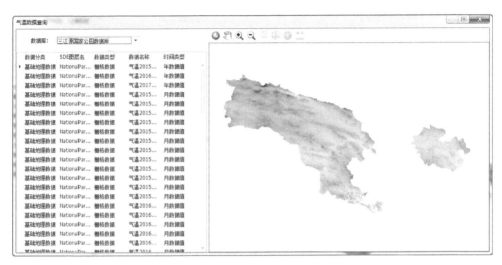

图 8-9　国家公园数据管理与分析子系统气温数据查询、浏览主界面

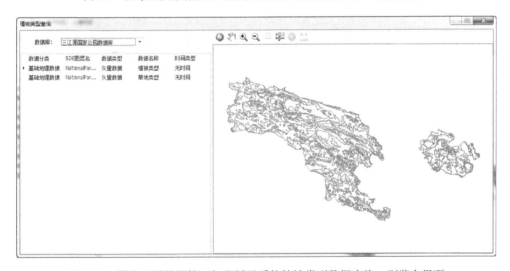

图 8-10　国家公园数据管理与分析子系统植被类型数据查询、浏览主界面

（四）时空统计与分析

根据不同的分区边界，对数据库中各类空间数据进行分区统计，统计要素包括算术平均值、最小值、最大值、变化斜率等，统计结果存入数据库中。用户可以通过统计结果查询功能，选择数据库、数据类型、数据时间等信息，查询统计

结果，相关结果以折线图、柱状图或表格形式进行展示（图8-11，图8-12）。

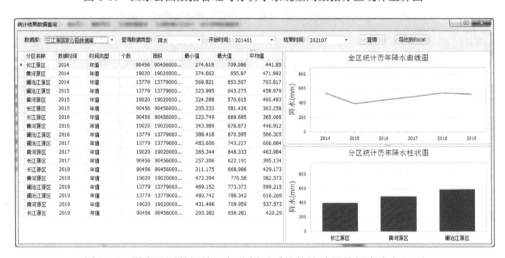

图 8-11　国家公园数据管理与分析子系统空间数据分区统计主界面

图 8-12　国家公园数据管理与分析子系统统计结果数据查询主界面

（五）专题制图

系统根据不同要素的类型（植被、气候、土壤等）设置了不同的制图模板，用户选择需要制图的数据，以及相应的制图模板，即可完成专题图的制作（图8-13）。

（六）系统管理

系统管理子模块主要包括修改密码、用户管理、数据库连接设置、SDE连接设置等功能。

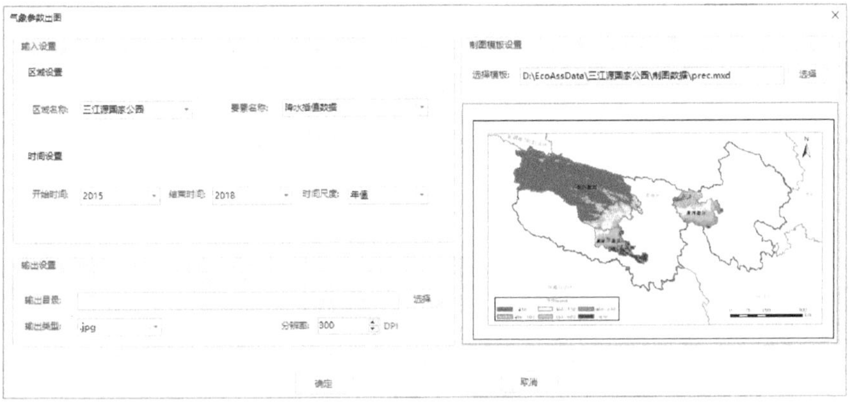

图 8-13　国家公园数据管理与分析子系统专题制图主界面

1）修改密码：修改用户登录的密码。在修改密码的对话框中，输入修改密码和确认密码，即可完成修改登录密码。

2）用户管理：主要包括查询用户、添加用户、修改用户、删除用户等操作（管理员才能操作、高级用户和普通用户不能操作）。

3）数据库连接配置：管理员配置远程 SQL 数据库的连接。

4）SDE 连接配置：管理员配置远程 SDE 空间数据库的连接。

第四节　国家公园综合管理系统研发

一、系统架构设计

国家公园综合管理平台采用面向服务架构（SOA）进行设计，主要由四部分组成：基础设施层、数据资源层、应用支撑层、应用层（图 8-14）。

（一）基础设施层

系统的基础设施层是系统高效、稳定、安全运行的重要保障。根据系统运行的实际需求，系统基础设施包括硬件设施、软件设施和网络设施。

硬件设施包括文件服务器、数据库服务器、GIS 应用服务器、Web 服务器、管理服务器。

1）文件服务器部署具备文件上传、下载、导入和格式转换等功能的文件管理系统，以及多源异构数据。

2）数据库服务器部署数据库管理系统、空间数据库引擎以及数据库数据。

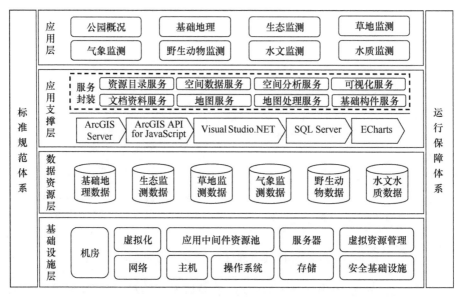

图 8-14　国家公园综合管理系统总体架构

3）GIS 应用服务器用来部署整个平台的基础后台应用组件和服务，执行对 Web 服务的请求，承载并运行空间数据的导入、转换，GIS 数据业务处理地图制图、切片、缓存和发布等服务。

4）Web 服务器用来托管 Web 应用程序，为 ArcGIS Server 10.x 站点提供可选、安全和负载均衡的访问。

5）管理服务器用来部署服务器管理软件，提供云服务器的基础运维，包含数据迁移、环境配置、故障排查、安全运维等类型服务。

软件设施包括操作系统、数据库管理系统、GIS 平台软件、遥感数据处理与数值计算等。这些基础软件为系统提供需要的基础功能。

1）操作系统，采用 Windows Sever 2012 R2 等操作系统，为平台运行提供良好的系统支撑。

2）数据库管理系统，提供海量数据存储、访问功能，采用 Microsoft SQL Server 2014。

3）GIS 软件平台，提供基于位置信息的数据管理、查询、分析与显示功能。采用 ArcGIS Server10.x 与桌面开发平台（包括平台软件、扩展模块、开发平台等）。

网络设施包括路由器、防火墙、智能网络入侵检测网关、交换机、代理服务器、负载均衡器等。网络设施是部署系统局域网以及为增强系统安全所必需的基础设施。

（二）数据资源层

数据资源层主要存储系统所需要的各类数据，是整个平台的基石，包括但不限于以下数据库：基础地理子数据库、生态监测子数据库、草地监测子数据库、气象监测子数据库、水文和水质子数据库、野生动物监测子数据库等。上述数据库数据是各系统的核心数据，将严格做好版本控制、防灾、备份处理。允许各业务系统，在符合数据库设计规范要求的前提下自定义数据库，但资源名称和数据内容上避免和上述数据库产生冲突或冗余。数据库选择 MS SQL Server 2014。

（三）应用支撑层

应用支撑层封装了全部需要在应用服务器上运行的功能模块，包括数据检查、导入、转换、导出、传输功能的文档资料服务，数据检索、查询等空间数据服务，资源目录服务，地图制图、切片、缓存和发布等地图服务，空间分析服务，影像处理等地图处理服务，日志处理、资源管理、专家知识库系统配置等服务，以及可视化服务等各种核心业务服务模块。通过模块、基础构件和业务构件之间的相互组合与调用，可以实现复杂的业务应用逻辑。应用支撑层通过 RESTful Web Service 接口为应用层提供服务。

（四）应用层

应用层是在应用支撑层及其提供的统一数据库和数据访问接口的基础上开发的业务模块（或子系统），能够满足用户层的各项业务需求。应用层包括了所有需要人机交互操作的子系统或业务模块，如国家公园概况子模块、基础地理子模块、生态监测子模块、草地监测子模块、气象监测子模块、水文监测子模块、水质监测子模块。

（五）标准规范体系

在系统开发和运行的过程中，要遵循和制定统一的技术标准及规范，保障平台未来可持续发展。本项目需要制定遵循的规范主要包括存档产品元数据标准规范、本系统运行管理规范。

（六）运行保障体系

为了保障本系统的长期高效运行，需要建立用户、服务节点、运维管理方等多方参与的协作、沟通机制，特别是服务节点与平台运维方的协作体系和管理体系。

二、系统运行环境

目前我国的办公系统主要采用 Windows 操作系统，为了保障系统稳定运行，本项目主要以 Windows 操作系统为参考，结合研发过程中用到的相关开发组件，列出了系统运行的硬件和软件环境，具体见表 8-5～表 8-7。

表 8-5　国家公园综合管理系统硬件环境

名称	详细信息
主机	Intel（R）Core（TM）i7-4790 CPU 微机或者更高
CPU	主频 3.60GHz 或更高
内存	不少于 8GB，推荐 16GB
硬盘	不少于 500GB
其他	以太网卡、高性能显示系统，推荐 100Mbps 网卡

表 8-6　国家公园综合管理系统服务器端软件环境

名称	详细信息
操作系统	Windows 7 操作系统
数据库	SQL Server 2014
支持软件	ArcSDE 10.3、ArcGIS 10.3 Server

表 8-7　国家公园综合管理系统客户端软件环境

名称	详细信息
操作系统	Windows 7 操作系统
支持软件	IE 浏览器、搜狗浏览器等

三、系统功能模块

国家公园综合管理平台主要包括公园概况、基础地理、生态状况、草地状况、气候状况、野生动物、水文状况、水质状况以及评估分析等功能模块。针对三江源国家公园和神农架国家公园的管理功能定位差异，部分功能略有调整。具体功能模块见表 8-8。

（一）公园概况模块

公园概况主要是以文字和图表的形式对三江源国家公园和神农架国家公园的基本建设情况进行介绍，包括公园建设的过程、建设目标、管理方式等，让用户对两个国家公园有基本的认识（图 8-15）。

表 8-8　国家公园综合管理系统功能列表

模块	子模块
公园概况	公园简介
基础地理	地形地貌
	植被类型
	土壤类型
生态状况	生态系统类型
	植被覆盖度
	净初级生产力
	水源涵养
	土壤保持
	防风固沙
草地状况	草地类型
	草地产草量
	草地地面监测
气候状况	地面监测
	空间插值
野生动物	野生动物监测
水文状况	水文监测
水质状况	水质监测
评估分析	生态系统宏观结构评估
	植被质量评估
	生态系统服务功能评估
	气象评估
	水文评估

（二）基础地理模块

主要对国家公园的地形地貌、植被类型、土壤类型等数据进行空间展示，并配有相应的文字说明，让用户了解和掌握国家公园内地形地貌、植被类型、土壤类型等不同空间分布特征、面积占比等信息（图 8-16）。

（三）生态状况模块

主要展示国家公园内的生态状况信息，具体包括生态系统类型、植被覆盖度、净初级生产力、生态系统服务（水源涵养、土壤保持、防风固沙）等指标。

图 8-15　国家公园概况主界面

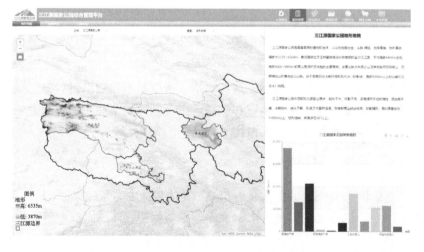

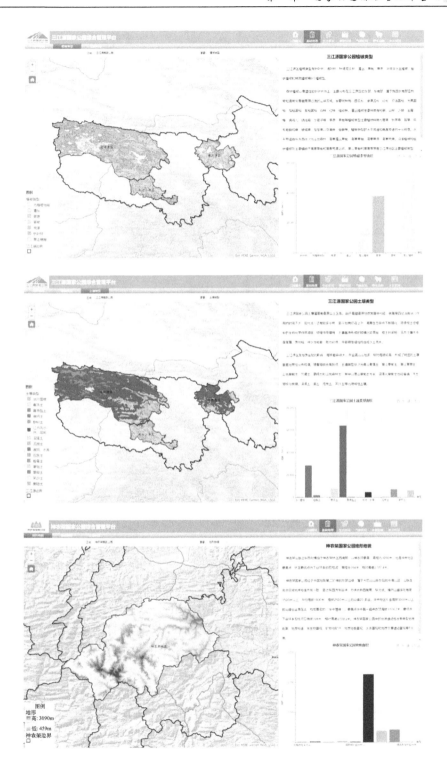

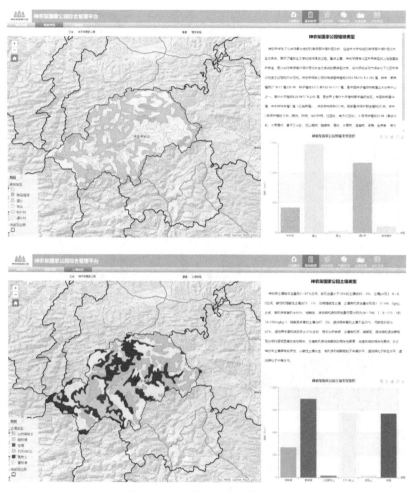

图 8-16　基础地理信息主界面

生态系统类型：主要向用户展示不同时段、不同区域的生态系统类型空间分布以及面积占比，用户可以对比发现国家公园内生态系统类型的变化规律（图 8-17）。

植被覆盖度：主要向用户展示不同时段、不同区域的植被覆盖度空间分布以及多年变化趋势，为用户进一步评价国家公园内植被变化状况提供支撑（图 8-18）。

净初级生产力：主要向用户展示不同时段、不同区域的净初级生产力空间分布以及多年变化趋势，为用户进一步评价国家公园内植被生产力变化状况提供支撑（图 8-19）。

水源涵养：主要向用户展示不同时段、不同区域的生态系统水源涵养量的空间分布以及多年变化趋势，同时根据长时间序列水源涵养量数据集识别出国家公园区域内水源涵养服务重要性空间分布规律，为用户进一步评价国家公园水源涵养服务时空变化特征提供支撑（图 8-20）。

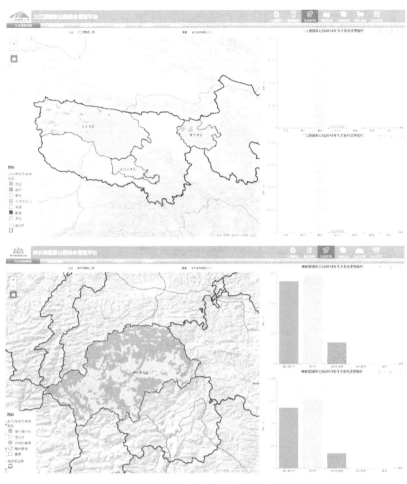

图 8-17　生态系统主界面

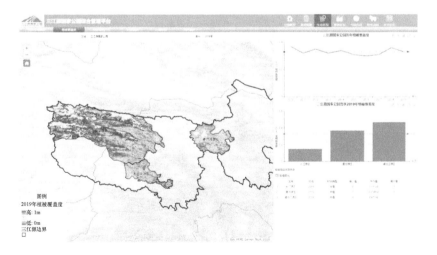

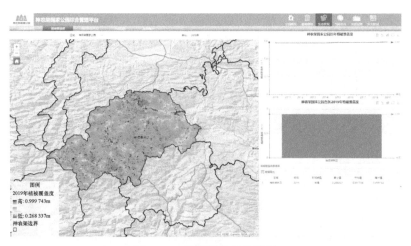

图 8-18　植被覆盖度主界面

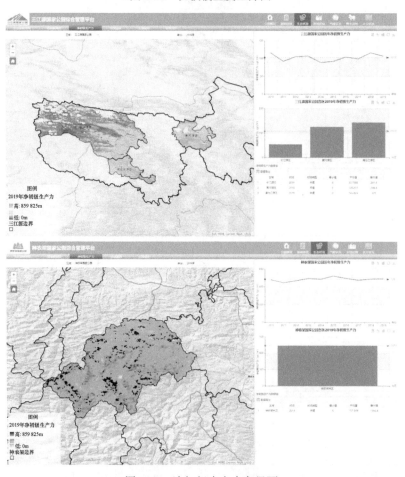

图 8-19　净初级生产力主界面

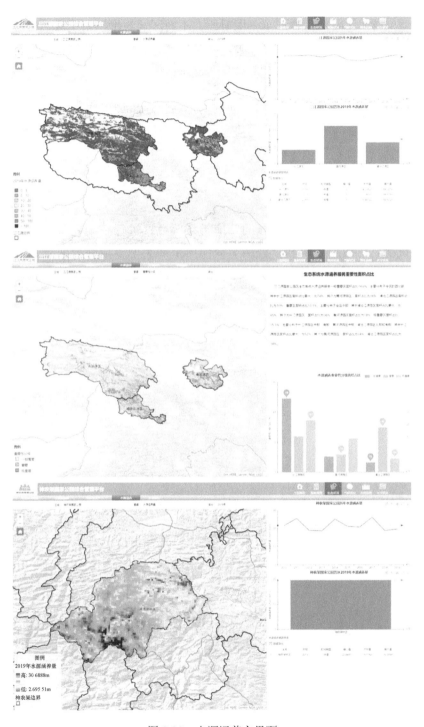

图 8-20　水源涵养主界面

土壤保持：主要向用户展示不同时段、不同区域的生态系统水蚀模数、土壤保持量的空间分布以及多年变化趋势，同时根据长时间序列土壤保持量数据集识别出国家公园内土壤保持服务重要性空间分布规律，为用户进一步评价国家公园土壤保持服务时空变化特征提供支撑（图8-21）。

防风固沙：主要向用户展示不同时段、不同区域的生态系统风蚀模数、防风固沙量的空间分布以及多年变化趋势，同时根据长时间序列防风固沙量数据集识别出国家公园内土壤保持服务重要性空间分布规律，为用户进一步评价国家公园防风固沙服务时空变化特征提供支撑（图8-22）。

（四）草地状况

草地类型：主要对国家公园的草地类型等数据进行空间展示，并配有相应的文字说明，让用户了解和掌握国家公园内不同类型草地的空间分布特征、面积占比等信息（图8-23）。

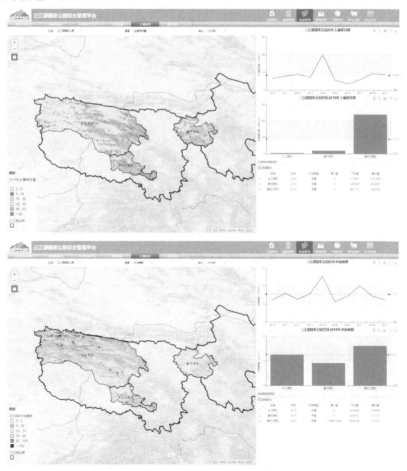

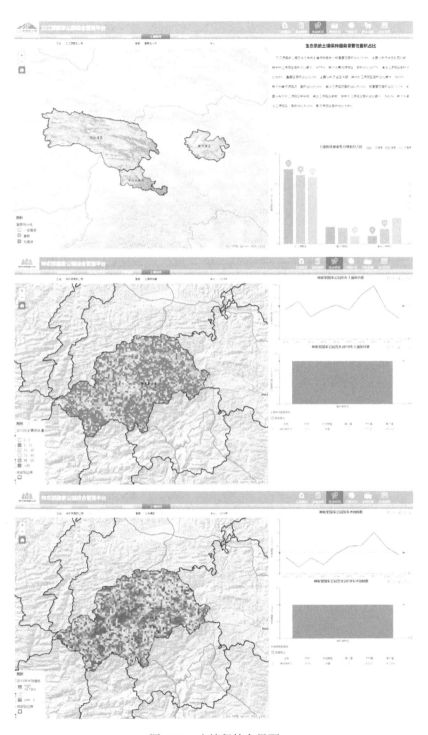

图 8-21　土壤保持主界面

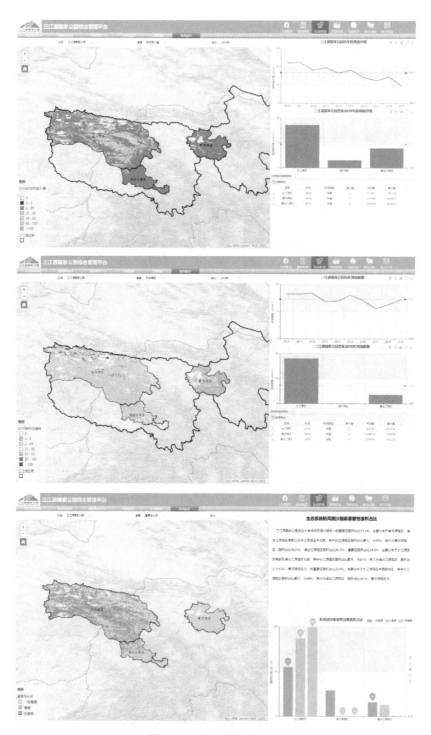

图 8-22　防风固沙主界面

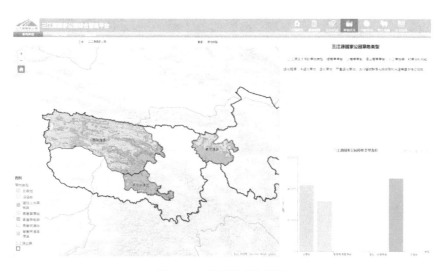

图 8-23　草地类型主界面

草地产草量：主要向用户展示不同时段、不同区域的草地产草量的空间分布以及多年变化趋势，为用户进一步评价国家公园草地生产力时空变化特征提供支撑（图 8-24）。

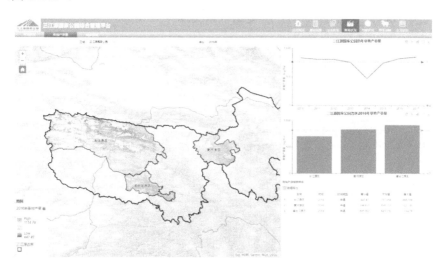

图 8-24　草地产草量主界面

草地地面监测：主要向用户展示不同时段、不同区域的草地地面监测信息，可以为用户进一步结合遥感产品开展草地生态状况时空变化特征的评价提供数据支撑（图 8-25）。

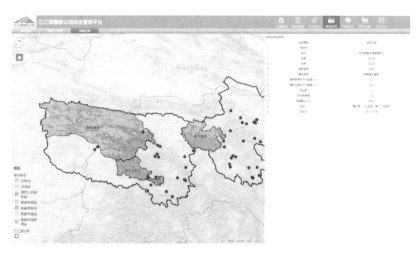

图 8-25　草地地面监测主界面

（五）气候状况

地面监测：主要向用户展示不同时段、不同区域气象观测站的地面监测信息，主要包括气温、降水、风速、相对湿度等，可以为用户进一步结合气象空间产品开展气候状况时空变化特征的评价提供数据支撑（图 8-26）。

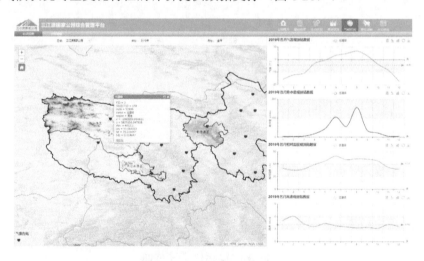

图 8-26　地面监测主界面

空间插值：主要向用户展示不同时段、不同区域的气象插值数据集，主要包括气温、降水等，同时对不同地区、不同时段的气候变化态势进行了统计分析，可以为用户进一步结合地面监测资料开展气候状况时空变化特征的评价提供数据支撑（图 8-27）。

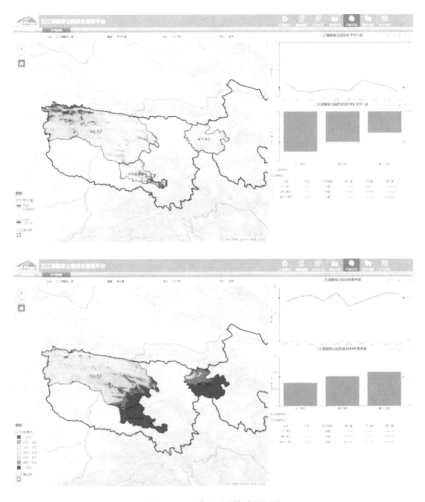

图 8-27　空间插值主界面

（六）野生动物

主要用于展示国家公园区域内野生动物的监测情况，以地图形式展示各类野生动物出现的空间点位以及数量，同时系统自动将对应点位的海拔、植被状况、土壤类型、气候状况等信息提取出来，以此作为反映动物栖息地的环境特征，为管理人员进一步更好地监测野生动物提供数据支撑（图 8-28）。

（七）水文状况

主要向用户展示不同时段、不同区域的水文观测站监测信息，主要包括径流量、输沙量、含沙量、水温、流速等，可以为用户进一步开展流域水文状况时空变化特征的评价提供数据支撑（图 8-29）。

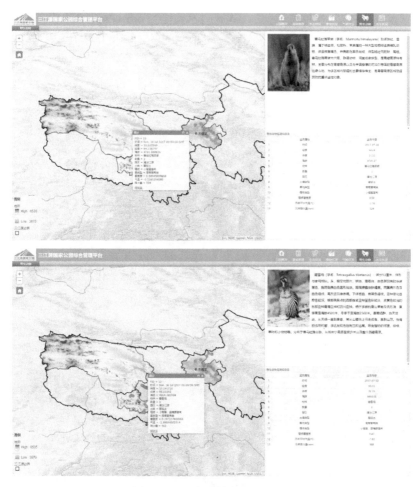

图 8-28　野生动物监测主界面

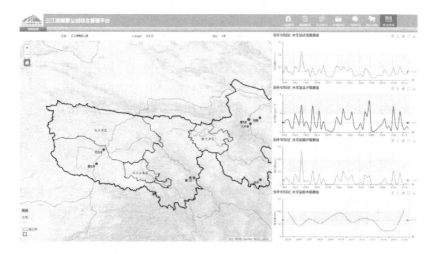

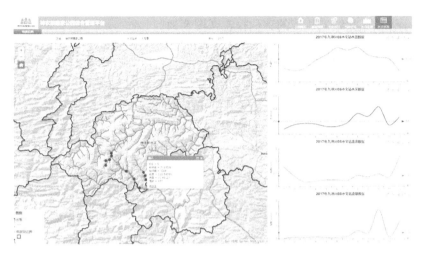

图 8-29　水文监测主界面

（八）水质状况

主要向用户展示不同时段、不同区域的水质监测信息，主要包括叶绿素 a、总氮以及硝态氮等，可以为用户进一步开展流域水文状况时空变化特征的评价提供数据支撑（图 8-30）。

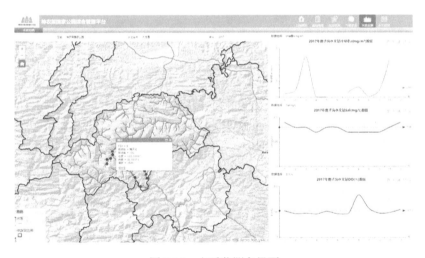

图 8-30　水质监测主界面

（九）评估分析

主要通过对长时间序列生态系统宏观结构、植被质量、生态系统服务、气象以及水文监测数据进行时空变化分析，对各要素的多年平均状况及其变化进行评估，基于评估结果编制相应的评估报告（图 8-31）。

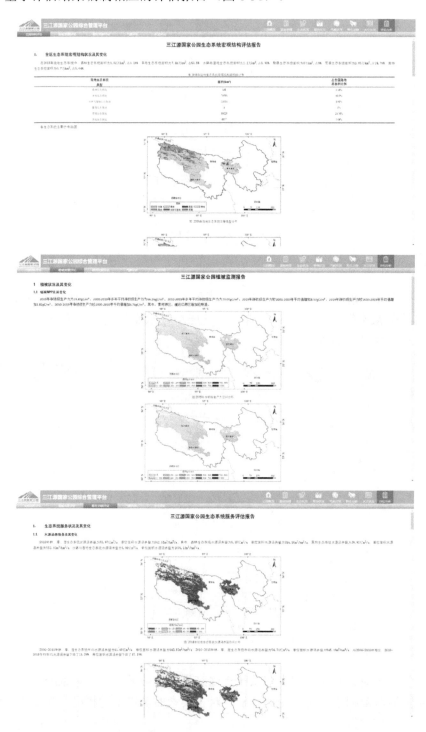

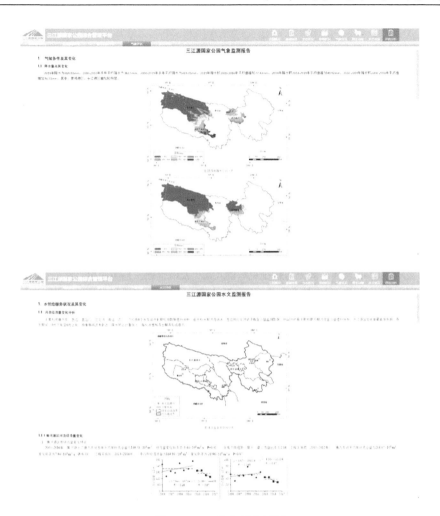

图 8-31　评估分析主界面

参 考 文 献

艾菊红. 2007. 文化生态旅游的社区参与和传统文化保护与发展: 云南三个傣族文化生态旅游村的比较研究. 民族研究, (4): 49-58.

安顺清, 邢久星. 1983. 运用彭曼公式计算潜在蒸散量及潜在蒸散量月值划为旬值的方法. 气象科技, (1): 66-70.

白军红, 余国营. 2001. 向海自然保护区湿地资源环境问题及对策分析. 农村生态环境, 17(1): 17-20.

卜风贤. 1996. 灾害分类体系研究. 灾害学, 11(1): 6-10.

曹津永, 宫珏. 2014. 差异、局限与传统视域的反思: 云南省德钦县明永村气候、环境的改变及村民的认知与应对. 云南社会科学, (5): 122-127.

陈传明. 2011. 福建武夷山国家级自然保护区生态补偿机制研究. 地理科学, 31(5): 594-599.

陈涵子, 吴承照. 2019. 社区参与国家公园特许经营的模式比较. 中国城市林业, 17(4): 53-57.

陈辉, 刘劲松, 曹宇, 等. 2006. 生态风险评价研究进展. 生态学报, 26(5): 1558-1566.

陈叙图, 金筱霆, 苏杨. 2017. 法国国家公园体制改革的动因、经验及启示. 环境保护, 45(19): 56-63.

陈妍, 侯鹏, 王媛, 等. 2020. 生态保护地协同管控成效评估评价. 自然资源学报, 35(4): 779-787.

陈妍, 乔飞, 江磊. 2016. 基于 InVEST 模型的土地利用格局变化对区域尺度生境质量的评估研究: 以北京为例. 北京大学学报(自然科学版), 52(3): 553-562.

陈艳, 郭颖, 刘燕, 等. 2018. 1990—2016 年神农架国家公园土地覆盖变化检测与分析. 林业科技通讯, (1): 19-23.

陈宇昕, 颜剑英, 钟阳. 2019. 自然保护地分区管控探讨: 以风景名胜区为例. 规划师, 35(22): 56-60.

陈玉龙, 宦国跃, 李益敏. 2017. 会泽黑颈鹤自然保护区管理系统的设计与实现. 测绘科学, 42(3): 174-178, 195.

陈志方. 2016. 自然保护区生物多样性信息管理系统研建. 郑州: 郑州大学硕士学位论文.

成功, 张家楠, 薛达元. 2014. 传统生态知识的民族生态学分析框架. 生态学报, 34(16): 4785-4793.

程毛林. 2006. 基于自组织特征映射神经网络的生态城市分类. 数学的实践与认识, 36(1): 44-48.

崔丽娟, 张曼胤, 李伟, 等. 2009. 国家湿地公园管理评估研究. 北京林业大学学报, 31(5): 102-107.

代云川, 薛亚东, 张云毅, 等. 2019. 国家公园生态系统完整性评价研究进展. 生物多样性, 27(1): 104-113.

戴小廷. 2012. 近二十年来生物多样性信息系统的研究进展. 信息技术, (6): 55-59.

邓声文, 钟象景, 胡进霞, 等. 2017. 广东象头山自然保护区巡护管理信息化建设. 现代农业科技, (24): 129-131.

丁陆彬. 2021. 农业文化遗产地文化关键种及其保护研究: 以云南省红河县和内蒙古自治区阿

鲁科尔沁旗为例. 北京: 中国科学院大学博士学位论文.

丁陆彬, 何思源, 闵庆文. 2019b. 农业文化遗产系统农业生物多样性评价与保护. 自然与文化遗产研究, 4(11): 44-47.

丁陆彬, 马楠, 王国萍, 等. 2019a. 生物多样性相关传统知识研究热点与前沿的可视化分析. 生物多样性, 27(7): 716-727.

董亮. 2014. 自然保护区管理模式研究及信息管理系统设计与实现. 杭州: 浙江农林大学硕士学位论文.

付广华. 2010. 气候灾变与乡土应对: 龙脊壮族的传统生态知识. 广西民族研究, (2): 84-92.

付梦娣, 田俊量, 任月恒, 等. 2019. 三江源国家公园功能分区与空间管控. 地理科学学报, 29(12): 2069-2084.

付梦娣, 田俊量, 朱彦鹏, 等. 2017. 三江源国家公园功能分区与目标管理. 生物多样性, (1): 71-79.

傅晓莉. 2005. 中国西部自然保护区社区经济发展研究. 未来与发展, (5): 50, 51-53.

冯斌, 李迪强, 张于光, 等. 2021. 基于爱知生物多样性目标11的我国自然保护地管理有效性评估进展与分析. 生物多样性, 29(2): 150-159.

甘宏协, 胡华斌. 2008. 基于野牛生境选择的生物多样性保护廊道设计: 来自西双版纳的案例. 生态学杂志, 27(12): 2153-2158.

高科. 2019. 荒野观念的转变与美国国家公园的起源. 美国研究, 33(3): 8, 142-160.

高燕, 邓毅, 张浩, 等. 2017. 境外国家公园社区管理冲突: 表现、溯源及启示. 旅游学刊, 32(1): 111-122.

葛全胜, 邹铭, 郑景云, 等. 2008. 中国自然灾害风险综合评估初步研究. 北京: 科学出版社.

耿卓. 2017. 传承与革新: 我国地役权的现代发展. 北京: 北京大学出版社.

关瑞华. 2011. 基于3S达里诺尔国家级自然保护区景观格局演变及监控技术的研究. 呼和浩特: 内蒙古农业大学硕士学位论文.

郭庆华, 吴芳芳, 胡天宇, 等. 2016. 无人机在生物多样性遥感监测中的应用现状与展望. 生物多样性, 24(11): 1267-1278.

国家林业局森林公园管理办公室. 2015. 国家公园体制比较研究. 北京: 中国林业出版社.

国家林业局野生动物植物保护司. 2002. 自然保护区社区共管. 北京: 中国林业出版社.

何思源, 丁陆彬, 闵庆文. 2019a. 农业文化遗产保护与自然保护地体系建设. 自然与文化遗产研究, 4(11): 34-38.

何思源, 苏杨. 2019. 原真性、完整性、连通性、协调性概念在中国国家公园建设中的体现. 环境保护, 47(Z1): 28-34.

何思源, 苏杨, 程红光, 等. 2019b. 国家公园利益相关者对生态系统价值认知的差异与管理对策: 以武夷山国家公园体制试点区建设为例. 北京林业大学学报(社会科学版), 18(1): 93-102.

何思源, 苏杨, 罗慧男, 等. 2017. 基于细化保护需求的保护地空间管控技术研究: 以中国国家公园体制建设为目标. 环境保护, 45(Z1): 50-57.

何思源, 苏杨, 闵庆文. 2019c. 中国国家公园的边界、分区和土地利用管理: 来自自然保护区和风景名胜区的启示. 生态学报, 39(4): 1318-1329.

何思源, 苏杨, 王大伟. 2020a. 以保护地役权实现国家公园多层面空间统一管控. 河海大学学报(哲学社会科学版), 22(4): 61-69, 108.

何思源, 苏杨, 王蕾, 等. 2019d. 构建促进保护地社区资源使用与保护目标协调的社会情境分析工具: 武夷山国家公园试点区的实践. 生态学报, 39(11): 1-9.

何思源, 魏钰, 苏杨, 等. 2020b. 保障国家公园体制试点区社区居民利益分享的公平与可持续性: 基于社会-生态系统意义认知的研究. 生态学报, 40(7): 2450-2462.

何艳芬, 张柏, 刘志明. 2008. 农业旱灾及其指标系统研究. 干旱地区农业研究, 26(5): 239-244.

黄宝荣, 马永欢, 黄凯, 等. 2018. 推动以国家公园为主体的自然保护地体系改革的思考. 中国科学院院刊, (33): 1342-1351.

黄崇福. 2005. 自然灾害风险评价理论与实践. 北京: 科学出版社.

黄心怡, 赵小敏, 郭熙, 等. 2020. 基于生态系统服务功能和生态敏感性的自然生态空间管制分区研究. 生态学报, 40(3): 1065-1076.

纪力强. 2000. 生物多样性信息系统建设的现状及 CBIS 简介. 生物多样性, 8(1): 41-49.

贾倩, 郑月宁, 张玉钧. 2017. 国家公园游憩管理机制研究. 风景园林, (7): 23-29.

姜治国, 王文华, 张建兵, 等. 2017. 神农架珍稀濒危保护植物研究. 湖北农业科学, 56(19): 3651-3656.

焦雯珺, 刘显洋, 何思源, 等. 2022. 基于多类型自然保护地整合优化的国家公园综合监测体系构建. 生态学报, 42(14). DOI: 10.5846/stxb202108192315.

黎斌, 陈建平, 陈彦生, 等. 2003. 生物多样性信息系统的研究进展. 计算机与农业, (10): 35-38.

李晟之. 2009. 社区保护地保护与新农村建设. 西南民族大学学报(人文社科版), 30(2): 40-44.

李晟之. 2014. 社区保护地建设与外来干预. 北京: 北京大学出版社.

李禾尧, 何思源, 王国萍, 等. 2021. 国家公园灾害风险管理研究与实践及其对中国的启示. 自然资源学报, 36(4): 906-920.

李江林, 彭妮, 黎云霞, 等. 2013. 石林风景名胜区雷电灾害防御体系初探. 云南大学学报(自然科学版), 35(S2): 309-314, 322.

李杰, 李巍岳, 付晶, 等. 2019. 基于近低空遥感技术的国家公园功能分区边界识别: 以钱江源国家公园体制试点区为例. 生物多样性, 27(1): 42-50.

李苗苗, 夏万才, 王猛, 等. 2020. 基于文献计量的中国自然保护地监测研究. 生态学报, 40(6): 2158-2165.

李文华, 刘某承, 闵庆文. 2012. 农业文化遗产保护: 生态农业发展的新契机. 中国生态农业学报, 20(6): 663-667.

李想, 郭晔, 林进, 等. 2019. 美国国家公园管理机构设置详解及其对我国的启示. 林业经济, 41(1): 117-121.

李永善. 1986. 灾害系统与灾害学探讨. 灾害学, 1(1): 7-11.

廖凌云, 赵智聪, 杨锐. 2017. 基于6个案例比较研究的中国自然保护地社区参与保护模式解析. 中国园林, 33(8): 30-33.

廖永丰, 聂承静, 杨林生, 等. 2012. 洪涝灾害风险监测预警评估综述. 地理科学进展, 31(3): 361-367.

林柳, 朱文庆, 张龙田, 等. 2008. 云南西双版纳尚勇保护区亚洲象新活动廊道的开辟和利用. 兽类学报, 28(4): 325-332.

刘冬, 林乃峰, 邹长新, 等. 2015. 国外生态保护地体系对我国生态保护红线划定与管理的启示. 生物多样性, 23(6): 7-14.

刘方正, 杜金鸿, 周越, 等. 2018. 无人机和地面相结合的自然保护地生物多样性监测技术与实践. 生物多样性, 26(8): 905-917.

刘浩龙, 葛全胜, 席建超. 2007. 区域旅游资源的灾害风险评估: 以内蒙古克什克腾旗为例. 资源科学, (1): 118-125.

刘鸿雁. 2001. 加拿大国家公园的建设与管理及其对中国的启示. 生态学杂志, 20(6): 50-55.

刘纪远, 徐新良, 邵全琴. 2008. 近30年来青海三江源地区草地退化的时空特征. 地理学报, (4): 364-376.

刘杰. 2006. 九段沙湿地自然保护区地理信息系统的开发与应用. 上海: 华东师范大学硕士学位论文.

刘金龙, 赵佳程, 徐拓远, 等. 2017. 国家公园治理体系热点话语和难点问题辨析. 环境保护, 45(14): 16-20.

刘静, 苗鸿, 欧阳志云, 等. 2008. 自然保护区与当地社区关系的典型模式. 生态学杂志, (9): 1612-1619.

刘敏超, 李迪强, 温琰茂, 等. 2006. 基于GIS的三江源地区物种多样性保护优先性分析. 干旱区资源与环境, (4): 51-54.

刘伟玮, 付梦娣, 任月恒, 等. 2019. 国家公园管理评估体系构建与应用. 生态学报, 39(22): 8201-8210.

刘显洋, 闵庆文, 焦雯珺, 等. 2019. 基于最优实践的国家公园管理能力评价方法体系研究. 生态学报, 39(22): 8211-8220.

刘欣艳, 郭子良, 张曼胤, 等. 2020. 神农架大九湖湿地维管束植物多样性及区系研究. 湿地科学与管理, 16(3): 58-62.

刘旭玲, 杨兆萍, 谢婷, 等. 2007. 喀纳斯世界遗产价值分析与保护开发. 干旱区研究, 4(5): 723-727.

刘迎菲. 2004. 中国森林旅游业发展策略研究: 加拿大国家公园发展对我国森林旅游业发展的启示. 北京: 北京林业大学硕士学位论文.

刘雨芳, 尤民生. 2002. 中国的生物多样性及其数据资源与信息系统研究现状. 湘潭师范学院学报(自然科学版), 24(1): 58-63.

刘悦翠, 唐永锋. 2005. 陕西太白山自然保护区实施社区共管模式的调查. 西北林学院学报, (3): 184-188.

刘钰, Pere. L S, Teixeixa J L, 等. 1997. 参照腾发量的新定义及计算方法对比. 水利学报, (6): 27-33.

刘金龙. 2013. 生态系统服务的模拟与时空权衡: 以京津冀地区为例. 北京: 北京大学硕士学位论文.

鲁晶晶. 2018. 新西兰国家公园立法研究. 林业经济, 40(4): 17-24.

罗培, 秦子晗. 2013. 地质遗迹资源保护与开发的社区参与模式: 以华蓥山大峡谷地质公园为例, 32(5): 952-964.

罗涛, 伦子健, 顾延生, 等. 2015. 神农架大九湖湿地植物群落调查与生态保护研究. 湿地科学, 13(2): 153-160.

马冰然, 曾维华, 解钰茜. 2019. 自然公园功能分区方法研究: 以黄山风景名胜区为例. 生态学报, 39(22): 8286-8298.

马楠, 闵庆文, 袁正. 2018. 农业文化遗产中传统知识的概念与保护: 以普洱古茶园与茶文化系统为例. 中国生态农业学报, 26(5): 771-779.

马淑红, 鲁小波. 2017. 再述韩国国立公园的发展及管理现状. 林业调查规划, 42(1): 71-76.

马炜, 唐小平, 蒋亚芳, 等. 2019. 国家公园科研监测构成、特点及管理. 北京林业大学学报(社会科学版), 18(2): 25-31.

马晓京. 2000. 西部地区民族旅游开发与民族文化保护. 旅游学刊, (5): 50-54.

马琰, 李凡, 张旭. 2015. 基于位置服务云平台的自然保护区智能管护系统设计. 世界林业研究, 28(6): 34-39.

马良, 金陶陶, 文一惠, 等. 2015. InVEST 模型研究进展. 生态经济, 31(10): 126-131.

毛舒欣, 沈园, 邓红兵. 2017. 生物文化多样性研究进展. 生态学报, 37(24): 8179-8186.

闵庆文. 2019a. 关于国家公园体制改革若干问题的提案. 全国政协十三届二次会议(内部资料).

闵庆文. 2019b-7-2. 读懂构建自然保护地体系的"两个前置词". 中国自然资源报, 3 版.

闵庆文. 2019c. 如何保护农业文化遗产: 发展是最好的保护. 北京: 中国农业科学技术出版社.

闵庆文. 2020. 关于在国家公园与自然保护地建设中注重农业文化遗产发掘与保护的提案. 全国政协十三届三次会议(内部资料).

闵庆文. 2021. 关于加强国家公园跨界合作促进生态系统完整性保护的提案. 全国政协十三届四次会议(内部资料).

闵庆文, 何思源. 2020-12-8. 国家公园建设要汲取当地居民智慧. 中国自然资源报, 3 版.

闵庆文, 马楠. 2020. 生态保护红线与自然保护地体系的区别与联系. 环境保护, 45(23): 26-30.

闵庆文, 孙业红. 2009. 农业文化遗产的概念、特点与保护要求. 资源科学, 31(6): 914-918.

闵庆文, 孙业红, 成升魁, 等. 2007. 全球重要农业文化遗产的旅游资源特征与开发. 经济地理, 27(5): 856-859.

毛祺, 彭建, 刘焱序, 等. 2019. 耦合 SOFM 与 SVM 的生态功能分区方法: 以鄂尔多斯市为例. 地理学报, 74(3): 54-68.

倪玖斌. 2014. 社区保护的脉络. 北京: 北京大学出版社.

欧晓昆, 彭明春, 间海忠, 等. 1997. 西双版纳自然保护区地理信息系统的建立与保护区的管理. 应用生态学报, 8(s1): 95-98.

潘景璐. 2008. 我国自然保护区土地权属问题和对策研究. 国家林业局管理干部学院学报, (4): 33-36.

潘翔. 2018. 基于 InVEST 模型的生态系统服务权衡协同关系研究: 以河湟地区为例. 兰州: 西北师范大学硕士学位论文.

潘翔, 石培基, 吴娜. 2020. 基于生态系统服务均衡视角的生态风险评估评价及管控优先区识别: 以兰州市为例. 环境科学学报, 40(2): 724-733.

潘植强, 梁保尔, 吴玉海, 等. 2014. 社区增权: 实现社区参与旅游发展的有效路径. 旅游论坛, 7(6): 43-49.

潘韬, 吴绍洪, 戴尔阜, 等. 2013. 基于 InVEST 模型的三江源区生态系统水源供给服务时空变化. 应用生态学报, 24(1): 183-189.

彭建, 吴健生, 潘雅婧, 等. 2012. 基于 PSR 模型的区域生态持续性评价概念框架. 地理科学进展, 31(7): 933-940.

彭奎. 2021. 国家公园人类活动特征、管理问题与调整策略. 生物多样性, 29(3): 278-282.

彭琳, 赵智聪, 杨锐. 2017. 中国自然保护地体制问题分析与应对. 中国园林, 33(4): 108-113.

齐新章, 何顺福, 赵文信, 等. 2018. 青海省野生动物收容救护体系建设问题分析. 安徽农业科学, 46(30): 89-91, 95.

乔原杰. 2019. 自然保护区及国家公园管理有效性评价的探讨. 吉林工商学院学报, 35(1): 70-72, 102.

秦天宝. 2019. 论国家公园国有土地占主体地位的实现路径: 以地役权为核心的考察. 现代法学,

(3): 55-68.

青海省审计厅. 2019. 青海省审计厅开展领导干部自然资源离任审计. http://sjt.qinghai.gov.cn/
n140/n330/c301821/content.html [2019-7-14].

邱胜荣, 赵晓迪, 何友均, 等. 2020. 我国国家公园管理资金保障机制问题探讨. 世界林业研究,
33(3): 107-110.

区文伟. 2015. 区文伟文集: 浅谈文化. 广州: 花城出版社.

任又成. 2012. 新时期我国三江源生态恶化现状调查及分析. 杨凌: 西北农林科技大学硕士学位
论文.

三江源国家公园管理局. 2017. 三江源国家公园管理局 2017 年度部门决算整改. http://sjy.
qinghai.gov. cn/storage/app/media/uploaded-files/20200306165106983_2017. pdf [2018-12-10].

申小莉, 余建平, 李晟, 等. 2020. 钱江源国家公园红外相机监测平台进展概述. 生物多样性,
28(9): 1110-1114.

盛书薇, 董斌, 李鑫, 等. 2015. 升金湖国家自然保护区土地利用生态风险评价. 水土保持通报,
35(3): 305-310.

师慧. 2016. 我国国家公园体制的构建研究. 兰州: 西北民族大学硕士学位论文.

史培军. 1996. 再论灾害研究的理论与实践. 自然灾害学报, 5(4): 6-17.

史培军. 2002. 三论灾害研究的理论与实践. 自然灾害学报, 11(3): 1-9.

史培军, 李宁, 叶谦, 等. 2009. 全球环境变化与综合灾害风险防范研究. 地球科学进展, 24(4):
428-435.

苏桂武, 高庆华. 2003. 自然灾害风险的分析要素. 地学前缘, 10(u08): 272-279.

苏杨. 2018. 从人地关系视角破解统一管理难题, 深化国家公园体制试点. 中国发展观察, (15):
44-46, 51.

苏杨, 王蕾. 2015. 中国国家公园体制试点的相关概念、政策背景和技术难点. 环境保护, 43(14):
17-23.

苏莹莹, 孙业红, 闵庆文, 等. 2019. 中国农业文化遗产地村落旅游经营模式探析. 中国农业资
源与区划, (5): 195-201.

孙承东. 2016. 四川小寨子沟国家级自然保护区监测与信息管理系统研究. 绵阳: 绵阳师范学院
硕士学位论文.

孙发明. 2012. 云南元阳哈尼梯田适应极端干旱的机制及林业区划研究. 北京: 中央民族大学硕
士学位论文.

孙鸿雁, 余莉, 蔡芳, 等. 2019. 论国家公园的"管控—功能"二级分区. 林业建设, (3): 1-6.

孙业红. 2007. 农业文化遗产保护性开发模式研究. 济南: 山东师范大学硕士学位论文.

孙业红, 闵庆文, 成升魁, 等. 2011. 农业文化遗产地旅游社区潜力研究: 以浙江省青田县为例.
地理研究, 30(7): 1341-1350.

孙雨. 2018. 浅议国家公园与社区和谐发展模式. 城市地理, (2): 28-30.

孙兴齐. 2017. 基于 InVEST 模型的香格里拉市生态系统服务功能评估. 昆明: 云南师范大学硕
士学位论文.

宋立中, 卢雨, 严国荣, 等. 2017. 欧美国家公园游憩利用与生态保育协调机制研究及启示. 福
建论坛(人文社会科学版), (8): 155-164.

唐芳林. 2010. 中国国家公园建设的理论与实践研究. 南京: 南京林业大学博士学位论文.

唐芳林. 2020. 中国特色国家公园体制建设的特征和路径. 北京林业大学学报(社会科学版),
19(2): 33-39.

唐小平, 栾晓峰. 2017. 构建以国家公园为主体的自然保护地体系. 林业资源管理, (6): 1-8.

陶星名, 田光明, 王宇峰, 等. 2006. 杭州市生态系统服务价值分析. 经济地理, 26(4): 665-668.

田兴军, 张慧仁, 张立新. 2002. 江苏植物资源信息系统. 植物研究, 22(1): 125-128.

王斌, 黄卫华, 陈俊良, 等. 2020. 庆元林-菇共育系统特征、价值及现实意义. 环境生态学, 2(8): 28-32.

王昌海, 温亚利, 胡崇德, 等. 2010. 中国自然保护区与周边社区协调发展研究进展. 林业经济问题, 30(6): 486-492.

王国萍, 傅玮琳, 杨兴媛, 等. 2018. 印度生物资源及相关传统知识获取与惠益分享制度的程序分析. 中央民族大学学报(自然科学版), 27(4): 22-28.

王国萍, 何思源, 丁陆彬, 等. 2021. 基于管理目标的我国国家公园灾害风险管理体系构建. 世界林业研究, 34(1): 76-83.

王国萍, 闵庆文, 丁陆彬, 等. 2019a. 基于 PSR 模型的国家公园综合灾害风险评估指标体系构建. 生态学报, 39(22): 8232-8244.

王国萍, 薛达元, 闻苃, 等. 2019b. 土族生物资源利用相关的传统知识多样性. 生物多样性, 27(7): 735-742.

王海, 李孝繁. 2015. 参与式社区共管在藏区生物多样性保护中的应用: 以长江流域青海班玛县玛可河社区为例. 青海大学学报(自然科学版), 33(5): 92-97.

王辉, 刘小宇, 郭建科, 等. 2016a. 美国国家公园志愿者服务及机制: 以海峡群岛国家公园为例. 地理研究, 35(6): 1193-1202.

王辉, 张佳琛, 刘小宇, 等. 2016b. 美国国家公园的解说与教育服务研究: 以西奥多·罗斯福国家公园为例. 旅游学刊, 31(5): 119-126.

王静爱, 史培军, 王平, 等. 2006. 中国自然灾害时空格局. 北京: 科学出版社.

王堃, 洪绂曾, 宗锦耀. 2005. "三江源"地区草地资源现状及持续利用途径. 草地学报, (S1): 28-31, 47.

王利松, 陈彬, 纪力强, 等. 2010. 生物多样性信息学研究进展. 生物多样性, 18(5): 429-443.

王梦君, 唐芳林, 张天星. 2017. 国家公园功能分区区划指标体系初探. 林业建设, 198(6): 12-17.

王磐岩, 张同升, 李俊生, 等. 2018. 中国国家公园生态系统和自然文化遗产保护措施研究. 北京: 中国环境出版集团.

王伟, 田瑜, 常明, 等. 2014. 跨界保护区网络构建研究进展. 生态学报, 34(6): 1391-1400.

王伟, 辛利娟, 杜金鸿, 等. 2016. 自然保护地保护成效评估: 进展与展望. 生物多样性, 24(10): 1177-1188.

王献溥, 郭柯. 2004. 跨界保护区与和平公园的基本含义及其应用. 广西植物, 24(3): 220-223.

王欣歆, 吴承照. 2014. 美国国家公园总体管理规划译介. 中国园林, 30(6): 120-124.

王宏杰. 2016. 基于 In VEST 的三江源生境质量评价. 价值工程, 5(12): 66-70.

王建邦, 赵军, 李传华, 等. 2019. 2001—2015 年中国植被覆盖人为影响的时空格局. 地理学报, 4(3): 504-519.

王鹏涛, 张立伟, 李英杰, 等. 2017. 汉江上游生态系统服务权衡与协同关系时空特征. 地理学报, 72(11): 146-160.

蔚东英, 王延博, 李振鹏, 等. 2017. 国家公园法律体系的国别比较研究: 以美国、加拿大、德国、澳大利亚、新西兰、南非、法国、俄罗斯、韩国、日本 10 个国家为例. 环境与可持续发展, 42(2): 13-16.

魏钰, 何思源, 雷光春, 等. 2019. 保护地役权对中国国家公园统一管理的启示: 基于美国经验. 北京林业大学学报(社会科学版), (18): 70-79.

魏钰, 雷光春. 2019. 从生物群落到生态系统综合保护: 国家公园生态系统完整性保护的理论演变. 自然资源学报, 34(9): 1820-1832.

文军. 2004. 千岛湖国家森林公园区域生态风险源与胁迫因子分析. 中南林业调查规划, (1): 29-32.

乌兰. 2014. 大青山国家级自然保护区数字综合管理信息化工作平台设计与实现. 呼和浩特: 内蒙古师范大学硕士学位论文.

吴柏秋. 2019. 三江源地区草地载畜功能与水土保持功能权衡与协同关系研究. 南昌: 江西师范大学硕士学位论文.

吴后建, 但新球, 舒勇, 等. 2015. 国家湿地公园有效管理评价指标体系及其应用. 湿地科学, 13(4): 495-502.

吴健, 王菲菲, 余丹, 等. 2018. 美国国家公园特许经营制度对我国的启示. 环境保护, 46(24): 69-73.

吴薇, 李丹, 刘丙万. 2010. 民族传统文化在生物多样性保护中的应用. 北京林业大学学报, 9(2): 52-56.

肖练练, 刘青青, 虞虎, 等. 2020. 基于土地利用冲突识别的国家公园社区调控研究: 以钱江源国家公园为例. 生态学报, 40(20): 7277-7286.

谢高地, 鲁春霞, 冷允法, 等. 2003. 青藏高原生态资产的价值评估评价. 自然资源学报, 18(2): 189-196.

谢高地, 张彩霞, 张雷明, 等. 2015. 基于单位面积价值当量因子的生态系统服务价值化方法改进. 自然资源学报, 30(8): 1243-1254.

谢亚军, 谢永宏, 陈心胜, 等. 2012. 湿地土壤水源涵养功能研究进展. 湿地科学, 10(1): 109-115.

谢余初. 2015. 基于 InVEST 模型的甘肃白龙江流域生态系统服务时空变化研究. 兰州: 兰州大学硕士学位论文.

徐海量, 陈亚宁, 李卫红, 等. 2003. 风灾危险性评价: 以塔里木盆地为例. 干旱区地理, 26(3): 252-255.

徐嘉婧. 2018. 基于 WebGIS 的自然保护区管理系统. 武汉: 中南民族大学硕士学位论文.

徐建英, 陈利顶, 吕一河, 等. 2005. 保护区与社区关系协调: 方法和实践经验. 生态学杂志, 24(1): 102-107.

徐静婧. 2010. 基于 REST 的国家自然保护区信息服务系统设计与实现. 成都: 电子科技大学硕士学位论文.

徐桐. 2016. 世界遗产保护中"社区参与"思潮给中国的启示. 住区, (3): 26-30.

徐网谷, 高军, 夏欣, 等. 2016. 中国自然保护区社区居民分布现状及其影响. 生态与农村环境学报, 32(1): 19-23.

徐建华. 2002. 现代地理学中的数学方法. 北京: 高等教育出版社.

许再富. 2015. 生物多样性保护与文化多样性保护是一枚硬币的两面: 以西双版纳傣族生态文化为例. 生物多样性, 23(1): 126-130.

许再富, 段其武, 杨云, 等. 2010. 西双版纳傣族热带雨林生态文化及成因的探讨. 广西植物, 30(2): 185-195.

许再富, 段其武, 杨云, 等. 2011. 西双版纳傣族热带雨林生态文化. 昆明: 云南科技出版社.

薛达元. 2015. 民族地区传统文化与生物多样性保护. 北京: 中国环境科学出版社.

薛达元, 郭泺. 2009. 论传统知识的概念与保护. 生物多样性, 17(2): 135-142.

闫水玉, 孙梦琪, 陈丹丹. 2016. 集体选择视角下国家公园社区参与制度研究. 西部人居环境学刊, 31(4): 68-72.

闫颜, 徐基良. 2017. 韩国国家公园管理经验对我国自然保护区的启示. 北京林业大学学报(社会科学版), 16(3): 24-29.

严旬. 2008. 大熊猫自然保护区概述. 中国林业, (22): 46-51.

颜峻, 左哲. 2010. 自然灾害风险评估指标体系及方法研究. 中国安全科学学报, 20(11): 61.

杨道德, 邓娇, 周先雁, 等. 2015. 候鸟类型国家级自然保护区保护成效评估指标体系构建与案例研究. 生态学报, 35(6): 1891-1898.

杨桂华, 牛红卫, 蒙睿, 等. 2007. 新西兰国家公园绿色管理经验及对云南的启迪. 林业资源管理, (6): 96-104.

杨金娜. 2019. 三江源国家公园管理中的社区参与机制研究. 北京: 北京林业大学硕士学位论文.

杨娟, 蔡永立, 李静, 等. 2007. 崇明岛生态风险源分析及其防范对策研究. 长江流域资源与环境, (5): 615-619.

杨蕾. 2019. 基于 InVEST 模型的三江源主要生态系统服务权衡与协同研究. 上海: 上海师范大学硕士学位论文.

杨立新, 裴盛基, 张宇. 2019. 滇西北藏区自然圣境与传统文化驱动下的生物多样性保护. 生物多样性, 27(7): 749-757.

杨玲. 2014. 基于空间管控视角的市域绿地系统规划研究. 北京: 北京林业大学博士学位论文.

杨伦, 马楠, 王国萍, 等. 2019. 农业文化遗产中的传统知识: 内涵与基本类型. 自然与文化遗产研究, 4(11): 48-52.

杨锐. 2003a. 美国国家公园规划体系评述. 中国园林, 19(1): 44-47.

杨锐. 2003b. 试论世界国家公园运动的发展趋势. 中国园林, 19(7): 10-15.

杨晓佩. 2011. 基于 GIS 的石人山自然保护区环境管理信息系统的设计与开发. 赣州: 江西理工大学硕士学位论文.

姚帅臣. 2021. 国家公园保护成效评估方法及其应用研究. 北京: 中国人民大学博士学位论文.

姚帅臣, 闵庆文, 焦雯珺, 等. 2019. 面向管理目标的国家公园生态监测指标体系构建与应用. 生态学报, 39(22): 8221-8231.

姚帅臣, 闵庆文, 焦雯珺, 等. 2021. 基于管理分区的神农架国家公园生态监测指标体系构建. 长江流域资源与环境, 30(6): 1511-1520.

叶晨曦, 许韶立. 2011. 自然灾害对旅游业的影响及预警机制研究. 内蒙古科技与经济, (12): 38-39, 42.

叶菁, 宋天宇, 陈君帜. 2020. 大熊猫国家公园监测指标体系构建研究. 林业资源管理, (2): 53-60, 66.

尹仑. 2011. 藏族对气候变化的认知与应对: 云南省德钦县果念行政村的考察. 思想战线, 37(4): 24-28.

于晴文. 2019. 神山信仰与三江源国家公园保护管理研究. 北京: 北京大学硕士学位论文.

余莉, 孙鸿雁, 蔡芳. 2020. 我国自然保护地总体规划编制规范探讨. 林业建设, (4): 1-7.

余振国, 余勤飞, 李闽, 等. 2018. 中国国家公园自然资源管理体制研究. 北京: 中国环境出版集团.

虞虎, 钟林生. 2019. 基于国际经验的我国国家公园遴选探讨. 生态学报, 39(4): 1309-1317.

原国家科委国家计委国家经贸委自然灾害综合研究组. 2009. 中国自然灾害综合研究的进展. 北京: 气象出版社.

袁晓凤. 2001. 三峡库区珍稀濒危植物信息系统. 重庆: 西南师范大学硕士学位论文.

臧振华, 张多, 王楠, 等. 2020. 中国首批国家公园体制试点的经验与成效、问题与建议. 生态学报, 40(24): 8839-8850.

张碧天, 闵庆文, 焦雯珺, 等. 2019. 中国三江源国家公园与韩国智异山国家公园的对比研究. 生态学报, 39(22): 8271-8285.

张碧天, 闵庆文, 焦雯珺, 等. 2021. 生态系统服务权衡研究进展与展望. 生态学报, 41(14): 5517-5532.

张灿强, 沈贵银. 2016. 农业文化遗产的多功能价值及其产业融合发展途径探讨. 中国农业大学学报(社会科学版), 33(2): 127-135.

张晨, 郭鑫, 翁苏桐, 等. 2019. 法国大区公园经验对钱江源国家公园体制试点区跨界治理体系构建的启示. 生物多样性, 27(1): 97-103.

张丛林, 褚梦真, 张慧智, 等. 2021. 青藏高原国家公园群游憩可持续性管理评估指标体系. 生物多样性, 29(6): 780-789.

张达. 2012. 长白山植物资源与质量信息管理系统的开发研究. 延吉: 延边大学硕士学位论文.

张鹤. 2014. 地役权研究: 在法定与意定之间. 北京: 中国政法大学出版社.

张红娟. 2020. 基于供需视角的流域生态系统服务综合评估评价: 以西安市沣河流域为例. 西安: 西北大学博士学位论文.

张红霄, 杨萍. 2012. 公共地役权在森林生态公益与私益均衡中的应用与规范. 农村经济, (1): 60-64.

张宏, 杨新军, 李邵刚. 2005. 自然保护区社区共管对我国发展生态旅游的启示: 兼论太白山大湾村实例. 人文地理, (3): 66, 103-106.

张佳琛. 2017. 美国国家公园的解说与教育服务研究. 大连: 辽宁师范大学硕士学位论文.

张丽荣, 孟锐, 潘哲, 等. 2019. 生态保护地空间重叠与发展冲突问题研究. 生态学报, 39(4): 230-239.

张利明. 2018. 美国国家公园资金保障机制概述: 以 2019 财年预算草案为例. 林业经济, 40(7): 71-75.

张显东, 沈荣芳. 1995. 城市灾害的概念、性质和管理对策分析. 中国减灾, 5(2): 22-26.

张晓妮. 2012. 中国自然保护区及其社区管理模式研究. 杨凌: 西北农林科技大学博士学位论文.

张亚祖. 2019. 为朱鹮正名. 中国林业, (23): 18-19.

张引, 庄优波, 杨锐. 2018. 法国国家公园管理和规划评述. 中国园林, 34(7): 36-41.

张永勋, 闵庆文. 2016. 稻作梯田农业文化遗产系统保护研究综述. 中国生态农业学报, 24(4): 460-469.

张永勋, 闵庆文. 2018. 与朱鹮共生的佐渡岛. 中国投资, (17): 69-70.

张玉龙. 2009. 达里诺尔自然保护区地理信息系统设计与开发. 呼和浩特: 内蒙古农业大学硕士学位论文.

张萌. 2015. 资源型城市分类及生态调控机理与过程. 北京: 中国矿业大学硕士学位论文.

张恒玮. 2016. 基于 InVEST 模型的石羊河流域生态系统服务评估. 兰州: 西北师范大学硕士学位论文.

赵斌, 唐礼俊, 吴千红, 等. 2000. 上海市生物多样性信息管理系统的建立和应用. 生物多样性,

8(2): 233-237.

赵富伟, 武建勇, 薛达元. 2013. 《生物多样性公约》传统知识议题的背景、进展与趋势. 生物多样性, 21(2): 232-237.

赵海凤, 张嘉馨, 色音, 等. 2018. 山崇拜与神山文化对生物多样性保护的贡献: 以青海省藏区神山为例. 青海民族大学学报(社会科学版), 44(1): 112-116.

赵金崎, 桑卫国, 闵庆文. 2020. 以国家公园为主体的保护地体系管理机制的构建. 生态学报, 40(20): 7216-7221.

赵俊臣. 2007. 社区村民共管保护生物多样性的模式创新: 以无量山国家级自然保护区为例. 云南财经大学学报, (5): 18-23.

赵翔, 朱子云, 吕植, 等. 2018. 社区为主体的保护: 对三江源国家公园生态管护公益岗位的思考. 生物多样性, 26(2): 210-216.

赵新全, 周华坤. 2005. 三江源区生态环境退化、恢复治理及其可持续发展. 中国科学院院刊, (6): 37-42.

赵鸭桥. 2006. 社区主导的自然保护. 林业经济, (11): 69-73.

中共中央. 2018. 深化党和国家机构改革方案. http://www.gov.cn/zhengce/2018-03/21/content_5276191.htm#1[2018-3-21].

中共中央办公厅, 国务院办公厅. 2019. 关于建立以国家公园为主体的自然保护地体系的指导意见. http://www.gov.cn/zhengce/2019-06/26/content_5403497.htm[2019-6-26].

中共中央办公厅, 国务院办公厅. 2017. 建立国家公园体制总体方案. http://www.gov.cn/zhengce/2017-09/26/content_5227713.htm[2017-9-26].

郑文娟, 李想. 2018. 日本国家公园体制发展、规划、管理及启示. 东北亚经济研究, 2(3): 100-111.

郑向敏, 邹永广. 2012. 我国旅游突发事件应急机制研究. 西南民族大学学报(人文社会科学版), 33(1): 125-129.

郑业鲁, 陈琴苓, 侯亚娜, 等. 2005. 广东省生物种质资源数据库管理平台构建. 广东农业科学, (2): 11-14.

钟林生, 周睿. 2017. 国家公园社区旅游发展的空间适宜性评价与引导途径研究: 以钱江源国家公园体制试点区为例. 旅游科学, 31(3): 1-13.

钟扬, 张亮, 任文伟. 2000. 生物多样性信息学: 一个正在兴起的新方向及其关键技术. 生物多样性, 8(4): 397-404.

钟永德. 2015. 国家公园体制比较研究. 北京: 中国林业出版社: 152-153, 185-187.

周莉. 2007. 土地权属改革与自然保护区有效保护. 新远见, (9): 114-123.

周睿, 曾瑜皙, 钟林生. 2017. 中国国家公园社区管理研究. 林业经济问题, 37(4): 45-50.

周晓菁. 2007. "减灾示范社区"创建标准解读. 中国减灾, (3): 34-35.

周文佐, 刘高焕, 潘剑君. 2003. 土壤有效含水量的经验估算研究: 以东北黑土为例. 干旱区资源与环境, 17(4): 90-97.

朱冠楠, 闵庆文. 2020. 庆元"林-菇共育系统"的生态机制和当代价值. 农业考古, (6): 37-42.

朱里莹, 徐姗, 兰思仁, 等. 2020. 全球跨界保护研究及对我国国家公园建设的启示. 生态学报, 40(12): 4229-4239.

朱里莹, 徐姗, 兰思仁. 2017. 中国国家级保护地空间分布特征及对国家公园布局建设的启示. 地理研究, 36(2): 307-320.

朱强, 俞孔坚, 李迪华. 2005. 景观规划中的生态廊道宽度. 生态学报, 25(9): 2406-2412.

朱璇. 2006. 美国国家公园运动和国家公园系统的发展历程. 风景园林, (6): 22-25.

邹巅. 2019. 论生态文化的培育路径. 中南林业科技大学学报(社会科学版), 13(6): 21-28.

左伟, 王桥, 王文杰, 等. 2002. 区域生态安全评价指标与标准研究. 地理与地理信息科学, 18(1): 67-71.

IUCN. 2008. IUCN 自然保护地管理分类应用指南. 朱春全, 欧阳志云, 译. 北京: 中国林业出版社.

Adams J. 1995. Risk. London: University College London Press: 228.

Anderies J M, Rodriguez A A, Janssen M A, *et al*. 2007. Panaceas, uncertainty, and the robust control framework in sustainability science. Proceedings of the National Academy of Sciences of the United States of America, 104(39): 15194-15199.

Anderson N E, Bessell P R, Mubanga J, *et al*. 2016. Ecological monitoring and health research in Luambe National Park, Zambia: generation of baseline data layers. EcoHealth, 13(3): 511-524.

Austin R, Garrod G, Thompson N. 2016. Assessing the performance of the national park authorities: a case study of Northumberland National Park, England. Public Money & Management, 36(5): 325-332.

Baker T R. 2005. Internet-based GIS mapping in support of K-12 education. The Professional Geographer, 57(1): 44-50.

Banu T P, Banu C, Banu C A. 2014. GIS-based assessment of fire risk in National Park Domogled-Cerna Valley. Journal of Horticulture Forestry & Biotechnology, 18: 52-56.

Basnet K. 2003. Transboundary biodiversity conservation initiative. Journal of Sustainable Forestry, 17(1/2): 205-226.

Berkes F, Folke C, Gadgil M. 1995. Traditional ecological knowledge, biodiversity, resilience and sustainability. *In*: Perrings C A, Mäler K G, Folke C, *et al*. Biodiversity Conservation. Dordrecht: Kluwer Academic Publishers: 281-299.

Berkes F. 2012. Sacred Ecology. 3rd ed. New York: Routledge.

Biondi E, Casavecchia S, Pesaresi S, *et al*. 2012. Natura 2000 and the Pan-European Ecological Network: a new methodology for data integration. Biodiversity and Conservation, 21(7): 1741-1754.

Bisbal G A. 2001. Conceptual design of monitoring and evaluation plans for fish and wildlife in the Columbia River ecosystem. Environmental Management, 28(4): 433-453.

Bisby F A, Russell G F, Pankhurst R J. 1993. Designs for a Global Plant Species Information System. Oxford: Oxford University Press.

Bishop K, Phillips A, Warren L M. 1997. Protected areas for the future: models from the past. Journal of Environmental Planning and Management, 40(1): 81-110.

Boetsch J R, Christoe B, Holmes R E. 2009. Data management plan for the north coast and cascades network inventory and monitoring program (2005). Natural Resource Report NPS/NCCN/NRR-2009/078. Fort Collins, Colorado: National Park Service.

Brock W A, Carpenter S R. 2007. Panaceas and diversification of environmental policy. Proceedings of the National Academy of Sciences of the United States of America, 104(39): 15206-15211.

Brooks J, Waylen K A, Mulder M B. 2013. Assessing community-based conservation projects: a systematic review and multilevel analysis of attitudinal, behavioral, ecological, and economic outcomes. Environmental Evidence, 2(1): 2.

Brown D S. 2010. An assessment of mountain hazards and risk-taking activities in Banff National Park, Alberta, Canada. http://hdl.handle.net/1993/21670 [2020-10-20].

Brown E K, McKenna S A, Beavers S C, *et al*. 2016. Informing coral reef management decisions at four U. S. National Parks in the Pacific using long-term monitoring data. Ecosphere, 7(10):

e01463.

Buckley R, Robinson J, Carmody J, *et al*. 2008. Monitoring for management of conservation and recreation in Australian protected areas. Biodiversity and Conservation, 17(14): 3589-3606.

Carey J M, Burgman M A, Chee Y E. 2004. Risk assessment and the concept of ecosystem condition in park management. Melbourne: Parks Victoria.

Carwardine J, Wilson K A, Ceballos G, *et al*. 2008. Cost-effective priorities for global mammal conservation. Proceedings of the National Academy of the Sciences of the United States of America, 105(32): 11446-11450.

Castonguay A C, Burkhard B, Müller F, *et al*. 2016. Resilience and adaptability of rice terrace social-ecological systems: a case study of a local community's perception in Banaue, Philippines. Ecology and Society, 21(2): 15.

Cernea M M, Schmidt-Soltau K. 2006. Poverty risks and National Parks: policy issues in conservation and resettlement. World Development, 34(10): 1808-1830.

Carreño M L, Cardona O D, Barbat A H. 2004. Metodología para la evaluación del desempeño de la gestión del riesgo. CIMNE monograph IS-51, Technical University of Catalonia, Barcelona, Spain.

Charlotte V, Thomas V. 2006. Evaluating the capacity of Canadian and American legislation to implement terrestrial protected areas network. Environmental Science & Policy, 9(1): 46-54.

Chassot O. 2011. Ecological issues-transboundary conservation. http://www.tbpa.net/page.php?ndx= 46 [2021-8-10].

Chester C C, Hilty J A. 2019. The Yellowstone to Yukon Conservation Initiative as an adaptive response to climate change. *In*: Fillho W L, Barbir J, Preziosi R. Handbok of Climate Change and Biodiversity. Berlin: Springer International Publishing: 179-193.

Choi H J, Oh B U. 2009. Floristic study of Songnisan National Park in Korea. Korean Journal of Plant Taxonomy, 39(4): 277-291.

Christie K S, Gilbert S L, Brown C L, *et al*. 2016. Unmanned aircraft systems in wildlife research: current and future applications of a transformative technology. Frontiers in Ecology and the Environment, 14(5): 241-251.

Costanza R. 1992. Towards an operational definition of ecosystem health. *In*: Costanza R, Norton B G, Haskell B D. Ecosystem Health. Washington, D.C.: Island Press: 239-256.

Cox C, Madramootoo C. 1998. Application of geographic information systems in watershed management planning in St. Lucia. Computers and Electronics in Agriculture, 20(3): 229-250.

Crichton D. 1999. The risk triangle. *In*: Ingleton J. Natural Disaster Management. London: Tudor Rose: 102-103.

Dale V H, Beyeler S C. 2002. Challenges in the development and use of ecological indicators. Ecological Indicators, 1(1): 3-10.

Davidson R J, Chadderton W L. 1994. Marine reserve site selection along the Abel Tasman National Park coast, New Zealand: consideration of subtidal rocky communities. Aquatic Conservation Marine and Freshwater Ecosystems, 4(2): 153-167.

Davis G E. 2005. National Park stewardship and 'vital signs' monitoring: a case study from Channel Islands National Park, California. Aquatic Conservation Marine and Freshwater Ecosystems, 15(1): 71-89.

New Zealand Conservation Authority. 2005. General Policy for National Parks. Wellington: Department of Conservation for the New Zealand Conservation Authority: 7-33.

De La Cruz-Reyna S. 1996. Long-term probabilistic analysis of future explosive eruptions. *In*: Scarpa R, Tilling R I. Monitoring and Mitigation of Volcano Hazards. Berlin: Springer: 599-629.

Dennison W C, Lookingbill T R, Carruthers T J, *et al*. 2007. An eye-opening approach to developing and communicating integrated environmental assessments. Frontiers in Ecology and the Environment, 5(6): 307-314.

Department of Conservation. 2008. New Zealand Department of Conservation, Abel Tasman National Park management plan. New Zealand: Tasman District Council, Nelson Marlborough Conservancy.

Dilsaver L M. 1994. America's National Park System: The Critical Documents. Lanham: Rowman & Littlefield.

Ding L B, He S Y, Min Q W, *et al*. 2021. Perceptions of local people toward wild edible plant gathering and consumption: insights from the Q-method in Hani Terraces. Journal of Resources and Ecology, 12(4): 462-470.

Dinica V. 2017. Tourism concessions in National Parks: neo-liberal tools for a Conservation Economy in New Zealand. Journal of Sustainable Tourism, (25): 1811-1829.

Downing T E, Butterfield R, Cohen S, *et al*. 2001. Vulnerability Indices: Climate Change Impacts and Adaptation. Nairobi: UNEP: 27-62.

Drohan J. 1996. Sustainably developing the DMZ. Technology Review, 99(6): 17-18.

Elzinga C L, Salzer D W, Willoughby J W, *et al*. 2001. Monitoring plant and animal populations. Oxford: Blackwell Science.

Fancy S G, Gross J E, Carter S L. 2009. Monitoring the condition of natural resources in US National Parks. Environmental Monitoring and Assessment, 151(1/4): 161-174.

Fischer A, Eastwood A. 2016. Coproduction of ecosystem services as human-nature interactions: an analytical framework. Land Use Policy, 52: 41-50.

Frank J J. 2014. To conserve unimpaired: the evolution of the National Park idea. Environmental History, 19(3): 606-608.

Frost W, Hall C M. 2009. Tourism and National Parks: International Perspectives on Development, Histories and Change. London: Routledge: 30-44.

Gaston K J, Charman K, Jackson S F, *et al*. 2006. The ecological effectiveness of protected areas: the United Kingdom. Biological Conservation, 132(1): 76-87.

Gaston K J, Sarah F J, Nagy A, *et al*. 2008. Protected areas in Europe: principle and practice. Annals of the New York Academy of Sciences, 1134(1): 97-119.

Ghelichipour Z, Muhar A. 2008. Visitor risk management in core zones of protected areas: first results from a survey of European park administrations. Challenge, 2: 5.

Gibbs J P, Snell H L, Causton C E. 1999. Effective monitoring for adaptive wildlife management: lessons from the Galapagos Islands. Journal of Wildlife Management, 63(4): 1055-1065.

Gobster P H, Nassauer J I, Daniel T C, *et al*. 2007. The shared landscape: what does aesthetics have to do with ecology? Landscape Ecology, 22(7): 959-972.

Greater Yellowstone Coordinating Committee. 1990. Vision for the Future: A Framework for Coordination in the Greater Yellowstone Area. Washington, D.C.: Department of the Interior, National Park Service.

Halley A, Beaulieu M. 2005. Knowledge management practices in the context of supply chain integration: the Canadian experience. Supply Chain Forum: An International Journal, 6(1): 66-91.

Hamin E M. 2001. The US National Park Service's partnership parks: collaborative responses to middle landscapes. Land Use Policy, 18(2): 123-135.

He S, Gallagher L, Su Y, *et al*. 2018b. Identification and assessment of ecosystem services for protected area planning: a case in rural communities of Wuyishan National Park pilot. Ecosystem Services, 31: 169-180.

He S, Su Y, Wang L, *et al*. 2018a. Taking an ecosystem services approach for a new National Park

System in China. Resources, Conservation and Recycling, 137: 136-144.

He S, Yang L, Min Q. 2020. Community Participation in Nature Conservation: The Chinese Experience and Its Implication to National Park Management. Sustainability, 12: 4760.

He S Y, Ding L B, Min Q W. 2021. The role of the Important Agricultural Heritage Systems in the construction of China's National Park System and the optimisation of the Protected Area System. Journal of Resources and Ecology, 12(4): 444-452.

Hiwasaki L. 2005. Toward sustainable management of National Parks in Japan: securing local community and stakeholder participation. Environmental Management, 35(6): 753-764.

Hockings M, Stolton S, Courrau J, et al. 2007. The World Heritage Management Effectiveness Workbook. Brisbane: The University of Queensland, The Nature Conservancy: 19-67.

Hockings M, Stoltol S, Dudley N. 2000. Evaluating effectiveness: a framework for assessing the management of protected areas. Best Practice Protected Area Guidelines Series, No. 6. Gland: IUCN.

Hockings M, Stolton S, Leverington F, et al. 2006. Evaluating effectiveness: a framework for assessing management effectiveness of protected areas. Gland: IUCN.

Horowitz L S. 1998. Integrating indigenous resource management with wildlife conservation: a case study of Batang Ai National Park, Sarawak, Malaysia. Human Ecology, 26(3): 371-403.

Hsu C, Hong Z. 2007. An Intelligent Typhoon Damage Prediction System from Aerial Photographs. Heidelberg: Springer-Verlag: 747-756.

Intergovernmental Panel on Climate Change. 2001. Climate Change 2001: Adaptation and Vulnerability Summary for Policy Makers. Geneva: World Meteorological Organization: 31-52.

IUCN. 1986. Tradition, Conservation and Development. Occasional Newsletter of the Commission on Ecology's Working Group on Traditional Ecological Knowledge. Gland, Switzerland.

Janssen M A, Anderies J M, Ostrom E. 2007. Robustness of social-ecological systems to spatial and temporal variability. Society & Natural Resources, 20(4): 307-322.

Ji W. 1996. Ecosystem management: a decision support GIS approach. In: 1996 International Geoscience & Remote Sensing Symposium, Lincoln: Institute of Electrical and Electronics Engineers.

Joana H M, Ana S C, Miguel B C. 2012. A review of the application of driving forces-pressure-state-impact-response framework to fisheries management. Ocean & Coastal Management, (69): 273-281.

Jones D A, Hansen A J, Bly K, et al. 2008. Monitoring land use and cover around parks: a conceptual approach. Remote Sensing of Environment, 113(7): 1346-1356.

Jones R, Boer R. 2003 Assessing Current Climate Risks Adaptation Policy Framework: A Guide for Policies to Facilitate Adaptation to Climate Change. New York: UNDP: 25-63.

Kaczynski K M, Beatty S W, Wagtendonk J V, et al. 2011. Burn Severity and Non-Native Species in Yosemite National Park, California, USA. Fire Ecology, 7(2): 145-149.

Keeney R L. 1992. Value Focused Thinking: a Pathway to Creative Decision Making. Cambridge: Harvard University Press.

Kier G, Mutke J, Dinerstein E, et al. 2005. Global patterns of plant diversity and floristic knowledge. Journal of Biogeography, 32(7): 1107-1116.

Kirby K J, Solly L. 2000. Assessing the condition of woodland SSSIs in England. British Wildlife, 11(5): 305-311.

Klijn F, De Haes H A U. 1994. A hierarchical approach to ecosystems and its implications for ecological land classification. Landscape Ecology, 9(2): 89-104.

Kram M, Bedford C, Durnin M, et al. 2012. Protecting China's biodiversity: a guide to land use, land tenure, and land protection tools. Beijing: The Nature Conservancy.

Laverty M F, Gibbs J P. 2007. Ecosystem Loss and Fragmentation. New York: American Museum of Natural History.

Lele S, Wilshusen P, Brockington D, et al. 2010. Beyond exclusion: alternative approaches to biodiversity conservation in the developing tropics. Current Opinion in Environmental Sustainability, 2(1-2): 94-100.

Li Y, Zhang L, Qiu J, et al. 2017. Spatially explicit quantification of the interactions among ecosystem services. Landscape Ecology, 32(6): 1181-1199.

Liu M C, Yang L, Bai Y Y, et al. 2018. The impacts of farmers' livelihood endowments on their participation in eco-compensation policies: globally important agricultural heritage systems case studies from China. Land Use Policy, 77: 231-239.

Liu X F, Zhang J S, Zhu X F, et al. 2014. Spatiotemporal changes in vegetation coverage and its driving factors in the Three-River Headwaters Region during 2000-2011. Journal of Geographical Sciences, 24(2): 288-302.

Luo B S, Liu B, Zhang H Z, et al. 2019. Wild edible plants collected by Hani from terraced rice paddy agroecosystem in Honghe Prefecture, Yunnan, China. Journal of Ethnobiology and Ethnomedicine, 15(1): 12-18.

Lyon J G, McCartthy J. 1995. Wetland and Environmental Applications of GIS. Boca Raton: CRC Press.

Mahan C G, Diefenbach D R, Cass W B. 2007. Evaluating and revising a long-term monitoring program for vascular plants: lessons from Shenandoah National Park. Natural Areas Journal, 27(1): 16-24.

Maiorano L, Bartolino V, Colloca F, et al. 2008. Systematic conservation planning in the Mediterranean: a flexible tool for the identification of no-take marine protected areas. ICES Journal of Marine Science, 66(1): 137-146.

Manolaki P, Sutherland, Trigkas, et al. 2014. Assessing Ecosystem Services in a peri-urban national park: the case of Rizoelia Forest Park-Cyprus. Urban Landscape Ecology: Science, Policy and Practice, UK Annual Conference 2014(Internal Data).

Margules C R, Pressey R L. 2000. Systematic conservation planning. Nature, 405(6783): 243-253.

Mathevet R, Thompson J D, Folke C, et al. 2016. Protected areas and their surrounding territory: socioecological systems in the context of ecological solidarity. Ecological Applications, 26(1): 5-16.

McLaughlin K. 2016. Tiger land. Science, 353(6301): 744-745.

McLennan D, Zorn P. 2005. Monitoring for ecological integrity and state of the parks reporting, Parks Research Forum of Ontario (PRFO) State-of-the-Art Workshop. https://casiopa.ca/abs-file-download/id/Ptn5JYi6eqSJjNj-uiyUmQ[2022-3-1].

Mezquida J A A, Fernandez J V D L, Yanguas M A M. 2005. A framework for designing ecological monitoring programs for protected areas: a case study of the Galachos del Ebro Nature Reserve (Spain). Environmental Management, 35(1): 20-33.

Monz C, Leung Y F. 2006. Meaningful measures: developing indicators of visitor impact in the National Park Service inventory and monitoring program. Parks Stewardship Forum, 23(2): 17-27.

Morgan M G, Henrion M. 1990. Uncertainty: A Guide to Dealing with Uncertainty in Quantitative Risk and Policy Analysis. Cambridge: Cambridge University Press: 332.

Mueller M, Geist J. 2016. Conceptual guidelines for the implementation of the ecosystem approach in biodiversity monitoring. Ecosphere, 7(5): e01305.

Munroe D K, Nagendra H, Southworth J. 2007. Monitoring landscape fragmentation in an inaccessible mountain area: Celaque National Park, Western Honduras. Landscape and Urban Planning, 83(2-3): 154-167.

Myers N, Mittermeier R A, Mittermeier C G, et al. 2000. Biodiversity hotspots for conservation priorities. Nature, 403(6772): 853-858.

National Park Service. 2006. Management policies 2006. https://www.nps.gov/subjects/policy/upload/MP-2006.pdf/ [2020-10-18].

North York Moors National Park Authority. 2012. North York Moors National Park Management Plan. https://www.northyorkmoors.org.uk/shared-publications/Summary-web- version.pdf [2019-8-5].

Novellie P, Biggs H, Roux D. 2016. National laws and policies can enable or confound adaptive governance: examples from South African National Parks. Environmental Science & Policy, 66: 40-46.

O'Neill R V, Gardner R H, Turner M G. 1992. A hierarchical neutral model for landscape analysis. Landscape Ecology, 7(1): 55-61.

OECD. 2004. OECD Key Environmental Indicators. https://www.oecd.org/environment/indicators-modelling-outlooks/31558547.pdf [2022-2-13].

Oldekop J A, Holmes G, Harris W E, et al. 2016. A global assessment of the social and conservation outcomes of protected areas. Conservation Biology, 30(1): 133-141.

Ostrom E. 1990. Governing the Commons: The Evolution of Institutions for Collective Action. Cambridge: Cambridge University Press.

Parks Canada. 1994. Guiding Principles and Operational Policies. Ottawa: Parks Canada: 7-24.

Petrova S, Bouzarovski-Buzar S, Čihař M. 2009. From inflexible national legislation to flexible local governance: management practices in the Pelister National Park, Republic of Macedonia. GeoJournal, 4(6): 589-598.

Poku G. 2016. Safety and security of tourists at the Kakum National Park, Ghana. Cape Coast: Doctoral Dissertation of University of Cape Coast.

Rainer H, Asuma S, Gray M, et al. 2003. Regional conservation in the Virunga-Bwindi region. Journal of Sustainable Forestry, 17(1/2): 189-204.

Risso L. 2011. A difficult compromise: British and American plans for a common anti-communist propaganda response in Western Europe, 1948-58. Intelligence and National Security, 26(2-3): 330-354.

Robbins C, Phipps S P. 1996. GIS/Water Resources Tools for Performing Floodplain Management Modeling Analysis. AWRA Symposium on GIS and Water Resources, Fort Lauderdale: 22-26 (Internal Data).

Rodhouse T J, Sergeant C J, Schweiger E W. 2016. Ecological monitoring and evidence-based decision-making in America's National Parks: highlights of the special feature. Ecosphere, 7(11): e01608.

Rogers K, Biggs H. 1999. Integrating indicators, endpoints and value systems in strategic management of the rivers of the Kruger National Park. Freshwater Biology, 41(2): 439-451.

Rogers K H. 1997. Operationalizing ecology under a new paradigm: an African perspective. In: Pickett S T A, Ostfeld R S, Shachak M, et al. The Ecological Basis of Conservation: Heterogeneity, Ecosystems, and Biodiversity. New York: Chapman & Hall: 60-77.

Ruel M, Poulin A, Tremblay E, et al. 1999. An environmental risk management approach: zone of influence and cooperation of Kouchibouguac National Park, New Brunswick. Bulletin de recherche en géographie et télédétection, Université de Sherbrooke, Report number: 145-146.

Ruiz-Mallén I, Corbera E. 2013. Community-based conservation and traditional ecological knowledge: implications for social-ecological resilience. Ecology and Society, 18(4): 12.

Rusthoven K, Carter D L, Kercher J M, *et al*. 2006. 1092: accelerated partial breast intensity modulated radiation therapy (APB-IMRT) results in improved dose distribution when compared to 3D treatment planning techniques. International Journal of Radiation Oncology Biology Physics, 66(3): S183.

Sanderson J. 2003. Biodiversity conservation corridors: planning, implementing, and monitoring sustainable landscapes. Washington, D.C.: Center for Applied Biodiversity Science, Conservation International.

Selfa T, Endter-Wada J. 2008. The politics of community-based conservation in natural resource management: a focus for international comparative analysis. Environment and Planning A: Economy and Space, 40(4): 948-965.

Sharp R, Tallis H T, Ricketts T, *et al*. 2015. INVEST 3.2.0 user's guide[cP]. Stanford: The Natural Capital Project.

Sharpley R, Pearce T. 2007. Tourism, marketing and sustainable development in the English National Parks: the role of National Park Authorities. Journal of Sustainable Tourism, 15(5): 557-573.

Shen X, Lu Z, Li S, *et al*. 2012. Tibetan sacred sites: understanding the traditional management system and its role in modern conservation. Ecology and Society, 17(2): 13.

Shook G. 1997. An assessment of disaster risk and its management in Thailand. Disasters, 21(1): 77-88.

Smith P D, Mc Donough M H. 2001. Beyond public participation: fairness in natural resource decision making. Society& Natural Resources, 14(3): 239-249.

Soukup M. 2007. Integrating science and management: becoming who we thought we were. The George Wright Forum, 24(2): 26-29.

Soulard C E, Albano C M, Villarreal M L, *et al*. 2016. Continuous 1985-2012 Landsat monitoring to assess fire effects on Meadows in Yosemite National Park, California. Remote Sensing, 8(5): 371.

Stem C, Margoluis R, Salafsky N, *et al*. 2005. Monitoring and evaluation in conservation: a review of trends and approaches. Conservation Biology, 19(2): 295-309.

Stenchion P. 1997. Development and disaster management. Australian Journal of Emergency Management, 12(3): 40-44.

Stine L F, Stine R S. 2014. Public archaeology in the National Park Service: a brief overview and case study. American Anthropologist, 116(4): 843-849.

Taber A, Navarro G, Arribas M A. 1997. A new park in the Bolivian Gran Chaco: an advance in tropical dry forest conservation and community-based management. Oryx, 31(3): 189-198.

Théau J, Trottier S, Graillon P. 2018. Optimization of an ecological integrity monitoring program for protected areas: case study for a network of national parks. PLoS One, 13(9): e0202902.

Tierney G L, Faber-Langendoen D, Mitchell B R, *et al*. 2009. Monitoring and evaluating the ecological integrity of forest ecosystems. Frontiers in Ecology and the Environment, 7(6): 308-316.

Turkelboom F, Leone M, Jacobs S, *et al*. 2018. When we cannot have it all: ecosystem services trade-offs in the context of spatial planning. Ecosystem Services, 29: 566-578.

Twumasi Y A. 2001. The use of GIS and remote sensing techniques as tools for managing nature reserves: the case of Kakum National Park in Ghana. *In*: IEEE 2001 International Geoscience and Remote Sensing Symposium. Sydney: International. Institute of Electrical and Electronics Engineers INC: 3227-3229(Internal Data).

UN. 1995. Department of Humanitarian Affairs (DHA). Disaster Mitigation Programme in Perú 1992-1995. Desastres, 26(30): 85-92.

UNDP/UNDRO. 1991. UNDP/UNDRO Disaster Management Manual. Geneva: UNDP: 73-87.

UNISDR. 2009. UNISDR Terminology on Disaster Risk Reduction. Geneva: UNISDR: 95-105.

United Nations. 2002. Risk Awareness and Assessment in Living with Risk. Geneva: ISDR, UN, WMO and Asian Disaster Reduction Centre: 39-78.

Van Teeffelen A J A, Vos C C, Opdam P. 2012. Species in a dynamic world: consequences of habitat network dynamics on conservation planning. Biological Conservation, 153(3): 239-253.

Van Wyk E, Breen C, Freimund W. 2014. Meanings and robustness: propositions for enhancing benefit sharing in social-ecological systems. International Journal of the Commons, 8(2): 576-594.

Vogdrup-Schmidt M, Strange N, Olsen S B, et al. 2017. Trade-off analysis of ecosystem service provision in nature networks. Ecosystem Services, 23: 165-173.

Vos P, Meelis E, Keurs W J T. 2000. A framework for the design of ecological monitoring programs as a tool for environmental and nature management. Environmental Monitoring and Assessment, 61(3): 317-344.

Wallace L L. 2004. After the Fires: The Ecology of Change in Yellowstone National Park. London: Yale University Press.

Wang Y, Tao S, Chen X, et al. 2014. Using infra-red camera trapping technology to monitor mammals along Karakorum highway in Khunjerab National Park, Pakistan. Pakistan Journal of Zoology, 46(3): 725-731.

Webb M. 1995. America's National Park System: the critical documents by Lary M. Dilsaver. Environmental History Review, 19(2): 99-101.

Weber J, Sultana S. 2013. The civil rights movement and the future of the National Park System in a racially diverse America. Tourism Geographies, 15(3): 444-469.

Williams J M. 2006. Common standards monitoring for designated sites: first six year report. Peterborough: Joint Nature Conservation Committee.

Williams J R, Arnold J G. 1997. A system of erosion: sediment yield models. Soil Technology, 11(1): 43-55.

Wisner B, Blaikie P, Cannon T, et al. 2004. At Risk: Natural Hazards, People's Vulnerability and Disasters. London: Routledge.

Wischmeier W H, Smith D D. 1958. Rainfall energy and its relationship to soil loss. Eos, Transactions, American Geophysical Union, 39: 285-291.

Xie G, Zhang C, Zhen L, et al. 2017. Dynamic changes in the value of China's ecosystem services. Ecosystem Services, 26: 146-154.

Xu W, Viña A, Kong L, et al. 2017. Reassessing the conservation status of the giant panda using remote sensing. Nature Ecology & Evolution, 1: 1635-1638.

Yuan Q, Wu S, Zhao D, et al. 2014. Modeling net primary productivity of the terrestrial ecosystem in China from 1961 to 2005. Journal of Geographical Sciences, 24(1): 3-17.

Zadeh L A. 1999. Fuzzy sets as a basis for a theory of possibility. Fuzzy Sets and Systems, 1(1): 3-28.

Zhang C Q, Li W H, Zhang B, et al. 2012. Water yield of Xitiaoxi River basin based on InVEST modeling. Journal of Resources and Ecology (Ziyuan Yu Shengtai Xuebao), 3(1): 50-54.

Zhang J, Yin N, Wang S, et al. 2020. A multiple importance: satisfaction analysis framework for the sustainable management of protected areas: integrating ecosystem services and basic needs. Ecosystem Services, 46: 101219-101227.